兽医临床实践技术指导

SHOUYI LINCHUANG SHIJIAN JISHU ZHIDAO

郑新添　主编

化学工业出版社
·北京·

图书在版编目（CIP）数据

兽医临床实践技术指导 / 郑新添主编. — 北京 ： 化学工业出版社，2025. 10. — ISBN 978-7-122-48958-6

Ⅰ. S854

中国国家版本馆 CIP 数据核字第 2025T1C172 号

责任编辑：邵桂林　　文字编辑：武一帆
责任校对：田睿涵　　装帧设计：韩　飞

出版发行：化学工业出版社
（北京市东城区青年湖南街 13 号　邮政编码 100011）
印　　装：北京科印技术咨询服务有限公司数码印刷分部
710mm×1000mm　1/16　印张 17½　字数 309 千字
2026 年 1 月北京第 1 版第 1 次印刷

购书咨询：010-64518888　　售后服务：010-64518899
网　　址：http：//www. cip. com. cn
凡购买本书，如有缺损质量问题，本社销售中心负责调换。

定　　价：88. 00 元

编写人员名单

主　编　郑新添

副主编　黄翠琴　刘荣昌

参　编　（按姓名笔画排序）

卢显涛　执业兽医师（深圳市优佳宠物医院有限公司）

包银莉　讲师（龙岩学院）

刘荣昌　助理研究员（福建省农业科学院畜牧兽医研究所）

许正金　中级兽医师（福建正大食品有限公司）

张　敏　副教授（龙岩学院）

张孝辉　执业兽医师（福建永诚育种科技集团有限公司）

张鑫星　执业兽医师（新瑞鹏宠物医疗集团有限公司）

陈星星　副教授（龙岩学院）

郑新添　教授（龙岩学院）

黄翠琴　教授（龙岩学院）

前言

兽医临床实践是一门融合了科学、技术与艺术的综合性学科，它要求从业者不仅具备扎实的理论基础，还需要丰富的实践经验和敏锐的临床思维。随着现代兽医学科的快速发展，临床诊疗技术日新月异，而与此同时动物疾病的复杂性和多样性也对兽医从业者提出了更高的要求。基于此而编写了这本兽医临床实践指导用书，旨在为读者提供系统、全面且实用的知识体系，帮助他们在理论与实践之间架起一座坚实的桥梁。

在多年的教学与临床实践中，编者深刻认识到，兽医学科的学习不仅需要掌握大量的理论知识，更需学会如何将这些知识灵活运用于实际问题的解决中。本书的编写思路正是基于这一理念，力求将基础理论与临床实践紧密结合，为读者开辟一条从理论到实践的高效学习路径。

本书的结构设计充分考虑了兽医临床实践的实际需求。全书共分为七篇：第一篇“兽医基础理论”从解剖学、生理学、病理学和药理学等基础学科入手，为读者打下坚实的理论基础；第二篇“兽医临床诊断技术”详细介绍了各种诊断技术的原理与应用，帮助读者掌握科学的诊断方法；第三篇“兽医临床治疗方法与技术”则聚焦于药物治疗、外科手术、物理治疗等实用技术，为读者提供全面的治疗指导；第四篇“兽医常见疾病诊疗”针对畜禽、宠物等不同动物的常见疾病，提供了系统的诊疗方案；第五篇“动物急救与护理”介绍了动物急救技术、重症监护等核心技术，为临床动物疾病紧急治疗等提供了系统化指导；第六篇“兽医临床实践中的动物福利与伦理”强调了兽医从业者在临床实践中应遵循的伦理原则与动物福利标准；第七篇“兽医临床实践管理与职业素养”则为读者提供了诊所管理、团队建设以及职业发展的实用建议。

编写过程中，编者始终坚持以读者需求为核心，力求语言简洁明了、内容深入浅出，同时结合了大量的临床案例与实践经验，使本书既适合作为教材使用，也可作为兽医从业者的参考手册。此外，本书还特别注重反映兽医学科的最新发展趋势，引入了分子诊断、影像学技术、疼痛管理等前沿内容，帮助读者紧跟学科发展的步伐。

兽医临床实践是一项充满挑战且责任重大的工作，它不仅关乎动物的健康与福利，也直接影响着人类公共卫生与食品安全。希望本书能够为读者提供有价值的指导，帮助他们在兽医职业道路上不断进步，成长为既有扎实理论基础又具备实践能力的优秀兽医从业者。

最后，感谢所有为本书编写提供支持与帮助的同事、学生以及临床一线的兽医工作者。正是得益于他们的宝贵经验与专业建议，本书才得以不断完善。由于兽医学科的广泛性与复杂性，书中难免存在不足之处，恳请广大读者批评指正，以便未来修订时进一步完善。

愿本书能给您的学习与工作带来帮助，也愿您在兽医临床实践中不断探索、成长，为动物健康与人类福祉贡献自己的力量。

郑新添
龙岩学院
2025 年 8 月

目录

第一篇　兽医基础理论

第二篇　兽医临床诊断技术

第三篇　兽医临床治疗方法与技术

第四篇　兽医常见疾病诊疗

第一篇

兽医基础理论

第一章

兽医临床解剖学与生理学基础

在兽医临床领域，扎实的解剖学与生理学基础是准确诊断和有效治疗家畜疾病的关键所在。本章内容便聚焦于此，具有重要意义与明确目的。

本章首先介绍常见家畜家禽的解剖结构特征，通过详细剖析不同家畜家禽的身体构造，让兽医从业者能够清晰了解各类动物的独特之处，为后续的临床诊断和治疗提供基础依据。其次，阐述重要生理系统的功能与机制，帮助从业者深入理解动物体内各系统如何协同工作，从而更好地把握动物的生理状态。最后，强调解剖生理知识在临床诊断中的应用要点，将理论知识与实际临床操作紧密结合，使从业者能够在实际工作中迅速、准确地运用所学知识，对家畜家禽的疾病进行精准判断，进而制定科学合理的治疗方案，提高兽医临床工作的效率和质量。

第一节　常见家畜家禽的解剖结构特征

一、猪的解剖结构特征

（一）骨骼系统

猪的骨骼较为粗壮，能适应其较大的体重和多样的运动方式。头骨宽阔，以容纳发达的大脑和强大的咀嚼肌。脊椎骨包括颈椎、胸椎、腰椎、荐椎和尾椎，其中腰椎数目较多且粗壮，有助于支撑身体并为腰部的运动提供力量。四肢骨骼坚实，股骨和肱骨粗大，关节面宽阔，利于承受体重和进行行走、奔跑、挖掘等动作。

（二）肌肉系统

全身肌肉发达，尤其是颈部、肩部和臀部的肌肉。颈部肌肉协助头部的运动和采食，肩部肌肉与前肢的运动相关，臀部肌肉发达，如臀中肌和臀大肌，在猪的行走和奔跑中发挥重要作用。同时，猪的膈肌将胸腔和腹腔分隔开，参与呼吸运动，其收缩和舒张可改变胸腔容积，实现气体交换。

（三）消化系统

具有典型的单胃消化系统。口腔内有尖锐的牙齿，用于咀嚼食物。唾液腺分泌唾液，初步消化淀粉。食管连接口腔和胃，胃呈U形，容量较大，能储存和初步消化食物。小肠是消化和吸收的主要场所，包括十二指肠、空肠和回肠，其黏膜具有丰富的绒毛和微绒毛，增加了吸收面积。大肠包括盲肠、结肠和直肠。盲肠相对不发达，但在微生物发酵某些食物成分方面仍有一定作用。肝脏是体内最大的腺体，具有多种代谢、解毒和分泌胆汁的功能。胆汁通过胆管排入小肠，促进脂肪的消化和吸收。胰腺分泌胰液，胰液含有多种消化酶，经胰管进入小肠参与消化过程。

（四）呼吸系统

呼吸道包括鼻腔、咽、喉、气管和支气管。鼻腔有复杂的鼻甲结构，可对吸入的空气进行加温、加湿和过滤。喉是呼吸通道和发声器官，气管由多个软骨环支撑，保证气道通畅，支气管分支进入肺部。猪的肺分左右两叶，肺内有大量的肺泡，是气体交换的场所，氧气通过肺泡壁进入血液，二氧化碳从血液中排出到肺泡。

（五）心血管系统

心脏位于胸腔纵隔内，呈圆锥形，由左心房、左心室、右心房和右心室组成。心脏通过心肌的收缩和舒张，将血液泵出，经动脉输送到全身各组织器官，然后通过静脉回流到心脏。动脉血管管壁较厚，富有弹性，能承受较高的血压，如主动脉及其分支将富含氧气的血液输送到身体各处。静脉血管管壁相对较薄，将含二氧化碳较多的血液带回心脏，其中前腔静脉和后腔静脉是主要的回心静脉。毛细血管遍布全身组织，是血液与组织细胞进行物质交换的场所。

（六）泌尿系统

肾脏呈豆形，左右各一，位于腰部脊柱两侧。肾脏的主要功能是过滤血液，形成尿液，排出体内的代谢废物和多余水分。尿液经输尿管流入膀胱储存，当膀胱内尿液达到一定量时，通过尿道排出体外。

（七）生殖系统

公猪的生殖系统包括睾丸、附睾、输精管、精索、副性腺（精囊腺、前列腺和尿道球腺）和阴茎等。睾丸是产生精子和分泌雄激素的器官，附睾是精子成熟和储存的场所，输精管将成熟的精子输送到尿道，在射精时与副性腺分泌的液体混合形成精液排出体外。母猪的生殖系统包括卵巢、输卵管、子宫、阴道和外阴等。卵巢是产生卵子和分泌雌激素的器官，输卵管是卵子受精和早期胚胎发育的部位，子宫是胚胎着床和胎儿发育的场所，分为子宫角、子宫体和子宫颈，母猪的子宫角较长且发达，适合多胎妊娠。

二、牛的解剖结构特征

（一）骨骼系统

牛体型庞大，骨骼更为粗壮坚实。头骨大且重，角基部与头骨相连，不同品种的牛角形态各异。颈椎相对较短但强壮，胸椎、腰椎和荐椎连接紧密，形成坚固的脊柱，以支撑巨大的体重并适应长时间站立和缓慢行走。四肢骨骼长而粗，尤其是股骨和胫骨，关节结构复杂且稳固，能承受巨大的压力和负荷，蹄部骨骼适应于在不同地面上行走和奔跑。

（二）肌肉系统

全身肌肉厚实有力，特别是颈部、背部、腰部和四肢的肌肉。颈部肌肉发达，用于控制头部的运动和采食草料。背部和腰部的肌肉构成强大的背腰肌群，在维持身体姿势和运动中起着关键作用，如背最长肌是牛体重要的肌肉之一。四肢肌肉如股四头肌、臀肌等，为牛的站立、行走、奔跑和负重提供了充足的动力。牛的咀嚼肌极为发达，以适应长时间咀嚼草料的需要。

（三）消化系统

牛拥有复胃结构，包括瘤胃、网胃、瓣胃和皱胃。瘤胃是最大的胃室，占据腹腔左侧的大部分空间，内部有大量微生物，可对草料进行发酵分解，是反刍动物消化的重要场所。网胃又称蜂巢胃，位于瘤胃前部，能过滤和储存食物。瓣胃主要对食物进行进一步的机械性磨碎和水分吸收。皱胃是真正的腺胃，分泌胃液，对食物进行化学性消化，其消化功能类似于单胃动物的胃。牛的小肠较长，与瘤胃等消化器官协同作用，充分消化和吸收营养物质。肝脏和胰腺的结构和功能与猪相似，但由于牛的体型和食性特点，其分泌和代谢功能更为强大。

（四）呼吸系统

呼吸道结构与猪类似，但牛的鼻腔更为宽大，鼻腔黏膜的嗅觉感受器发达，有助于牛辨别不同的气味，包括草料的质量和周围环境的信息。牛的肺体积较大，分叶明显，能够适应其较大的身体代谢需求，进行高效的气体交换。

（五）心血管系统

心脏较大且强壮，心肌发达，以维持血液循环，满足庞大身体的氧气和营养物质供应需求。血管系统分布广泛且粗壮，动脉能承受较高的血压，将血液输送到身体各个部位；静脉能系统有效地将血液回流到心脏，保证血液循环的顺畅进行。

（六）泌尿系统

肾脏呈蚕豆形，位于腰部脊柱两侧的肾窝内。牛的肾脏具有强大的过滤和排泄功能，能够处理大量的血液，产生并排出尿液，以维持体内的水盐平衡和代谢废物的清除。输尿管、膀胱和尿道的结构和功能与其他家畜相似。

（七）生殖系统

公牛的生殖系统包括睾丸、附睾、输精管、精索、副性腺（精囊腺、前列腺和尿道球腺）和阴茎等。睾丸较大，能产生大量精子并分泌雄激素。母牛的生殖系统包括卵巢、输卵管、子宫、阴道和外阴等。卵巢呈椭圆形，能周期性地产生卵子并分泌雌激素。母牛的子宫为双角子宫，子宫角较长且弯曲，适合单胎或双胎妊娠，子宫体相对较短，子宫颈较厚且有多个褶皱，在妊娠和分娩过程中起着重要作用。

三、羊的解剖结构特征

（一）骨骼系统

羊的骨骼结构与牛有一定相似性，但相对较小且更为灵活。头骨相对较轻巧，角的形态多样，有螺旋形、弯刀形等。脊椎骨包括颈椎、胸椎、腰椎、荐椎和尾椎，整体结构适应其跳跃、奔跑和攀爬等运动方式。四肢骨骼细长但坚韧，关节灵活，蹄部骨骼和关节适应在各种地形行走，如山地、草地等。

（二）肌肉系统

肌肉分布与牛相似，但肌肉量相对较少，不过仍具备较强的运动能力。颈部肌肉用于控制头部运动和采食，背部和腰部肌肉协助维持身体的姿势和运动，四肢肌肉保证了羊的快速奔跑和灵活跳跃，如后肢的腓肠肌等肌肉较为发达。

（三）消化系统

羊同样具有复胃结构，瘤胃、网胃、瓣胃和皱胃的功能与牛类似，但由于羊的体型较小，各胃室的相对大小和容积比例与牛略有不同。瘤胃内的微生物发酵在消化过程中起着关键作用，小肠负责进一步消化和吸收营养物质，肝脏和胰腺分泌的消化液参与消化过程，促进营养物质的分解和吸收。

（四）呼吸系统

呼吸道结构基本与牛相同，鼻腔有一定的嗅觉功能，肺脏能够满足羊的呼吸需求，进行气体交换，为身体提供氧气并排出二氧化碳。

（五）心血管系统

心脏大小适中，心肌具有一定的收缩力，能维持血液循环，将氧气和营养物质输送到全身组织，同时将代谢废物带回心脏并排出体外。血管系统的分布和功能与其他家畜相似，保证了血液在体内的正常循环。

（六）泌尿系统

肾脏呈豆形，位于腰部，其功能是过滤血液形成尿液，通过输尿管输送到膀胱储存，最后经尿道排出体外，维持体内的水盐平衡和内环境稳定。

（七）生殖系统

公羊的生殖系统包括睾丸、附睾、输精管、精索、副性腺和阴茎等，其中睾丸能产生精子和雄激素。母羊的生殖系统包括卵巢、输卵管、子宫、阴道和外阴等。母羊多为季节性发情动物，其子宫为双角子宫，子宫角细长，适合单胎或双胎妊娠，在繁殖季节，卵巢的排卵功能活跃，为受孕做好准备。

四、鸡的解剖结构特征

（一）骨骼系统

鸡的骨骼轻而坚固，多为含气骨，即骨骼内部有许多气腔，减轻了体重，利于飞行（尽管现代家禽的飞行能力有限，但仍保留了部分适应飞行的骨骼特征）。头骨薄而轻，有喙无齿，喙是采食和防御的重要器官。颈椎数目较多且灵活，可使头部进行大范围的运动。胸椎、腰椎和荐椎结合在一起，形成坚固的腰荐部，为后肢提供稳定的支撑。尾椎短小，最后几节尾椎结合成尾综骨，用于支撑尾羽。前肢演变成翼，骨骼相对较轻且薄，有发达的龙骨突，是胸肌附着的部位，为飞行提供强大的动力。后肢骨骼粗壮，胫骨和跗骨结合形成胫跗骨，跗骨和跖骨结合形成跗跖骨，增强了腿部的力量和稳定性，适应站立、行走和短距离飞行的需要。

（二）肌肉系统

胸肌极为发达，约占全身肌肉的一半以上，这是与鸡的飞行和频繁的翅膀运动相关的适应性特征。胸肌分为浅层的胸大肌和深层的胸小肌，胸大肌收缩使翅膀向下运动，胸小肌收缩使翅膀向上运动。腿部肌肉也较为发达，如股四头肌等，用于支撑身体重量和进行行走、奔跑、跳跃等动作。颈部肌肉相对灵活，可使头部进行多种方向的运动，便于采食和观察周围环境。

（三）消化系统

鸡具有独特的消化系统。口腔内无牙齿，有唾液腺分泌唾液。食管较长，在胸部入口处有膨大的嗉囊，可暂时储存食物并进行初步的湿润和软化。胃分为腺胃和肌胃，腺胃较小，能分泌胃液，对食物进行初步的化学性消化；肌胃又称砂囊，肌肉发达，内壁有坚韧的角质膜，内常含有砂粒等硬物，通过肌肉收缩对食物进行机械性磨碎，类似于牙齿的作用。小肠包括十二指肠、空肠和回肠，是消化和吸收的主要场所，其黏膜有丰富的绒毛和微绒毛，增加了吸收面积。大肠较短，包括盲肠和直肠。盲肠有一定的消化纤维的能力，直肠主要用于储存和排出粪便。肝脏较大，分左右两叶，分泌胆汁，胆汁储存在胆囊中并经胆管排入十二指肠，参与脂肪的消化和吸收。胰腺位于十二指肠附近，分泌胰液，胰液含有多种消化酶，会进入小肠参与消化过程。

（四）呼吸系统

呼吸道包括鼻腔、咽、喉、气管、支气管和气囊。鼻腔较短，有鼻甲骨，可对空气进行一定的过滤。喉是呼吸通道和发声器官，气管较长，由多个软骨环支撑，以保证气道通畅。支气管分支进入肺部，鸡的肺较小且质地较硬，紧贴于胸腔背壁，不能像哺乳动物那样进行充分的扩张和收缩。气囊是禽类特有的呼吸器官，分布于体腔内各个部位，与肺相通，可增加气体交换面积，储存空气，在呼吸过程中起到辅助作用，还能减轻体重、调节体温等。

（五）心血管系统

心脏位于胸腔前部，相对较小，但心跳频率较快，以维持血液循环。心脏由左、右心房和左、右心室组成，动脉血管将心脏泵出的含氧血液输送到全身各组织器官，静脉血管将含二氧化碳较多的血液带回心脏。鸡的血液循环系统与哺乳动物有一些差异，例如鸡的红细胞有细胞核但哺乳动物没有等。

（六）泌尿系统

肾脏较大，位于脊柱两侧的深窝内，分为左右两叶。肾脏的主要功能是过滤血液形成尿液，尿液经输尿管直接排入泄殖腔，与粪便混合后排出体外。鸡没有膀胱。

（七）生殖系统

公鸡的生殖系统包括睾丸、附睾、输精管、交媾器等。睾丸位于腹腔内，左右各一，能产生精子和雄激素。输精管将精子输送到交媾器，公鸡的交媾器位于泄殖腔腹侧，在交配时可将精子注入母鸡的泄殖腔内。母鸡的生殖系统包括卵巢、输卵管等。卵巢位于腹腔左侧，只有左侧卵巢和输卵管发育正常，卵巢内有大量不同发育阶段的卵泡。输卵管是一条长而弯曲的管道，根据功能可分为漏斗部（接纳卵子）、膨大部（分泌蛋白）、峡部（形成蛋壳膜）、子宫部（形成蛋壳）和阴道部（储存和排出卵子），它在卵子的形成、受精和蛋的形成过程中起着关键作用。

第二节　重要生理系统的功能与机制

一、消化系统的功能与机制

（一）消化与吸收的过程

食物进入口腔后，通过咀嚼被磨碎，并与唾液混合。唾液中的淀粉酶开始对淀粉进行初步分解。随后，食物经食管进入胃。在胃中，胃壁肌肉的收缩和舒张对食物进行机械性搅拌，同时胃液（含盐酸、胃蛋白酶原等）被分泌出来。盐酸激活胃蛋白酶原，使其转变为胃蛋白酶，胃蛋白酶开始对蛋白质进行初步消化。胃的蠕动将食物进一步研磨并推送至小肠。

小肠是消化和吸收的主要场所。胰液、胆汁和小肠液被分泌到小肠内。胰液含有多种消化酶，如胰蛋白酶、胰淀粉酶、胰脂肪酶等，分别对蛋白质、淀粉和脂肪进行化学性消化。胆汁由肝脏分泌并储存于胆囊，经胆管排入小肠，主要作用是乳化脂肪，增大脂肪与消化酶的接触面积，从而促进脂肪消化。小肠液也含有多种消化酶，进一步参与消化过程。经过消化后的小分子营养物质，如葡萄糖、氨基酸、脂肪酸、维生素、矿物质等，通过小肠黏膜上皮细胞进入血液和淋巴循环，完成吸收。

大肠的主要功能是吸收水分、电解质和维生素，并将未被消化的食物残渣以粪便形式排出体外。盲肠在一些动物（如草食动物）中对纤维素等物质的发酵和消化有一定作用。

（二）消化系统的调节机制

消化系统的活动受到神经和体液因素的双重调节。神经调节主要通过自主神经系统（包括交感神经和副交感神经）来实现。副交感神经兴奋时，可促进胃肠道的蠕动和消化液的分泌，例如，迷走神经可刺激胃液、胰液、胆汁等的分泌，增强胃肠运动，以促进消化。交感神经兴奋则一般抑制胃肠道的活动，使蠕动减慢、消化液分泌减少，在机体处于应激状态时，这种调节有助于将血液分配到更重要的器官。

体液调节主要涉及多种胃肠激素的作用。例如，胃泌素由胃窦部和小肠上部的G细胞分泌，它能刺激胃壁细胞分泌盐酸，促进胃蛋白酶原的分泌，并增强胃肠运动、促进黏膜生长；而当胃酸浓度过高时，会通过负反馈机制抑制胃泌素的进一步释放。胆囊收缩素由小肠上部的I细胞分泌，能刺激胆囊的生长。胰泌素由小肠上部的S细胞分泌，可刺激胰腺分泌大量水分和碳酸氢盐，中和胃收缩，排出胆汁，同时促进胰腺分泌胰酶，还可抑制胃排空等。这些胃肠激素相互协调，共同调节消化系统的功能，使其能根据食物的摄入情况和机体的需求进行精确的消化活动。

二、呼吸系统的功能与机制

（一）气体交换过程

呼吸系统的主要功能是实现机体与外界环境之间的气体交换，即吸入氧气并排出二氧化碳。气体交换在肺泡和肺部毛细血管之间进行。

外界空气经呼吸道（鼻腔、咽、喉、气管、支气管）进入肺泡。在肺泡内，氧气通过肺泡壁和毛细血管壁进入血液，与红细胞中的血红蛋白结合形成氧合血红蛋白。同时，血液中的二氧化碳从毛细血管扩散到肺泡内，然后经呼吸道排出体外。这一气体交换过程遵循气体扩散原理，即气体总是从分压高的区域向分压低的区域扩散。肺泡气中的氧分压高于静脉血中的氧分压，所以氧气向血液中扩散；而静脉血中的二氧化碳分压高于肺泡气中的二氧化碳分压，因此二氧化碳从血液向肺泡扩散。

（二）呼吸运动的调节机制

呼吸运动是通过呼吸肌的收缩和舒张来实现的，主要的呼吸肌有膈肌和肋间肌。平静吸气时，膈肌收缩，膈顶下降，使胸腔上下径增大；肋间外肌收缩，使肋骨上提并外展，胸腔前后径和左右径增大，胸腔容积增大，肺内压低于大气压，空气进入肺内。平静呼气时，膈肌和肋间外肌舒张，胸廓依靠自身弹性回缩，肺内压高于大气压，气体排出肺。

呼吸运动受神经和体液因素的调节。神经调节主要通过呼吸中枢来实现。延髓是基本的呼吸中枢，能产生基本的呼吸节律。脑桥的呼吸调整中枢可对延髓的呼吸节律进行调节。使呼吸运动更加平稳和有规律。此外，肺牵张反射也参与呼吸运动的调节。当肺扩张到一定程度时，肺牵张感受器受到刺激，其传入冲动经迷走神经传入延髓，抑制吸气中枢的活动，使吸气转为呼气，防止肺过度扩张。

在体液调节方面，二氧化碳是调节呼吸运动最重要的体液因素之一。血液中二氧化碳分压升高时，可刺激外周化学感受器（颈动脉体和主动脉体）和中枢化学感受器（位于延髓腹外侧浅表部位），反射性地使呼吸加深和加快，增加肺通气量，以排出更多二氧化碳。缺氧对呼吸的刺激作用主要是通过外周化学感受器实现的，当动脉血氧分压降低到一定程度时，可引起呼吸加深和加快。氢离子浓度的变化也可影响呼吸，氢离子浓度升高可刺激外周化学感受器，同时也可通过刺激中枢化学感受器间接影响呼吸。

三、心血管系统的功能与机制

（一）血液循环过程

心血管系统由心脏、血管（动脉、静脉、毛细血管）和血液组成，其主要功能是运输营养物质、氧气、激素等物质到全身各组织器官，并将代谢产物如二氧化碳、尿素等运送到排泄器官排出体外。

心脏是血液循环的动力器官，它有节律地收缩和舒张，推动血液在血管中流动。心脏分为左心房、左心室、右心房和右心室四个腔室。体循环开始于左心室，左心室收缩将富含氧气和营养物质的血液泵入主动脉，主动脉分支成各级动脉，各级动脉将血液输送到全身各组织器官的毛细血管网。在毛细血管处，血液与组织细胞进行物质交换，氧气和营养物质进入组织细胞，组织细胞产生的二氧化碳和其他代谢产物进入血液。然后，血液经各级静脉回流，最后汇集到上腔静脉和下腔静脉，流入右心房，完成体循环。

肺循环则从右心室开始，右心室收缩将含二氧化碳较多的血液泵入肺动脉，肺动脉分支进入肺部毛细血管网。在肺部，血液中的二氧化碳排出到肺泡，肺泡中的氧气进入血液，使血液得到氧合。氧合后的血液经肺静脉回流到左心房，进入左心室，开始下一次体循环。

（二）心血管系统的调节机制

心血管系统的活动受到神经、体液和自身调节机制的综合调节。神经调节主要通过自主神经系统来实现。交感神经兴奋时，可使心率加快、心肌收缩力增强、血管收缩，从而升高血压，增加心输出量，使血液更多地分配到重要器官，以适应机体在应激、运动等情况下的需求。副交感神经兴奋（主要通过迷走神经）则使心率减慢、心肌收缩力减弱、血管舒张、血压降低，使心脏活动减弱，有利于机体在安静状态下的恢复和能量保存。

体液调节涉及多种激素和生物活性物质。例如，肾上腺素和去甲肾上腺素由肾上腺髓质分泌，它们可与心肌细胞和血管平滑肌细胞上的受体结合，使心率加快、心肌收缩力增强、血管收缩（不同血管反应有所差异），从而升高血压和增加心输出量。肾素-血管紧张素-醛固酮系统在血压调节和体液平衡中起着重要作用。当肾血流量减少或血钠降低时，肾脏分泌肾素，肾素催化血管紧张素原转变为血管紧张素Ⅰ，血管紧张素Ⅰ在血管紧张素转换酶作用下生成血管紧张素Ⅱ，血管紧张素Ⅱ可使全身血管收缩，血压升高，还能刺激醛固酮分泌，醛固酮作用于肾脏，促进钠和水的重吸收，增加血容量，进一步升高血压。此外，抗利尿激素由下丘脑合成、垂体后叶释放，可促进肾脏对水的重吸收，减少尿量，增加血容量，对血压也有一定的调节作用。

心血管系统还存在自身调节机制，即组织器官在不依赖神经和体液调节的情况下，自身对局部血流量进行调节。例如，当组织代谢活动增强时，局部组织中的氧分压降低、二氧化碳分压升高、氢离子浓度升高、腺苷等代谢产物增多，这些因素可使局部血管舒张，血流量增加，以满足组织对氧气和营养物质的需求；当血压在一定范围内波动时，器官、组织的血流量可通过局部血管的自身调节保持相对稳定。

四、泌尿系统的功能与机制

（一）尿液生成过程

泌尿系统的主要功能是过滤血液，形成尿液，排出体内的代谢废物、多余的水分和电解质，维持体内水盐平衡和酸碱平衡。

尿液生成包括超滤、重吸收和分泌三个基本过程，主要在肾脏中进行。超滤发生在肾小球。血液流经肾小球毛细血管时，由于肾小球毛细血管血压较高，而血浆胶体渗透压和肾小囊内压相对较低，使得血浆中的一部分水分和小分子物质（如葡萄糖、氨基酸、尿素、无机盐等）滤过到肾小囊中，形成原尿。肾小球的滤过膜具有一定的选择通透性，可限制大分子蛋白质和血细胞等物质滤过。

原尿生成后进入肾小管，开始重吸收过程。肾小管和集合管对原尿中的各种物质进行选择性重吸收。近曲小管是重吸收的主要部位，大部分葡萄糖、氨基酸、维生素、钠离子、氯离子、碳酸氢根离子等在此被重吸收回血液。髓袢对钠离子、氯离子等也有一定的重吸收作用，并在尿液的浓缩和稀释过程中起重要作用。远曲小管和集合管可根据机体的需要进一步调节水和电解质的重吸收，例如，在抗利尿激素的作用下，远曲小管和集合管对水的重吸收增加，尿液浓缩；在醛固酮的作用下，对钠离子的重吸收增加，同时促进钾离子的分泌。

肾小管和集合管还具有分泌功能，可将一些物质分泌到小管液中，如氢离子、氨、有机酸、有机碱、药物和毒物等。氢离子的分泌对于维持体内酸碱平衡具有重要意义，它可与小管液中的碳酸氢根离子结合生成碳酸，碳酸分解为二氧化碳和水，二氧化碳扩散回细胞内，水则随尿液排出，从而调节血液的酸碱度。

（二）泌尿系统的调节机制

泌尿系统的活动主要受神经和体液因素的调节，以维持体内水盐平衡和酸碱平衡。神经调节主要通过肾交感神经来实现。肾交感神经兴奋时，可引起肾血流量减少、肾小球滤过率降低、肾小管对氯化钠和水的重吸收增加。例如在机体处于应激状态或血容量减少时，肾交感神经兴奋，有助于减少尿液生成，保留体内水分和电解质。

体液调节在泌尿系统中起着极为重要的作用。抗利尿激素是调节肾脏对水重吸收的关键激素。当机体缺水或失水过多时，血浆渗透压升高，刺激下丘脑的渗透压感受器，使神经垂体释放的抗利尿激素增加。抗利尿激素作用于远曲小管和集合管，增加其对水的通透性，促进水的重吸收，使尿液浓缩，尿量减少，从而保留体内水分，降低血浆渗透压。当血浆渗透压降低时，抗利尿激素分泌减少，远曲小管和集合管对水的重吸收减少，尿液稀释，尿量增加。

醛固酮也是重要的体液调节因素。它主要由肾上腺皮质球状带分泌。当血钠降低、血钾升高或肾素-血管紧张素系统被激活时，醛固酮分泌增加。醛固酮作用于远曲小管和集合管，促进钠离子的重吸收和钾离子的分泌，同时也促进水的重吸收，以维持血钠、血钾平衡和血容量稳定。此外，心房钠尿肽由心房肌细胞合成和释放，它可抑制肾素-血管紧张素-醛固酮系统的活性，抑制肾小管对氯化钠和水的重吸收，使尿量增加，促进钠和水的排泄，在血容量增加时发挥调节作用，有助于降低血压和减轻心脏负担。

五、内分泌系统的功能与机制

（一）激素的分泌与作用方式

内分泌系统由内分泌腺（如垂体、甲状腺、甲状旁腺、肾上腺、胰岛等）和分布于其他器官组织中的内分泌细胞组成。内分泌系统通过分泌激素来调节机体的生长发育、代谢、生殖、免疫等多种生理功能。

激素是由内分泌腺或内分泌细胞分泌的高效能生物活性物质，它们通过血液循环运输到全身各处，作用于特定的靶细胞或靶器官。激素的分泌具有一定的节律性，有的呈日节律（如皮质醇），有的呈月节律或年节律（如某些动物的季节性繁殖相关激素）。

激素作用于靶细胞的方式主要有两种。一种是通过与靶细胞膜上的受体结合，激活细胞内的信号转导通路，如G蛋白偶联受体途径、酶联受体途径等，从而调节细胞的生理功能。例如，胰岛素与靶细胞膜上的胰岛素受体结合，通过一系列信号转导，促进细胞对葡萄糖的摄取和利用，降低血糖水平。另一种是激素进入细胞内，与细胞内受体结合，形成激素-受体复合物，然后进入细胞核，调节基因表达，影响蛋白质合成，进而改变细胞的功能和代谢状态。例如，甲状腺激素可进入细胞内与核受体结合，调节多种基因的表达，影响机体的生长发育、代谢速率等。

（二）内分泌系统的调节机制

内分泌系统的调节主要包括反馈调节和神经调节。反馈调节是内分泌系统最重要的调节方式之一，可分为正反馈和负反馈。负反馈调节最为常见，即当一种激素作用于靶细胞后，引起靶细胞的某种生理效应，而这种效应反过来又抑制该激素的进一步分泌，从而维持激素水平在相对稳定的范围内。例如，甲状腺激素的分泌受下丘脑-垂体-甲状腺轴的调节。下丘脑分泌促甲状腺激素释放激素（TRH），刺激垂体分泌促甲状腺激素（TSH），TSH作用于甲状腺，促进甲状腺激素的分泌。当血液中甲状腺激素水平升高时，它可反馈抑制下丘脑和垂体的活动，减少 TRH 和 TSH 的分泌，从而使甲状腺激素分泌减少；当甲状腺激素水平降低时，反馈抑制作用减弱，TRH 和 TSH 分泌增加，甲状腺激素分泌增多，以此维持甲状腺激素水平的相对稳定。

正反馈调节相对较少，其作用是使某种生理过程逐渐加强直至完成。

神经调节对内分泌系统也有重要影响。下丘脑是神经系统与内分泌系统联系的重要枢纽。下丘脑的神经内分泌细胞既能接受神经冲动的刺激，又能分泌激素（如促甲状腺激素释放激素、促性腺激素释放激素等），调节垂体前叶各种促激素的分泌，进而影响其他内分泌腺的活动。此外，自主神经系统也可调节一些内分泌腺的功能，如交感神经兴奋可刺激肾上腺髓质分泌肾上腺素和去甲肾上腺素。同时，内分泌系统分泌的激素也可反过来影响神经系统的功能，如甲状腺激素可影响中枢神经系统的发育和功能，胰岛素可影响神经细胞的代谢和信号转导等，这种神经-内分泌相互调节机制使机体能够更好地适应内外环境的变化，维持内环境的稳态和生理功能的正常进行。

临床应用案例：

1. 消化系统案例

案例：一只家禽出现腹泻、消化不良，且消化饲料的能力较差。通过检查，发现其胃液分泌减少且消化酶活性降低，进一步检测发现其胃肠道内菌群失衡。针对该病例，可以通过调节饲料中的纤维成分、补充消化酶、使用益生菌来改善其消化能力。

临床意义：该案例涉及胃液和消化酶的分泌调节机制，强调了消化系统在动物健康中的重要性。此案例中，通过外部干预，可以恢复家禽的正常生理功能。

2. 呼吸系统案例

案例：一只小羊出现呼吸急促、咳嗽等症状，经检查发现其肺部有明显的炎症和水肿，被诊断为肺炎。临床治疗过程中，通过使用抗生素和支持性治疗（如补液和氧气支持）来帮助其恢复健康。

临床意义：该案例涉及了呼吸系统的气体交换过程与调节机制，重点在于氧气与二氧化碳的交换功能，同时揭示了炎症对呼吸功能的影响。

3. 心血管系统案例

案例：一只老年犬出现心跳加速、乏力、呼吸困难等症状，被诊断为心脏病。通过药物（如利尿剂和血管扩张剂）的使用帮助其改善血液循环和减轻心脏负担。

临床意义：该案例涉及了心血管系统的血液循环和调节机制，并体现了药物干预在心血管系统调节中的实际应用。

第三节　解剖生理知识在兽医临床诊断中的应用要点

一、体格检查中的应用

（一）体表标志与脏器定位

熟悉家畜、家禽的体表标志对于准确进行体格检查至关重要。例如，在牛、羊等反刍动物中，通过触摸其肩端、髋结节、坐骨结节等体表骨性标志，可以大致确定胸腔、腹腔内重要脏器的位置和范围。兽医可以依据这些标志来判断心、肺、肝、胃等器官在体表的投影区域，从而在听诊、叩诊、触诊时能够更精准地找到相应部位，评估脏器的大小、形状、质地，以及有无异常声响或触感。如在牛的左侧肘后胸壁区域进行听诊，可初步判断心脏的跳动节律、心音强弱等情况；在右侧倒数第 3～5 肋间进行叩诊和听诊，有助于评估肝脏的大小和肺部的呼吸音变化。

（二）器官毗邻关系与症状关联

了解解剖结构中各器官的毗邻关系有助于解释临床症状的产生和扩散。以猪为例，其胰腺位于十二指肠弯曲部附近，当胰腺发生炎症时，可能会累及十二指肠，导致消化功能紊乱，出现呕吐、腹泻等症状，并且在触诊该区域时可能引发疼痛反应。在禽类中，气囊与许多内脏器官相邻，若气囊发生感染，炎症可能蔓延至肺部、心脏等器官，引发呼吸道症状加重、心率异常等一系列复杂的临床表现。因此，在临床诊断时，需要综合考虑多个相邻器官可能受到的影响，避免遗漏潜在的疾病。

二、症状分析与鉴别诊断中的应用

（一）解剖结构异常与症状表现

某些特定的解剖结构异常会直接导致特征性的临床症状。例如，马属动物的肠管较长且盘曲复杂，容易发生肠扭转。一旦发生肠扭转，由于肠道的血液循环受阻，会迅速出现剧烈腹痛、腹胀、停止排气排便等典型症状。又如，禽类的骨骼多为含气骨，当发生呼吸道感染时，炎症可能蔓延至骨骼，导致骨骼出现病理性改变，在 X 射线检查时可发现骨质异常，同时伴有呼吸功能障碍加重的表现。通过对这些与解剖结构紧密相关的症状进行识别和分析，兽医能够初步推断出可能存在的疾病类型。

（二）生理功能障碍与疾病推断

依据解剖生理学知识，对动物生理功能障碍的分析有助于鉴别不同的疾病。例如，肾脏的主要生理功能是过滤血液、形成尿液和调节水盐平衡。当动物出现多饮、多尿症状时，可能是肾脏的浓缩功能受损，如慢性肾炎导致肾小管重吸收功能障碍；也可能是内分泌系统疾病影响了肾脏对水的代谢调节，如糖尿病引起的渗透性利尿。通过进一步检查血液生化指标（如肾功能指标、血糖水平等）、尿液成分，以及结合解剖结构特点（肾脏的形态、大小等影像学检查），可以对疾病进行准确的鉴别诊断，确定是肾脏本身的病变还是其他系统疾病继发的肾脏功能异常。

三、影像学检查中的应用

（一）解剖结构成像与疾病识别

在 X 射线、超声、CT 等影像学检查中，对动物正常解剖结构的清晰认识是准确解读影像结果的基础。例如，在用 X 射线检查犬的胸部时，兽医需要熟悉犬的心脏、肺脏、气管、肋骨等正常解剖形态和位置关系。当出现肺部阴影时，能够根据阴影的位置、形状、大小以及与周围组织的界限等特征，结合解剖知识判断是肺部炎症、肿瘤、异物还是其他病变。又如，在超声检查牛的肝脏时，了解肝脏的正常大小、形态、内部回声结构以及血管分布，有助于发现肝脏的实质性病变（如肝脓肿、脂肪肝等）、囊性病变（如肝囊肿）或血管异常（如门静脉血栓）等疾病情况。

（二）生理动态过程成像与功能评估

某些影像学技术还可以对动物的生理动态过程进行成像，从而评估器官的功能状态。例如，放射性核素成像可用于评估心脏的泵血功能和心肌的血流灌注情况。通过注射放射性核素标记的药物，利用特殊的成像设备观察核素在心脏内的分布和运动轨迹，能够直观地了解心脏的收缩与舒张功能、心肌是否存在缺血或梗死区域等信息。在泌尿系统检查中，静脉肾盂造影可以显示肾脏产生尿液、输尿管输送尿液以及膀胱储存尿液的动态过程，帮助兽医判断泌尿系统是否存在梗阻、畸形或其他功能性障碍，如肾盂积水、输尿管狭窄或膀胱输尿管反流等。

四、实验室检查结果分析中的应用

（一）血液指标与器官功能关联

血液检查中的各项指标与动物的解剖生理功能密切相关。例如，肝功能指标（如谷丙转氨酶、谷草转氨酶、胆红素等）的异常升高往往提示肝脏细胞受损，这可能是由于肝脏的解剖结构完整性遭到破坏，如肝炎病毒感染、药物中毒或肝寄生虫病等导致肝细胞发生炎症、坏死或变性。通过了解肝脏的解剖结构和生理功能（如肝脏的解毒、合成、代谢等功能），兽医可以更好地理解这些血液指标变化的意义，并进一步排查可能的病因。同样，肾功能指标（如肌酐、尿素氮等）反映了肾脏的滤过和排泄功能，当这些指标异常时，结合肾脏的解剖学特点（如肾小球、肾小管的结构和功能），可以分析是肾小球肾炎、肾小管损伤还是其他肾脏疾病导致的肾功能障碍。

（二）体液成分与代谢途径分析

对动物的尿液、脑脊液、腹腔积液等体液成分的分析也离不开解剖生理知识。例如，尿液中出现蛋白质、红细胞、白细胞等成分，可能提示泌尿系统的不同部位存在病变。若蛋白质含量增加，可能是肾小球的滤过膜受损，导致蛋白质漏出；红细胞增多可能是肾脏、输尿管、膀胱等部位出血性病变的表现。通过对泌尿系统的解剖结构和尿液生成过程的了解，可以更准确地定位病变部位并推测疾病的性质。在分析腹腔积液成分时，腹腔内器官的解剖位置和生理功能，可以为疾病的诊断提供重要线索。如肝脏疾病可能导致腹腔积液蛋白含量升高、细胞成分增多，而胃肠道穿孔可能使腹腔积液出现食物残渣、细菌等成分。

参考文献

[1] 滕可导，马云飞．动物解剖学与组织胚胎学［M］．2 版．北京：高等教育出版社，2016.

[2] 程会昌．动物解剖学与组织胚胎学［M］．北京：中国农业大学出版社，2007.

[3] 程会昌，黄立．动物解剖与组织胚胎［M］．郑州：河南科学技术出版社，2012.

[4] 吴学祥，肖传斌．动物解剖学［M］．重庆：重庆大学出版社，2023.

[5] 金天明．动物生理学［M］．3 版．北京：高等教育出版社，2023.

[6] 周杰．动物生理学［M］．2 版．北京：中国农业大学出版社，2022.

[7] 刘宗柱．动物生理学［M］．2 版．武汉：华中科技大学出版社，2022.

[8] Reece W O. Dukes' Physiology of Domestic Animals［M］. 13th ed. Ithaca：Cornell University Press，2015.

[9] Swenson M J，Reece W O. Swenson's veterinary physiology［M］. 7th ed. Amsterdam：Elsevier，2019.

第二章

兽医病理学基础

在兽医领域，深入了解动物疾病的发生发展机制至关重要。本章开篇聚焦于疾病发生发展的基本病理过程，通过对这一过程的剖析，帮助兽医从业者从根源上理解疾病是如何在动物体内逐步演变的，为后续的诊断和治疗提供理论基础。而各系统常见病理变化与临床表现的关联阐述，则让从业者能够将病理变化与动物外在表现紧密联系起来。在临床实践中，通过观察动物的症状体征，快速推断出可能存在的内在病理变化，从而更准确地判断疾病种类和严重程度。

此外，研究病理诊断在临床实践中的辅助作用，能让兽医从业者充分认识到病理诊断在整个疾病诊疗过程中的重要地位。通过合理运用病理诊断手段，结合临床症状，制定出更科学、更有效的治疗方案，提高疾病治愈率，保障动物健康，为兽医临床工作的精准化和高效化提供有力支持。

第一节　疾病发生发展的基本病理过程

一、组织损伤与修复

（一）组织损伤

损伤原因：组织损伤可由多种因素引起，包括物理性因素（如机械力、高温、低温、电流、射线等）、化学性因素（如强酸、强碱、药物中毒、重金属中毒等）、生物性因素（如细菌、病毒、真菌、寄生虫等病原体感染），以及营养性因素（如维生素缺乏、蛋白质-能量营养不良等）。

损伤机制与形态学变化：不同原因导致的损伤机制各异。以机械性损伤为例，外力作用可直接破坏组织的细胞结构，导致细胞膜破裂、细胞器受损。在形态学上，组织损伤表现为细胞变性和坏死。细胞变性是细胞的一种可逆性损伤，如细胞水肿（细胞内水分增多，线粒体和内质网肿胀）、脂肪变性（细胞内脂肪异常蓄积，常见于肝细胞）等。坏死则是细胞的不可逆损伤，细胞的核固缩、核碎裂和核溶解是其主要的形态学标志。例如，心肌梗死时，心肌细胞发生凝固性坏死，细胞轮廓尚在，但核已消失，随后组织会出现炎症反应。

（二）组织修复

再生修复：再生是指组织损伤后，由损伤周围的同种细胞来修复。不同组织的再生能力不同，如表皮、黏膜等上皮组织再生能力较强，肝脏等实质器官在部分损伤后也能通过肝细胞的再生恢复一定的功能。再生过程包括细胞的增殖、迁移和分化。以皮肤伤口愈合为例，伤口边缘的基底细胞开始增殖，向中心迁移，逐渐覆盖伤口，然后分化形成成熟的表皮组织。

纤维性修复：当组织损伤范围较大，不能通过再生完全修复时，会通过纤维结缔组织增生来修复，即瘢痕修复。在损伤后的早期，局部会出现炎症反应，巨噬细胞等清除坏死组织和异物，然后成纤维细胞增生并分泌胶原蛋白等细胞外基质，形成纤维瘢痕。例如，在心肌梗死后期，梗死灶被纤维组织替代，形成瘢痕组织，但这种修复后的组织功能与原有组织有所不同，可能会对心脏的功能产生一定的影响。

二、局部血液循环障碍

（一）充血

动脉性充血：器官或组织因动脉输入血量增多而发生的充血。常见原因包括生理性充血（如运动时骨骼肌充血）和病理性充血（如炎症早期充血）。动脉性充血的器官或组织颜色鲜红，温度升高。例如，在炎症初期，局部组织血管扩张，动脉血流入增多，表现为红、肿、热、痛的症状之一。

静脉性充血（淤血）：器官或组织由于静脉回流受阻，血液淤积于小静脉和毛细血管内。淤血可由静脉受压（如肿瘤压迫周围静脉）、静脉管腔阻塞（如血栓形成）或心力衰竭等原因引起。淤血的组织器官呈暗红色或紫红色，温度降低。长期淤血还可导致组织的营养不良、水肿和实质细胞萎缩、变性甚至坏死。例如，慢性肝淤血时，肝脏小叶中央静脉和肝窦扩张淤血，肝细胞萎缩和脂肪变性，形成槟榔肝。

（二）出血

破裂性出血：由心脏或血管破裂引起，可分为外伤性和病理性。外伤性破裂出血常见于机械性损伤，如车祸导致的血管破裂。病理性破裂出血可因血管壁病变（如动脉瘤破裂）或局部病变侵蚀血管（如胃溃疡侵蚀胃壁血管）引起。出血的量和速度因破裂血管的大小和部位而异，大量快速出血可导致休克甚至死亡。

漏出性出血：由于微血管壁通透性增加引起的出血。常见原因包括血管壁受损（如缺氧、感染、中毒等导致内皮细胞损伤）、血小板减少或功能障碍、凝血因子缺乏等。漏出性出血的出血量一般较少，如在某些传染病中，由于毒素作用使微血管壁通透性增加，皮肤黏膜易出现瘀点、瘀斑等。

（三）血栓形成

血栓形成的过程和机制：在活体的心脏和血管内，血液发生凝固或血液中的某些有形成分凝集形成固体质块的过程称为血栓形成，所形成的固体质块称为血栓。血栓形成的条件主要包括心血管内皮细胞的损伤（如动脉粥样硬化斑块破裂处易形成血栓）、血流状态的改变（如血流缓慢、漩涡形成，常见于静脉血栓形成）和血液凝固性增加（如创伤、手术、妊娠等情况下血液处于高凝状态）。血栓形成过程一般从血小板黏附于受损的内皮开始，然后血小板聚集，同时激活凝血系统，纤维蛋白原转变为纤维蛋白，网罗血细胞，最终形成血栓。

血栓的类型和对机体的影响：根据血栓的组成成分，可分为白色血栓（主要由血小板和少量纤维蛋白构成，常见于血流较快的心瓣膜、动脉内）、混合血栓（由血小板小梁、纤维蛋白网和红细胞等组成，常见于静脉血栓的体部）、红色血栓（主要由红细胞和纤维蛋白构成，在混合血栓的下游形成）和透明血栓（主要由纤维蛋白构成，常见于微循环的小血管内，多见于弥散性血管内凝血）。血栓对机体的影响具有两面性。一方面，血栓在血管破裂时可起到止血作用；另一方面，血栓可阻塞血管，导致局部组织缺血、缺氧，如冠状动脉血栓可引起心肌梗死，脑动脉血栓可导致脑梗死。

（四）栓塞

栓子的类型和运行途径：在循环血液中出现的不溶于血液的异常物质，随血流运行阻塞血管腔的现象称为栓塞，这些异常物质称为栓子。栓子可以是脱落的血栓、脂肪滴、气体、羊水、肿瘤细胞等。栓子的运行途径一般与血流方向一致，如来自左心和体循环动脉系统的栓子，常栓塞于脑、肾、脾等器官的动脉；来自右心和体循环静脉系统的栓子，常栓塞于肺动脉及其分支。

栓塞对机体的影响：栓塞对机体的影响取决于栓子的大小、数量、栓塞的部位和机体的代偿能力等因素。例如，肺动脉栓塞时，如果栓子较小，可能无明显症状；若栓子较大，阻塞肺动脉主干或大分支，可导致急性右心衰竭，甚至猝死。脂肪栓塞常见于长骨骨折后，脂肪滴进入血液循环，可栓塞肺、脑等器官的血管，引起呼吸困难、意识障碍等症状。

（五）梗死

梗死的形成机制和类型：器官或组织因血管阻塞、血流中断而缺氧，最终发生的坏死称为梗死。梗死的形成主要是由于血栓形成、栓塞或血管受压等原因引起的血管阻塞，局部组织得不到血液供应而发生坏死。根据梗死灶内含血的多少，梗死可分为贫血性梗死（如肾、脾、心等器官的梗死，梗死灶呈灰白色，与周围组织界限清楚）和出血性梗死（如肺、肠等器官的梗死，梗死灶呈暗红色，暗红色是由于组织疏松，在梗死同时伴有出血）。

梗死对机体的影响：梗死对机体的影响因梗死器官和范围而异。心肌梗死可导致严重的心脏功能障碍，甚至危及生命；如果肾梗死范围较小，可能仅引起肾功能局部损害；肠梗死可引起剧烈腹痛、呕吐、便血等严重的胃肠道症状，若不及时治疗，可导致肠穿孔、腹膜炎等并发症。

三、炎症

（一）炎症的基本概念

炎症是具有血管系统的活体组织对各种损伤因子的刺激所发生的以防御为主的病理过程。炎症的局部表现为红、肿、热、痛和功能障碍，全身表现可能包括发热、白细胞计数升高等。炎症的基本病理变化包括变质、渗出和增生。

（二）炎症的病理变化

1. 变质

变质是指炎症局部组织发生的变性和坏死。炎症因子的直接损伤、局部血液循环障碍和炎症介质的作用等均可导致变质。例如，在感染性炎症中，病原体释放的毒素可使细胞的代谢发生紊乱，引起细胞水肿、脂肪变性或坏死。

2. 渗出

渗出是炎症最具特征性的变化，主要包括血管反应和渗出物形成。在炎症过程中，血管先发生短暂的收缩，随后扩张，血流速度减慢，血管通透性增加。血浆成分和白细胞通过血管壁进入组织间隙，形成渗出液。渗出液具有重要的防御作用，如稀释毒素、带来抗体和补体等，但过多的渗出液也可压迫周围组织，影响器官功能。根据渗出物的主要成分，渗出可分为浆液性渗出（如感冒初期鼻腔的浆液性分泌物）、纤维素性渗出（如大叶性肺炎时肺泡内的纤维素渗出）、化脓性渗出（如脓肿形成时的脓性渗出物）和出血性渗出（如流行性出血热时组织的出血性渗出）。

3. 增生

在炎症后期，组织细胞的增生有助于炎症的修复。增生的细胞主要包括成纤维细胞、血管内皮细胞和炎症细胞（如巨噬细胞、淋巴细胞）等。例如，在慢性肝炎中，肝细胞的再生和肝星状细胞的增生参与肝脏的修复过程，但过度增生也可能导致肝纤维化。

（三）炎症的类型

依据炎症的基本病理变化分类：可分为变质性炎症（以变质为主，如病毒性肝炎主要是肝细胞的变性和坏死）、渗出性炎症（以渗出为主，如急性阑尾炎主要是阑尾的渗出性炎症）和增生性炎症（以增生为主，如慢性扁桃体炎主要是扁桃体组织的增生）。

依据炎症的病程分类：可分为急性炎症（起病急骤，持续时间短，一般数天到 1 个月，以渗出性变化为主，如急性细菌性痢疾）和慢性炎症（起病缓慢，持续时间长，数月到数年，病理变化以增生为主，如慢性肾盂肾炎）。

四、肿瘤

（一）肿瘤的基本概念

肿瘤是机体在各种致瘤因素作用下，局部组织的细胞在基因水平上失去对其生长的正常调控，发生克隆性异常增殖而形成的新生物。肿瘤细胞具有异常的形态、代谢和功能，并且不同程度地失去了分化成熟的能力。肿瘤可分为良性肿瘤和恶性肿瘤。良性肿瘤生长缓慢，边界清楚，一般不转移，对机体的危害相对较小；恶性肿瘤生长迅速，边界不清，容易转移，可对机体造成严重的危害。

（二）肿瘤的发生机制

肿瘤的发生是一个多因素、多步骤的复杂过程，涉及细胞的基因突变、基因表达异常、细胞信号转导通路紊乱等多个环节。致瘤因素包括物理性因素

（如紫外线、电离辐射等）、化学性因素（如多环芳烃、亚硝胺等致癌物）和生物性因素（如某些病毒，如人乳头瘤病毒与宫颈癌有关）。这些致瘤因素可使细胞的原癌基因激活或抑癌基因失活，导致细胞的增殖、分化和凋亡等过程失控，从而引发肿瘤。

（三）肿瘤的形态学和生物学特性

形态学特征：包括大体形态和组织学形态。大体形态上，良性肿瘤一般呈膨胀性生长，有完整的包膜，与周围组织界限清楚，如脂肪瘤呈圆形或椭圆形，质地柔软。恶性肿瘤多呈浸润性生长，无包膜，与周围组织界限不清，如胃癌可浸润胃壁的各层组织。在组织学形态上，良性肿瘤细胞分化程度高，与正常组织细胞相似；恶性肿瘤细胞分化程度低，形态多样，核分裂象多见，并且可出现病理性核分裂象。

生物学特性：主要包括生长特性、扩散和转移。肿瘤的生长速度取决于肿瘤细胞的增殖周期和生长分数等因素。良性肿瘤生长缓慢，呈膨胀性生长，对周围组织主要是挤压作用；恶性肿瘤生长迅速，呈浸润性和外生性生长。扩散是指肿瘤细胞在原发部位向周围组织浸润和蔓延，如乳腺癌可浸润胸肌、肋骨等周围组织。转移是指肿瘤细胞从原发部位侵入淋巴管、血管或体腔，迁徙到其他部位，继续生长，形成与原发肿瘤同样类型的肿瘤，常见的转移途径包括淋巴转移（如鼻咽癌常先转移至颈部淋巴结）、血行转移（如骨肉瘤常转移至肺）和种植性转移（如胃癌细胞可脱落种植于腹腔脏器表面）。

第二节　各系统常见病理变化与临床表现的关联

一、心血管系统

（一）心肌病变

1. 心肌肥大

（1）病理变化　心肌细胞体积增大（肥厚），主要是由于长期压力（如主动脉瓣狭窄、肺动脉高压）或容量负荷过重（如二尖瓣闭锁不全）引起。在形态学上，心肌纤维增粗、排列紊乱，细胞核增大、深染，严重时可伴有心肌间质纤维化。

（2）临床表现　代偿期可能没有明显症状。随着病情发展，患畜可出现运动不耐受（活动后易疲劳）、呼吸急促、咳嗽等。由于心肌肥大导致心脏顺应性降低，心脏舒张功能受限，左心室舒张末期压力升高，肺循环淤血，进而出现呼吸困难（尤其在运动后或夜间）。严重时可发展为心力衰竭，表现为端坐呼吸（犬猫常见）、腹水（犬猫）、胸腔积液、皮下水肿（尤其下颌和胸腹下部）以及黏膜苍白或发绀。

2. 心肌梗死

（1）病理变化　在动物中相对少见，但可发生于冠状动脉血栓形成、栓塞（如心丝虫成虫阻塞）、血管炎或严重低血压后。冠状动脉分支阻塞导致心肌缺血坏死。梗死灶早期呈灰白色或灰红色，后期可被纤维组织替代。心肌细胞发生凝固性坏死，肌红蛋白等物质释放入血。

（2）临床表现　患畜可能突然虚脱、衰弱、精神沉郁、厌食、呼吸急促。严重时可出现急性心力衰竭，表现为严重呼吸困难、肺水肿、心律不齐（如室性早搏、室速）、脉搏微弱甚至消失、黏膜苍白或发绀。疼痛表现（如呻吟、不安）在动物中不如人类明显，但可能出现。心肌坏死物质的释放可导致血清中心肌酶（如CK-MB、cTnI）显著升高。

（二）血管病变

1. 动脉粥样硬化

（1）病理变化　在伴侣动物（尤其是犬）中不如人类常见，但可发生于长期高脂血症（如甲状腺功能减退、糖尿病、自发性高脂血症犬种，如迷你雪纳瑞）、老年动物。主要累及主动脉、冠状动脉、脑动脉等大中动脉。动脉内膜下脂质沉积，形成粥样斑块。斑块内含有胆固醇结晶、坏死组织和钙盐沉积，使动脉壁变硬、管腔狭窄。

（2）临床表现　根据病变部位不同而有所差异。如果发生在冠状动脉，可导致心肌缺血、心肌梗死或猝死；发生在脑动脉，可导致短暂性脑缺血发作、脑梗死或脑出血，出现共济失调、转圈、头歪斜、癫痫发作、失明、偏瘫或轻瘫等症状；发生在肾动脉，可导致肾性高血压；发生在下肢动脉，可引起间歇性跛行（行走时后肢疼痛、拖行，休息后缓解），这是由于下肢供血不足，行走时肌肉缺血缺氧，出现疼痛。

2. 静脉曲张

（1）病理变化　静脉壁薄弱、静脉瓣膜功能不全（先天或后天因素，如血栓后遗症），导致静脉血液逆流、淤积，静脉扩张、迂曲。在兽医临床，常见于马的下肢静脉（如飞节下方）和牛的乳房静脉。

（2）临床表现　患马下肢可见明显的静脉迂曲、扩张，呈“蚯蚓状”。患马可感到患肢不适、跛行、局部水肿、皮肤增厚，严重时可出现皮肤溃疡、皮炎。奶牛的乳房静脉严重曲张时，乳房皮肤表面可见显著隆起的蓝色血管，增加外伤和出血的风险。静脉淤血导致局部组织缺氧、营养不良是皮肤病变的主要原因。

二、呼吸系统

（一）肺部炎症

1. 大叶性肺炎

（1）病理变化　在兽医中，牛传染性胸膜肺炎（CBPP，丝状支原体引起）或某些细菌性肺炎（如牛巴氏杆菌病）可表现为大叶性肺炎。病变累及一个肺叶或多个肺叶的大部分。病理过程与人类相似，分为充血水肿期、红色肝样变期、灰色肝样变期和溶解消散期。在红色肝样变期，肺泡腔内充满纤维素、红细胞和中性粒细胞，肺叶肿大，质地坚实，切面呈红色。

（2）临床表现　患畜（如牛）常高热、精神沉郁、食欲废绝、呼吸急促、困难，可能出现痛性咳嗽。鼻分泌物初期浆液性，后变为脓性或铁锈色（含红细胞）。呼吸困难和发绀是由于大面积肺实变导致气体交换严重障碍。胸痛在动物中表现为不愿移动、呻吟（牛）或腹式呼吸。

2. 小叶性肺炎（支气管肺炎）

（1）病理变化　兽医临床最常见肺炎类型，由多种病原（细菌如巴氏杆菌、支气管败血波氏杆菌、支原体；病毒继发细菌感染等）引起。病变以细支气管为中心，累及周围肺泡。支气管黏膜充血、水肿，管腔内有脓性分泌物，肺泡腔内充满中性粒细胞、巨噬细胞等脓性渗出物。病变呈灶状分布，质地变实。

（2）临床表现　患畜（各种动物均常见）出现发热、咳嗽（湿咳）、精神沉郁、食欲减退、呼吸频率加快。鼻分泌物多为黏液脓性。幼畜、老年或免疫抑制动物症状较重，可出现明显的呼吸困难、张口呼吸（犬猫）、发绀。呼吸困难和发绀是因为多灶性病变影响肺部通气和换气功能。

（二）慢性阻塞性肺疾病（COPD）

（1）病理变化　在兽医中主要指马的复发性气道阻塞（RAO，俗称“heaves”）和犬的慢性支气管炎。马 RAO 主要病变为细支气管炎和支气管周围炎，伴有大量黏液栓阻塞小气道，以及不同程度的肺气肿（肺泡过度膨胀、间隔断裂）。支气管黏膜杯状细胞增生、黏液腺肥大、分泌亢进，管壁和肺间质慢性炎症细胞（淋巴细胞、浆细胞、嗜酸性粒细胞）浸润和纤维化。犬慢性支气管炎主要累及大气道，支气管黏膜上皮损伤（溃疡、鳞状化生）、杯状细胞增生、黏液腺肥大，管壁炎症细胞浸润、纤维化，可伴发气管塌陷。

（2）临床表现

① 马 RAO。慢性咳嗽（尤其在运动或接触粉尘时）、运动不耐受、呼气性呼吸困难（特征性的“heave line”——腹外斜肌过度收缩形成的肋弓下凹陷）、鼻腔有少量黏液脓性分泌物。症状常在马厩内或接触干草时加重，放牧时减轻。呼气困难是因为小气道阻塞和肺弹性回缩力下降。

② 犬慢性支气管炎。持续性干咳或湿咳（尤其兴奋、运动、牵拉项圈时）、运动不耐受、呼吸急促，严重时可出现呼吸困难、发绀。慢性炎症和气道狭窄是通气功能障碍的主要原因。

三、消化系统

（一）胃肠道炎症

1. 急性胃炎

（1）病理变化　多种原因可引起（如摄入异物、毒素、药物，感染、应激）。胃黏膜充血、水肿、点状或弥漫性出血，有时可见糜烂（黏膜上皮缺损未达肌层）和溃疡（缺损深达肌层或更深）。

（2）临床表现　患畜（尤其犬猫）出现突发性呕吐（可能带血或胆汁）、精神沉郁、食欲减退或废绝、腹痛（表现为不安、弓背、不愿被触摸腹部）、脱水。呕吐是由于胃黏膜炎症刺激和胃蠕动异常（逆蠕动）。

2. 急性肠炎

（1）病理变化　常由细菌（如沙门氏菌、弯曲杆菌）、病毒（如犬细小病毒、猫瘟病毒、冠状病毒）、寄生虫或毒素等引起。肠黏膜充血、水肿，肠绒毛变钝、融合或萎缩，黏膜上皮细胞变性、坏死、脱落，肠腔内有大量炎性渗出物（黏液、血液、纤维素）。

（2）临床表现　患畜出现腹泻（水样、黏液样或血样）、呕吐、腹痛、脱水、发热（感染性时）、精神沉郁、食欲废绝。腹痛是由于肠道炎症刺激和平滑肌痉挛；腹泻是因为肠黏膜吸收功能障碍、分泌增加及炎性渗出物增多，刺激肠壁引起蠕动加快。

（二）肝脏病变

1. 肝炎

（1）病理变化　多种病因（病毒感染，如犬传染性肝炎 ICH、猫传染性腹膜炎 FIP；细菌感染；寄生虫病如肝吸虫病；药物/毒素中毒；免疫介导性肝炎；铜蓄积病等）导致肝细胞变性（如气球样变、脂肪变）、坏死（点状、灶状或大面积），炎症细胞（淋巴细胞、浆细胞、中性粒细胞）浸润，肝细胞再生和纤维组织增生。在病毒性肝炎中（如犬 ICH），肝细胞可出现气球样变和嗜酸性变，肝细胞及内皮细胞核内可见包涵体。

（2）临床表现　患畜表现嗜睡、精神沉郁、食欲不振、呕吐、腹泻、体重减轻。黄疸（可视黏膜、巩膜、皮肤黄染）是重要体征。严重病例可出现凝血障碍（出血倾向）、肝性脑病（如行为异常、流涎、共济失调、昏迷）。黄疸是由于肝细胞受损或胆道阻塞导致胆红素代谢障碍；消化道症状与胆汁分泌减少和全身炎症反应有关。

2. 肝硬化

（1）病理变化　是各种慢性肝病的终末阶段。肝细胞广泛变性、坏死，纤维组织弥漫性增生，形成再生结节并被纤维间隔包绕（假小叶），肝脏正常结构被破坏，质地变硬，体积缩小或增大（取决于病因）。

（2）临床表现　早期可能症状轻微或非特异（如间歇性厌食、嗜睡）。后期出现肝功能衰竭，表现消瘦、虚弱、黄疸、腹水（腹部膨大）、凝血障碍、肝性脑病。门静脉高压，表现脾大（可触及）、门-体静脉侧支循环开放（如腹部皮下静脉怒张）、食管胃底静脉曲张（可能引发呕血或黑便）。腹水是由于门静脉高压、低白蛋白血症（肝脏合成减少）和继发性醛固酮增多导致水钠潴留。

四、泌尿系统

（一）肾小球肾炎

（1）病理变化　兽医临床常见类型包括免疫复合物介导性肾小球肾炎［如犬系统性红斑狼疮（SLE）、慢性感染后继发］和淀粉样变性。以急性弥漫性增生性肾小球肾炎为例，肾小球内皮细胞和系膜细胞增生，中性粒细胞和单核细胞浸润，肾小球体积增大，毛细血管腔狭窄。慢性期可发生肾小球硬化。

（2）临床表现　患畜常出现蛋白尿（可导致低白蛋白血症和全身水肿）、

血尿（肉眼或镜下）、高血压、氮质血症/尿毒症（后期）。水肿（眼睑、四肢、腹下）主要是由于低白蛋白血症导致血浆胶体渗透压下降，以及肾小球滤过率下降导致水钠潴留。高血压与肾素-血管紧张素-醛固酮系统激活和水钠潴留有关。

（二）肾盂肾炎

（1）病理变化　主要是细菌（常为大肠杆菌）上行性感染引起的肾盂和肾实质化脓性炎症。肾盂黏膜充血、水肿、溃疡，有脓性渗出物覆盖。肾髓质和皮质可见黄色条纹状或灶状脓肿，肾小管腔内充满脓细胞和坏死碎片，肾间质有大量中性粒细胞等炎症细胞浸润。

（2）临床表现　患畜常有发热、精神沉郁、食欲不振、呕吐、腰痛（表现为弓背、不愿活动、抗拒腹部触诊）。泌尿系统症状包括多尿、频尿、排尿困难、血尿、脓尿。发热是全身炎症反应；膀胱刺激症状（频尿、排尿困难）常提示同时存在下尿路感染（膀胱炎）；腰痛与肾脏炎症累及肾包膜有关。尿液检查可见大量白细胞、细菌、白细胞管型。

五、神经系统

（一）脑血管病变

1. 脑出血

（1）病理变化　在动物中可因凝血功能障碍（如抗凝血灭鼠剂中毒、严重肝病）、高血压（少见）、肿瘤出血、血管畸形破裂或外伤引起。脑血管破裂出血，血液在脑实质内形成血肿。血肿压迫周围脑组织，引起脑水肿和颅内压升高。

（2）临床表现　患畜常急性发作，表现为突然虚脱、意识障碍（嗜睡、昏迷）、癫痫发作、瞳孔不等大或异常、头部偏向一侧、转圈、失明、偏瘫或四肢瘫痪、呼吸异常。颅内压升高可引起剧烈头痛（表现为嚎叫、不安、用头抵物）、呕吐（犬猫）。

2. 脑梗死

（1）病理变化　在动物中可由血栓栓塞（如心丝虫成虫、细菌性心内膜炎赘生物）、动脉血栓形成（血管炎、高血压）、脂肪栓塞或低血压导致。脑血管堵塞，相应供血区域脑组织缺血坏死（梗死）。梗死灶早期稍肿胀，后期软化、液化或形成囊腔。

(2) 临床表现　起病相对较急（数分钟至数小时达高峰）。患畜出现局灶性神经功能障碍，具体取决于梗死部位，如偏瘫或轻瘫、共济失调、头歪斜、眼球震颤、失明、意识改变、癫痫发作、吞咽困难等。与脑出血相比，头痛、呕吐症状可能不明显或较轻。

（二）神经退行性疾病

以犬认知功能障碍综合征为例。

(1) 病理变化　类似于人类的阿尔茨海默病，但并非完全相同。老年犬（尤其>10岁）的大脑皮质和海马等区域可出现神经元数量减少、神经纤维缠结（主要成分是过度磷酸化的tau蛋白）、β-淀粉样蛋白（Aβ）沉积形成的老年斑（斑块）。脑沟可能增宽，脑室可能轻度扩大。神经递质（如乙酰胆碱、多巴胺、血清素）系统功能下降。

(2) 临床表现　进行性认知和行为改变，被称为DISHA模式。

① D——空间定向障碍。在熟悉的地方迷路、卡在角落/家具后、面对错误的方向叫门。

② I——社交互动改变。对主人冷淡或过度依赖，与其他宠物互动减少。

③ S——睡眠-觉醒周期改变。夜间踱步、嚎叫、不安（日落综合征），白天嗜睡。

④ H——室内卫生习惯丧失。不在以前训练好的地方排泄。

⑤ A——活动水平改变。活动减少、漫无目的地徘徊、对刺激反应下降或重复行为。

还可出现学习记忆能力下降（对指令反应变差）、焦虑加剧。这些变化是因为大脑皮质的神经元丢失和功能障碍，影响了认知、记忆、情绪调节和行为控制等高级神经功能。

第三节　病理诊断在临床实践中的辅助作用

一、确诊疾病

(1) 区分炎症与肿瘤　在兽医临床实践中，许多疾病的症状可能相似，但性质却截然不同。例如，犬的肺部病变可能均表现为咳嗽、呼吸困难、精神沉郁。通过病理诊断，可以明确是炎症性病变（如细菌性肺炎）还是肿瘤性病变（如肺腺癌）。细菌性肺炎的病理表现为肺泡腔内充满大量中性粒细胞、巨噬细胞和纤维素性渗出物；而肺腺癌则可见到肿瘤性上皮细胞形成的腺样结构，细胞异形性明显，核质比增大，核分裂象增多。这种明确的区分对于制定针对性的治疗方案至关重要，因为炎症主要采用抗生素治疗和支持疗法，而肿瘤则可能需要手术切除（若可行）、化疗或姑息治疗。

（2）确定肿瘤的良恶性　对于肿瘤患畜，病理诊断能够精准判断肿瘤是良性还是恶性。良性肿瘤如犬常见的皮肤组织细胞瘤，其病理特征是肿瘤细胞形态较为一致，分化较好，类似组织细胞，有较清晰的边界，呈膨胀性生长，不会浸润周围组织，极少转移。而恶性肿瘤如犬口腔恶性黑色素瘤，细胞异形性显著，核仁增大、深染且数量增多，核分裂象多见且可见病理性核分裂，常伴有明显的浸润性生长和血管/淋巴管侵犯迹象。明确肿瘤的良恶性，直接关系到治疗方式的选择（激进手术 vs. 保守切除）、辅助治疗的决策以及患畜的预后评估。

（3）鉴别感染性与自身免疫性疾病　在一些全身性疾病的诊疗过程中，区分感染性与自身免疫性病因十分关键。以犬的肝脏疾病为例，当患犬出现黄疸、呕吐、嗜睡等症状时，可能是犬传染性肝炎病毒（ICH）感染，病理切片可见肝细胞广泛坏死、出血，肝窦内皮细胞和肝细胞核内可见特征性的嗜碱性或嗜酸性包涵体；也可能是自身免疫性肝炎，其病理特征表现为以门管区为中心的淋巴细胞、浆细胞为主的炎症浸润，并破坏肝小叶界板（界面性肝炎）。精准鉴别两者很重要，感染性肝炎侧重于抗病毒（如支持疗法）和对症治疗，而自身免疫性肝炎则需使用免疫抑制剂（如泼尼松、硫唑嘌呤），两者治疗方向截然不同。

（4）辨别先天性与后天性心脏病　在动物心脏疾病领域，先天性与后天性心脏病的鉴别对后续治疗意义重大。比如犬的肺动脉瓣狭窄，先天性狭窄是由于胚胎发育时期瓣膜发育异常（如瓣叶融合、增厚）所致，病理可见瓣膜结构异常、右心室肥厚；而后天性肺动脉瓣狭窄则极其罕见，通常继发于其他病变（如肿瘤压迫）。了解病变的成因至关重要，有助于制定针对性治疗方案，先天性肺动脉瓣狭窄根据严重程度可能需要药物控制（如β受体阻滞剂）或介入/手术治疗（如球囊扩张术），而后天性的则需要针对原发病进行治疗。

二、制定指导治疗方案

（一）手术治疗的指导

（1）确定手术范围　在外科手术中，病理诊断结果（尤其是术中快速冰冻切片病理诊断）对于确定手术切除范围具有关键作用。以犬乳腺肿瘤为例，病理检查可以确定肿瘤的组织学类型、分级以及是否侵犯周围组织（如皮肤、肌肉）和区域淋巴结。如果病理诊断显示肿瘤为良性（如腺瘤）或低度恶性且局限于单个乳腺腺体，未发生淋巴结转移，那么手术可以采取该腺体的单纯切除术；但如果发现肿瘤为高度恶性（如炎性癌、肉瘤）或已经转移至局部淋巴结，可能需要进行更广泛的手术，包括根治性乳腺切除术（单侧或双侧）和区域淋巴结清扫术，以尽可能清除肿瘤细胞，降低局部复发风险。

（2）评估手术切缘情况　手术切缘是否有肿瘤细胞残留是影响手术效果和患者预后的重要因素。病理医生会对手术切除的组织边缘进行仔细检查（切缘染色评估）。例如，在猫的软组织肉瘤手术中，这类肿瘤具有侵袭性浸润生长的特性。如果病理报告显示切缘阳性，即显微镜下在切缘处发现肿瘤细胞残留，那么强烈建议再次手术以扩大切除范围（通常需要 3～5 厘米宽的切缘），以确保肿瘤被完全切除，因为残留的肿瘤细胞极易导致复发。

（二）药物治疗的参考

（1）肿瘤化疗和靶向治疗的依据　病理诊断对于动物肿瘤的药物治疗方案选择至关重要。通过对肿瘤组织进行病理检查，可以确定肿瘤的精确病理类型和分级。不同病理类型的肿瘤对化疗药物的敏感性不同。例如，犬淋巴瘤（尤其是多中心型 B 细胞淋巴瘤）对含环磷酰胺、长春新碱、泼尼松的 CHOP 方案化疗高度敏感，而猫注射部位肉瘤则对化疗相对不敏感。此外，随着精准兽医学的发展，病理诊断结合免疫组化（IHC）和分子检测，可以揭示肿瘤细胞的分子特征。如犬乳腺肿瘤中 HER-2 蛋白的过表达状态、肥大细胞瘤中的 KIT 基因突变情况、黑色素瘤中的 KIT 表达等。这些分子标记可以为靶向治疗（如 Toceranib、Masitinib 等酪氨酸激酶抑制剂）提供依据，使治疗更加精准有效，减少不必要的药物副作用。

（2）炎症治疗药物的选择　在炎症性疾病治疗中，病理诊断有助于选择合适的药物。例如，对于牛的乳腺炎，病理检查结合微生物培养可以确定病原体类型（细菌、真菌、支原体等）和炎症性质（急性化脓性、慢性肉芽肿性等）。如果是革兰氏阳性菌（如金黄色葡萄球菌、链球菌）感染，根据药敏试验选择敏感的抗生素（如青霉素类、头孢菌素类）；如果是支原体感染，则需选择如泰乐菌素、替米考星等特定药物。对于自身免疫性或免疫介导性炎症，如犬的免疫介导性多关节炎（IMPA）或猫的慢性口炎，病理检查可以观察到炎症细胞的类型（淋巴细胞、浆细胞为主）和组织损伤的程度（滑膜增生、软骨侵蚀/口腔黏膜溃疡、淋巴浆细胞浸润），有助于指导使用合适的免疫抑制剂（如泼尼松、环孢素、来氟米特）或抗炎药物（如非甾体抗炎药）的剂量和疗程。

三、评估预后

（一）预测疾病的发展趋势

（1）肿瘤患畜的预后判断　病理诊断中的许多指标可以用于预测肿瘤患畜的预后。肿瘤的分期（基于原发肿瘤大小/浸润深度 T、区域淋巴结转移 N、远处转移 M）是评估预后的核心因素。病理检查是确定 T、N 状态的金标准。例如，在犬乳腺肿瘤中，肿瘤大小（＞3cm vs. ＜1cm）、组织学分级（高、中、低）、有无血管/淋巴管侵犯、区域淋巴结转移情况是关键的独立预后因素。一般来说，Ⅰ期（小肿瘤，无转移）患犬预后相对较好，而Ⅲ期（大肿瘤或侵犯皮肤/肌肉，或淋巴结转移）预后较差。高分级的肿瘤（细胞异形性大、核分裂象多）通常比低分级的肿瘤更具侵袭性，复发和转移风险更高，生存时间更短。

（2）慢性疾病的发展预测　病理诊断对于多种慢性疾病的预后判断至关重要。以犬慢性肾病（CKD）为例，肾活检病理检查（评估肾小球、肾小管、肾间质和血管病变）是判断预后的“金标准”。通过国际肾病协会（IRIS）的病理分级系统，可以观察到肾小球硬化比例、肾小管萎缩程度、肾间质纤维化范围和炎症程度等。如果病理显示广泛的肾小球硬化和严重的肾间质纤维化，那么患犬肾功能恶化的速度通常会加快，预后不良，可能需要更积极的干预措施（如更严格的血压控制、肾脏营养管理、治疗蛋白尿）来延缓疾病进展至终末期肾病。再如扩张型心肌病（DCM），尤其在特定犬种（如杜宾犬、拳师犬）中，心内膜心肌活检的病理结果，如心肌细胞变性、坏死、纤维化的程度和范围，以及是否存在炎性浸润，对预测心力衰竭的进展速度和生存时间具有重要价值。心肌纤维化程度越重，预后通常越差。

（3）免疫介导性疾病的严重性评估　对于猫慢性口炎或犬免疫介导性多关节炎（IMPA）等疾病，病理活检（如口腔黏膜活检、滑膜活检）不仅能确诊，还能评估炎症的严重程度和组织破坏范围。例如，在猫慢性口炎中，病理显示黏膜下广泛的淋巴细胞、浆细胞浸润，伴有严重的腺体破坏、溃疡形成及骨质溶解，往往预示着疾病对常规治疗（如拔牙、药物）反应不佳，可能需要更强效或长期的免疫抑制治疗，并且复发风险高，预后需谨慎。

（二）评估治疗效果和复发风险

1. 治疗后病理评估

在患畜接受治疗后，病理检查是评估治疗效果最直接、最客观的手段之一，尤其对于非肿瘤性疾病。例如，在牛慢性细菌性肺炎（如由曼氏溶血杆菌引起）或羊干酪样淋巴结炎（伪结核棒状杆菌感染）的治疗后，对病灶进行再次活检或对引流的脓液进行病理学检查至关重要。病理学观察可评估肉芽肿性炎症的变化。有效治疗应表现为坏死灶周围形成良好的纤维包囊，病灶中心坏死物质被吸收或机化，多核巨细胞和淋巴细胞浸润减少，细菌数量显著减少甚至消失（特殊染色如革兰氏染色、抗酸染色辅助判断）。若炎症仍活跃，坏死广泛且细菌持续存在，则提示治疗效果不佳，需要调整抗生素方案。

(1) 免疫抑制剂治疗反应的监测　对于犬自身免疫性肝炎或猫炎性肠病（IBD）等需要长期使用免疫抑制剂的疾病，治疗过程中的重复活检（如肝穿刺活检、肠黏膜活检）是评估药物反应和调整剂量的关键。在自身免疫性肝炎患犬中，有效的免疫抑制治疗应表现为门管区及界面性肝炎的炎症细胞（尤其是浆细胞）浸润显著减少，肝细胞坏死和凋亡现象减轻。在猫 IBD 患猫中，有效的治疗应使肠黏膜固有层内淋巴细胞、浆细胞等炎性细胞浸润深度和密度明显降低，绒毛结构趋向恢复，杯状细胞数量增加。如果病理变化改善不明显或持续加重，则提示需要加强免疫抑制强度或更换药物。

(2) 皮肤病治疗效果的验证　对于犬深层脓皮病或猫嗜酸性肉芽肿综合征等皮肤疾病，治疗前后的皮肤活检病理对比具有重要价值。成功的治疗应表现为表皮和真皮层内的炎性细胞（如中性粒细胞、嗜酸性粒细胞）浸润显著减少，细菌定植消失（脓皮病），或嗜酸性粒细胞结节/肉芽肿消退，胶原变性和溃疡愈合（嗜酸性肉芽肿）。病理结果可以客观地确认临床改善是否源于真正的组织学恢复。

2. 复发风险评估

病理特征与多种疾病的复发风险密切相关。在肿瘤方面，如犬软组织肉瘤的组织学分级、有无脉管侵犯、手术切缘状态是预测局部复发和转移的关键指标。对于非肿瘤性疾病，特定的病理表现同样是预测复发的重要依据。

(1) 慢性肾病（CKD）的进展风险　在犬或猫的 CKD 中，初次肾活检显示的肾间质纤维化程度和范围是预测肾功能持续恶化和最终进入终末期肾病风险的最强病理指标之一。广泛的纤维化通常预示着更快的疾病进展速度，即使经过治疗干预，复发（指肾功能指标再次恶化）的风险也更高，需要更严密的监测和积极的并发症管理。

(2) 免疫介导性疾病的复发倾向　在犬免疫介导性多关节炎（IMPA）的滑膜活检中，如果观察到显著的血管翳形成和软骨/骨侵蚀，即使经过初始免疫抑制治疗临床症状缓解，也预示着疾病更具侵袭性，未来复发的风险较高，可能需要更长期的维持治疗。同样，在猫慢性口炎的口腔黏膜活检中，深部组织的广泛淋巴细胞-浆细胞浸润、腺体破坏及骨溶解的病理表现，也意味着疾病容易复发，对治疗的反应可能不彻底。

(3) 传染性疾病的持续感染风险　在牛副结核病（Johne's disease）的肠活检中，肠黏膜固有层内出现大量抗酸染色阳性的副结核分枝杆菌，并伴有弥漫性肉芽肿性炎症和巨噬细胞浸润，这种病理表现通常表明感染负荷高且处于活动期。即使患畜暂时没有严重腹泻，其长期预后差，排菌风险高，疾病复发或进展到临床期的可能性极大，对群体构成持续威胁。

通过对病理诊断中这些关键因素的综合分析，可以为患畜制定个性化的随访监测计划（如更频繁的血液学检查、影像学复查、特定病原检测），以便及时发现复发迹象或并发症并采取干预措施。

参考文献

[1]　赵红琼．动物解剖学［M］．北京：中国农业出版社，2020.
[2]　张传师，吕永智．动物病理［M］．重庆：重庆大学出版社，2021.
[3]　向森．动物病理［M］．成都：电子科技大学出版社，2016.
[4]　赵德明．兽医病理学［M］．北京：中国农业大学出版社，2012.
[5]　周向梅，赵德明．兽医病理学［M］．4 版．北京：中国农业大学出版社，2021.
[6]　银梅．兽医基础学［M］．北京：中国农业大学出版社，2018.
[7]　夏兆飞．兽医临床病理学［M］．北京：中国农业大学出版社，2014.
[8]　李焕荣．兽医基础［M］．北京：国家开放大学出版社，2022.
[9]　兽医基础编写组．兽医基础［M］．北京：中国农业出版社，2024.

第三章

兽医临床药理学基础

在兽医临床实践中，合理用药是治疗动物疾病、保障动物健康的关键环节。本章内容正是围绕这一关键展开。

本章首先介绍药物作用机制与分类，帮助兽医从业者深入理解药物是如何在动物体内发挥功效的，以及不同药物的类别划分依据。这不仅能让从业者在面对繁多的药物时做到清晰辨识，还能依据药物作用机制精准选择合适药物。其次是阐释药物的药代动力学与药效学原理，通过了解药物在动物体内的吸收、分布、代谢和排泄过程，以及药物产生效应的规律，从业者可以更科学地确定药物剂量、给药途径和用药时间，从而提高药物治疗效果。最后，讲解临床合理用药的基本原则与方法，将理论知识切实应用到临床实践中，指导从业者在实际工作中避免不合理用药，保障动物用药安全，提升兽医临床治疗的质量和水平。

第一节　药物作用机制与分类

一、药物作用机制

(1) 受体学说　许多药物是通过与机体细胞上的受体结合而发挥作用的。受体是细胞表面或内部的一种特殊蛋白质，能够识别并特异性地结合某些化学物质（配体），如药物。当药物与受体结合后，会引起细胞内一系列的生理或生化反应。例如，肾上腺素能药物与肾上腺素受体结合，可使心脏收缩力增强、心率加快，这是因为肾上腺素受体激活后通过 G 蛋白-腺苷酸环化酶-cAMP（环磷酸腺苷）信号转导通路，使细胞内 cAMP 水平升高，进而激活蛋白激酶 A，引起心肌细胞的生理功能改变。

（2）酶抑制或激活作用　有些药物可以抑制或激活体内的酶，从而影响生物化学反应的速度。例如，新斯的明是胆碱酯酶抑制剂，它能与胆碱酯酶结合，抑制胆碱酯酶对乙酰胆碱的水解，使乙酰胆碱在突触间隙的浓度升高，从而增强胆碱能神经的功能，可用于治疗重症肌无力等疾病。

（3）影响细胞膜离子通道　药物可以作用于细胞膜上的离子通道，改变离子的通透性，进而影响细胞的功能。例如，钙通道阻滞剂（如硝苯地平）可以阻止钙离子进入血管平滑肌细胞，使平滑肌松弛、血管扩张，用于治疗高血压等疾病。

（4）改变细胞周围环境的理化性质　某些药物通过改变细胞周围环境的酸碱度、渗透压等理化性质来发挥作用。例如，抗酸药（如氢氧化铝）可以中和胃酸，提高胃内的 pH 值，缓解胃酸过多引起的胃痛、反酸等症状。

二、药物分类

1. 按药理作用分类

（1）抗感染药物　包括抗生素（如青霉素、头孢菌素等）、抗病毒药（如阿昔洛韦、利巴韦林等）、抗真菌药（如酮康唑、氟康唑等）和抗寄生虫药（如依维菌素、吡喹酮等）。这些药物主要用于治疗由各种病原体引起的感染性疾病。

（2）心血管系统药物　可分为强心药（如地高辛）、抗心律失常药（如利多卡因）、血管扩张药（如硝酸甘油）和抗高血压药（如氯沙坦）等。它们分别用于增强心肌收缩力、纠正心律失常、扩张血管和降低血压等。

（3）呼吸系统药物　包括祛痰药（如氯化铵）、镇咳药（如右美沙芬）和平喘药（如氨茶碱）等。这些药物用于改善呼吸道功能，减轻咳嗽、咳痰和喘息等症状。

（4）消化系统药物　例如抗酸药、胃黏膜保护药（如硫糖铝）、助消化药（如胃蛋白酶）和止泻药（如蒙脱石散）等，主要用于治疗消化系统的各种疾病，如胃酸过多、胃溃疡、消化不良和腹泻等。

（5）神经系统药物　包括镇静催眠药（如地西泮）、镇痛药（如吗啡）、解热镇痛药（如阿司匹林）和中枢兴奋药（如尼可刹米）等，用于调节神经系统的功能，缓解疼痛、发热和调节精神状态等。

（6）激素类药物　如糖皮质激素（如泼尼松）、胰岛素等。糖皮质激素具有抗炎、抗过敏、抗休克等多种作用，胰岛素主要用于治疗糖尿病。

2. 按化学组成元素及性质分类

(1) 有机化合物药物　这是一大类药物，包括许多不同的结构类型。例如，磺胺类药物是含有磺胺结构的有机化合物，具有抗菌作用；苯二氮䓬类药物（如地西泮）是含有苯二氮䓬结构的化合物，主要用于镇静催眠。

(2) 无机化合物药物　如硫酸镁，它是一种无机化合物，口服可用于导泻、注射可用于抗惊厥等。

3. 按来源分类

(1) 天然药物　包括植物药（如甘草、人参等）、动物药（如牛黄、蟾酥等）和矿物药（如石膏、芒硝等）。这些药物经过加工处理后可用于治疗各种疾病。例如，人参含有多种人参皂苷等有效成分，具有补气等功效。

(2) 合成药物　通过化学合成方法制备的药物，如大多数的西药。例如，化学合成的抗生素、解热镇痛药等，它们的化学结构和性质可以通过合成工艺进行精确控制。

(3) 生物技术药物　利用生物技术（如基因工程、细胞工程等）生产的药物。例如，重组人胰岛素是通过基因工程技术将人胰岛素基因导入微生物细胞中生产的，用于糖尿病的治疗，其结构和功能与人体自身分泌的胰岛素相似。

第二节　药物的药代动力学与药效学原理

一、药代动力学

(1) 吸收　药物从给药部位进入血液循环的过程称为吸收。不同的给药途径影响药物的吸收速度和程度。例如，静脉注射药物能直接进入血液循环，吸收速度最快；而口服给药需要经过胃肠道黏膜的吸收，会受到药物的溶解度、胃肠道的 pH 值、胃肠蠕动等因素的影响，例如脂溶性药物在肠道内较易被吸收，而一些弱酸性药物在胃的酸性环境中吸收较好。

(2) 分布　药物吸收进入血液循环后，通过血液循环将其输送到机体各个组织和器官的过程称为分布。药物在体内的分布是不均匀的，这取决于药物的理化性质（如脂溶性、分子量等）、组织器官的血流量、药物与组织的亲和力等因素。例如，脂溶性高的药物容易分布到脑组织等富含脂质的组织中；而一些药物与血浆蛋白结合后，其分布也会受到影响，因为只有游离型药物才能透过细胞膜发挥作用。

(3) 代谢　药物在体内发生化学结构的改变称为代谢（生物转化）。该过程主要在肝脏进行，通过一系列的酶促反应，如氧化、还原、水解、结合等，将药物转化为更易排出体外的代谢产物。例如，药物在肝脏细胞内的细胞色素P450酶系的作用下进行氧化代谢。药物代谢的结果可能是使药物失去活性（如大多数药物的代谢产物无活性），也可能是使药物活性增强（如某些前体药物经代谢后被激活）或产生毒性代谢产物。

(4) 排泄　药物及其代谢产物排出体外的过程称为排泄。主要的排泄途径有通过尿液排泄（肾脏）、通过粪便排泄（胆汁）、通过呼吸排出挥发性药物（肺）和药物可随乳汁排出（乳腺）等。肾脏是最重要的排泄器官，药物通过肾小球滤过、肾小管分泌和肾小管重吸收等过程进行排泄。一些弱酸性药物在碱性尿液中解离度增加，重吸收减少，排泄加快；反之，在酸性尿液中排泄减慢。

二、药效学

(1) 药物的基本作用　药物的基本作用包括兴奋作用和抑制作用。兴奋作用是指药物使机体器官原有功能水平提高，如肾上腺素使心跳加快、血压升高；抑制作用是指药物使机体器官原有功能水平降低，如阿托品抑制腺体分泌。药物的作用还可以分为局部作用和全身作用。局部作用是指药物在给药部位发挥的作用，如外用消毒药在皮肤表面的消毒作用；全身作用是指药物通过吸收进入血液循环后发挥的作用，如口服抗生素对全身感染的治疗作用。

(2) 药物剂量-效应关系　药物的效应与剂量密切相关。在一定范围内，药物的剂量增加，效应也随之增强，但超过一定限度后，效应不再增加，甚至可能出现毒性反应。通常用剂量-效应曲线来表示这种关系。例如，镇痛药的剂量与镇痛效果之间存在这种关系，即适当增加剂量可以提高镇痛效果，但剂量过大可能会引起呼吸抑制等严重不良反应。

(3) 药物的作用时间过程　药物作用的时间过程包括潜伏期、有效期和残留期。潜伏期是指从给药开始到药物开始发挥作用的时间，它与药物的吸收、分布等过程有关。有效期是指药物维持有效治疗浓度的时间，这期间药物发挥治疗作用。残留期是指药物浓度降低到有效浓度以下，但仍有少量药物在体内残留的时期。了解药物的作用时间过程对于合理安排给药时间和剂量非常重要，例如，对于一些需要长期维持有效浓度的药物，需要按照药物的半衰期等因素来确定给药间隔时间。

第三节　临床合理用药的基本原则与方法

一、基本原则

（1）正确诊断是合理用药的前提　在使用药物治疗之前，必须对动物的疾病进行准确的诊断。只有明确了疾病的病因、性质和严重程度，才能选择合适的药物进行治疗。例如，如果将病毒感染误诊为细菌感染，则使用抗生素治疗是无效的，还可能导致耐药菌的产生。

（2）根据药物的特性选择合适的药物　这需考虑药物的药理作用、适应证、禁忌证、不良反应等因素。例如，对于受孕动物，应避免使用可能对胎儿造成致畸作用的药物；对于肾功能不全的动物，要选择对肾脏毒性小的药物，或者调整药物剂量。

（3）制定合理的给药方案　包括选择合适的给药途径、剂量、给药间隔时间和疗程。给药途径要根据药物的性质和疾病的情况来选择，如对于急救情况，可能需要静脉注射给药；对于一些局部感染，外用给药可能更合适。剂量要准确，避免剂量过大引起毒性反应或剂量过小达不到治疗效果。给药间隔时间要根据药物的半衰期等因素来确定，以保证药物在体内能维持有效的治疗浓度。疗程要足够，以彻底治愈疾病，但也不能过长，以免增加不良反应的发生。

（4）注意药物的相互作用　动物在治疗过程中可能同时使用多种药物，这些药物之间可能会发生相互作用，影响药物的疗效或增加不良反应发生的概率。药物相互作用包括药代动力学相互作用（如一种药物影响另一种药物的吸收、分布、代谢或排泄）和药效学相互作用（如两种药物的作用相加、协同或拮抗）。例如，氯霉素可抑制肝脏细胞色素 P450 酶系，使同时使用的某些药物（如苯妥英钠）的代谢减慢，血药浓度升高，可能导致毒性反应。

二、方法

（1）个体给药　根据动物的个体差异，如品种、年龄、性别、体重、生理状态等因素来调整药物剂量。例如，幼年动物的肝肾功能尚未完全发育成熟，对药物的代谢和排泄能力较弱，通常需要适当减少药物剂量；受孕动物的生理状态发生改变，对药物的敏感性可能增加，要谨慎选择药物并调整剂量。

(2) 联合用药 在某些情况下，为了提高疗效、减少不良反应或者治疗多种疾病，需要联合使用多种药物。联合用药时要注意药物之间的配伍禁忌，选择相互协同的药物组合。例如，在治疗细菌感染时，可联合使用β-内酰胺类抗生素和氨基糖苷类抗生素，它们通过不同的作用机制协同抗菌，从而提高杀菌效果。但有些药物不能联合使用，如酸性药物和碱性药物混合可能会发生化学反应，导致药物失效或产生有害物质。

(3) 药物治疗监测 对于一些治疗窗窄（有效剂量和中毒剂量接近）的药物、长期使用的药物或者治疗严重疾病的药物，进行药物治疗监测是很有必要的。通过监测药物在体内的浓度（如血药浓度），可以及时调整给药方案，确保药物的有效性和安全性。例如，使用地高辛治疗心力衰竭时，监测血药浓度可以避免药物中毒，因为地高辛的治疗剂量和中毒剂量比较接近。

参考文献

[1] 陈杖榴，董世山．兽医药理学［M］．5版．北京：中国农业出版社，2020.

[2] 胡功政．兽医药物代谢动力学［M］．北京：中国农业出版社，2020.

[3] 赵红梅，李继昌，刘焕奇，等．兽医药理学实验教程［M］．北京：中国农业出版社，2020.

[4] 江善祥．兽医药理学与治疗学［M］．北京：化学工业出版社，2019.

[5] 高利，王洪斌．动物中毒病及毒理学［M］．北京：中国农业出版社，2019.

[6] 李荣誉，王笃学，崔耀明．兽医药理［M］．郑州：河南科学技术出版社，2012.

[7] 杨庆稳．动物药理［M］．重庆：重庆大学出版社，2021.

[8] 银梅．兽医基础学［M］．北京：中国农业大学出版社，2018.

[9] 刘红．动物药理［M］．北京：中国农业大学出版社，2021.

[10] Plumb D C. Plumb's Veterinary Drug Handbook［M］. 9th ed. Hoboken：Wiley-Blackwell，2020.

[11] Riviere J E，Papich M G. Veterinary Pharmacology and Therapeutics［M］. 9th ed. Hoboken：John Wiley & Sons，2018.

第二篇

兽医临床诊断技术

第四章

临床检查基本程序与方法

在兽医临床工作中，准确且规范的临床检查是疾病诊断与治疗的重要开端，本章内容正是为从业者提供这方面的专业指引。

本章首节聚焦于问诊的技巧与要点。问诊是了解动物患病情况的首要环节，通过掌握有效的问诊技巧，兽医能够从动物主人那里获取全面、准确的信息，如动物的发病时间、症状表现、饮食与行为变化等，为后续诊断奠定基础。

第二节详细讲解体格检查的“五诊”法的规范操作要领与关键临床意义。“五诊”即视、触、叩、听、嗅，规范的操作能让兽医准确捕捉动物身体各部位的异常体征，从而对疾病进行初步判断。

而第三节中临床检查顺序与综合评估方法的介绍，则是引导兽医将各项检查结果进行系统整合，从整体上对动物的健康状况做出科学、全面的评估，避免因片面判断而导致误诊，为后续制定精准有效的治疗方案提供可靠依据，最终提升兽医临床诊疗的质量与效率。

第一节　问诊的技巧与要点

一、建立良好沟通氛围

在问诊开始前，兽医要以友善、耐心的态度与动物主人交流，让他们感受到关心和重视。例如，用温和的语气、微笑的表情开场，简单介绍自己的身份和问诊目的，如“您好，我是这里的兽医，为了更好地了解您宠物的情况，需要问您几个问题。”这种方式有助于缓解动物主人的紧张情绪，使他们更愿意配合并提供准确信息。

二、提问技巧

开放式问题与封闭式问题结合：开放式问题可以获取更详细的信息。例如，问“您能和我讲讲动物是从什么时候开始出现症状的吗？”让动物主人能够详细描述发病过程。封闭式问题则用于确认具体细节，如“动物有没有呕吐过？是/否”。

避免引导性问题：不要使用带有暗示性的提问方式，以免影响动物主人的回答。例如，不要问“您觉得动物是因为吃了坏东西才拉肚子的吗？”而应该问“您能告诉我动物最近吃了什么吗？”

三、问诊要点

动物基本信息：包括品种、年龄、性别、体重等。不同品种的动物可能易患某些特定疾病，年龄和性别也与疾病的发生有关。例如，某些大型犬品种更容易出现髋关节发育不良，老年动物患肿瘤和慢性疾病的概率相对较高。

病史：了解动物既往的疾病史、手术史、疫苗接种史等。既往疾病史对当前疾病的诊断可能有重要参考价值，例如，如果动物曾经患过心脏病，当前出现呼吸急促等症状时，心脏病复发的可能性就需要考虑。疫苗接种情况可以帮助判断是否有感染某些传染病的风险。

现病史：详细询问本次发病的情况，如发病时间、最初症状、症状的发展变化过程、是否接受过治疗及治疗效果等。例如，了解到动物从两天前开始咳嗽，最初是偶尔轻咳，后来逐渐加重，且伴有发热，这就为后续的诊断提供了线索，动物可能是呼吸道感染并且病情在进展。

生活环境与日常管理：询问动物的生活环境（室内/室外）、饮食情况（食物种类、品牌、喂食频率等）、日常活动量等。生活环境差可能导致寄生虫感染或中毒等情况，不合适的饮食可能引起消化系统疾病，运动量不足或过量也可能与某些疾病相关。

第二节　体格检查“五诊”法：规范操作要领与关键临床意义

一、视诊

（一）规范操作

（1）环境要求　在光线充足、安静的环境中进行视诊。最好使用自然光线，必要时可使用人工光源辅助，但要避免阴影干扰。

（2）观察顺序　按照一定的顺序进行观察，一般从整体到局部，先观察动物的整体状态，如精神状态、姿势、体型、营养状况等，再对身体各个部位进行详细观察。例如，从头部开始，观察眼睛、耳朵、口鼻，然后依次观察颈部、胸部、腹部、四肢、尾部等。

（3）观察内容　注意观察动物的皮毛状态（是否有光泽、脱毛、结痂等）、黏膜颜色（口腔、眼结膜等的颜色）、分泌物（如眼分泌物、鼻液、唾液等）、呼吸运动（频率、节律、深度等）、运动情况（行走、站立、跳跃等是否正常）。

（二）临床意义

（1）初步判断健康状况　通过视诊可以快速对动物的健康状况有一个初步的印象。例如，动物精神萎靡、皮毛粗糙无光泽可能提示身体不适或患有慢性疾病；消瘦的体型可能与营养不良、寄生虫感染、慢性消耗性疾病有关。

（2）发现局部病变　观察到局部的异常，如肿胀、肿物、伤口、畸形等，为进一步检查提供方向。比如，看到动物腿部有肿胀，可能提示局部有炎症、外伤或肿瘤等情况。

二、触诊

（一）规范操作

（1）动物保定与安抚　在触诊前要对动物进行适当的保定，确保检查过程安全，同时要注意安抚动物的情绪，避免其过度紧张或挣扎。对于小型动物，可以由助手协助保定，大型动物可能需要使用保定设备。

（2）触诊手法　根据检查部位和目的采用不同的触诊手法，如浅部触诊、深部触诊、滑动触诊、冲击触诊等。浅部触诊主要用于检查体表的温度、湿度、弹性、敏感性等，用手指轻轻触摸即可。深部触诊用于检查深部组织和器官，如腹腔内的器官，可将手指或手掌用力下压，以感知器官的大小、形状、质地、位置等情况。滑动触诊是在触诊过程中，手指在检查部位表面轻轻滑动，用于检查淋巴结、肿物等的边界、表面情况。冲击触诊是通过快速冲击的动作，检查腹腔内有无积液或肿物等。

（3）注意事项　触诊时要注意力度适中，避免对动物造成伤害。同时要注意双手的配合，以及触诊时动物的反应，如是否有疼痛、躲避等表现。

（二）临床意义

① 感知组织和器官特征：通过触诊可以直接感受组织和器官的物理特性。例如，触诊肝脏可以了解其大小、质地、边缘是否锐利等，肝脏肿大、质地变硬可能提示有肝脏疾病。触诊体表淋巴结可以判断其大小、数目、硬度、压痛等情况，淋巴结肿大可能与炎症或肿瘤有关。

② 发现疼痛和压痛部位：动物在触诊过程中出现疼痛反应的部位可能是病变所在。例如，在触诊腹部时，动物出现躲避、呻吟等疼痛表现，可能提示腹腔内有炎症、结石、肠梗阻等问题。

三、叩诊

（一）规范操作

① 间接叩诊法：这是最常用的叩诊方法。兽医将左手中指的第二指节紧贴在动物的体表作为叩诊板，右手中指作为叩诊锤，以腕关节的活动带动手指垂直地叩击左手中指第二指节的前端。叩诊时要注意力度适中、均匀，从健康部位开始，两侧对比进行。

② 直接叩诊法：适用于检查大面积的病变或检查部位较浅的情况。用手指直接轻拍或敲击动物体表，如检查鼻窦时可直接叩击鼻窦部位。

（二）临床意义

判断脏器边界和病变性质：在胸部叩诊中，可以确定肺脏的边界，正常肺脏为清音，当出现浊音、实音、鼓音或过清音等异常叩诊音时，可以提示肺部疾病。例如，肺部实变（如肺炎）时可出现浊音，气胸时可出现鼓音。在腹部叩诊中，可以判断肝脏、脾脏等实质性器官的大小和位置，以及是否存在腹腔积液等情况。

四、听诊

（一）规范操作

① 听诊器的使用：选择合适的听诊器（如钟型探头用于听取低频声音，膜型探头用于听取高频声音），并将听诊器的探头与动物体表紧密接触，避免外界噪声干扰。在听诊前要确保听诊器的耳塞佩戴正确，管道无扭曲。

② 听诊部位和顺序：根据检查的系统确定听诊部位和顺序。如心血管系统听诊部位主要在心脏的不同瓣膜听诊区（左侧胸壁肩关节水平线到第 4～6

肋间）；呼吸系统听诊部位在胸部两侧，从胸廓前部到后部，以及背部脊柱两侧。听诊时要按照一定的顺序，全面地听取各个部位的声音。

（二）临床意义

① 心血管系统听诊：可以听到心音（第一心音、第二心音等）和心脏杂音。正常心音的变化或出现杂音可以提示心脏疾病，如心音增强、减弱、节律不齐，或者听到吹风样、隆隆样等杂音，可能提示有心脏瓣膜病、心肌病变或先天性心脏病等。

② 呼吸系统听诊：能听到正常的呼吸音（支气管呼吸音、肺泡呼吸音、支气管肺泡呼吸音）和异常呼吸音（干啰音、湿啰音、胸膜摩擦音等）。不同的呼吸音变化有助于诊断呼吸系统疾病，如肺炎、支气管炎、胸膜炎等。

五、嗅诊

（一）规范操作

靠近检查部位嗅闻：在检查过程中，兽医靠近动物的口腔、鼻腔、耳朵、皮肤、伤口等部位，以及分泌物、排泄物，用嗅觉感知是否有异常气味。注意不要让自己的呼吸干扰嗅诊，要轻轻吸气来嗅闻。

（二）临床意义

发现感染和代谢异常：例如，口腔有腐臭味可能提示口腔炎、龋齿或其他口腔感染；皮肤有氨味可能与尿毒症有关；粪便有腥臭味可能是肠道感染或出血等情况所致。

第三节　临床检查顺序与综合评估方法

一、临床检查顺序

一般检查顺序：通常从动物的整体状态检查开始，包括问诊、精神状态观察、姿势检查、体温测定、呼吸频率和心率等基本生命体征的监测。然后按照系统进行检查，一般先进行心血管系统和呼吸系统的检查，因为这两个系统对生命至关重要，且检查相对容易操作。接着进行消化系统、泌尿生殖系统检查，最后进行神经系统检查。

特殊情况调整：如果动物有明显的紧急症状，如呼吸困难、严重出血等，应先对危及生命的症状进行紧急处理和检查，如先进行气道通畅检查、止血等操作，然后再按照系统检查顺序进行全面检查。

二、综合评估方法

整合检查结果：将问诊获取的信息与视诊、触诊、叩诊、听诊、嗅诊等检查结果进行整合。例如，问诊得知动物有呕吐、腹泻症状，视诊发现动物精神萎靡、腹部稍膨隆，触诊腹部有压痛，听诊胃肠音亢进，综合这些信息可以初步判断可能是消化系统疾病，如胃肠炎。

考虑多种因素：在评估过程中要考虑动物的品种、年龄、性别和生活环境等因素对疾病的影响。例如，一只幼年动物出现关节疼痛，结合其品种是易患髋关节发育不良的品种，就需要重点检查髋关节是否存在发育问题；老年雌性动物出现泌尿系统症状，可能与雌激素水平下降导致的尿道括约肌松弛有关。

动态观察与对比：有些疾病的症状可能会随着时间变化，所以要对动物进行动态观察，对比不同时间的检查结果。例如，对于发热的动物，要观察体温的变化、伴随症状的变化等，以判断疾病是在好转还是恶化，或者是否出现新的问题。同时，在治疗过程中也要进行检查结果的对比，以评估治疗效果。

参考文献

[1] 李玉冰，刘海．宠物疾病临床诊疗技术［M］．2版．北京：中国农业出版社，2017.

[2] 张金宝，陈强斌，杨志隆．兽医临床诊断学［M］．咸阳：西北农林科技大学出版社，2022.

[3] 何德肆．兽医临床诊疗技术［M］．重庆：重庆大学出版社，2022.

[4] 张勤文，卢福山，窦全林，等．动物医学实验技术 临床兽医学［M］．北京：科学出版社，2024.

[5] 张玉玲，曹伟，周永利．牛羊传染病诊断技术［M］．北京：阳光出版社，2022.

[6] 卢业宏，鲍立峰，苏日娜，等．常见重点动物疫病诊断［M］．赤峰：内蒙古科学技术出版社，2022.

[7] 张洪军．动物疫病诊断与防治技术［M］．石家庄：河北科学技术出版社，2014.

[8] Plumb D C. Plumb's Veterinary Drug Handbook［M］. 9th ed. Hoboken：Wiley-Blackwell，2020.

[9] Riviere J E，Papich M G. Veterinary Pharmacology and Therapeutics［M］. 9th ed. Hoboken：John Wiley & Sons，2018.

第五章

一般检查项目

在兽医临床诊断过程中，对动物进行全面且细致的一般检查是准确判断动物健康状况的重要基础。本章的第一节着重介绍整体状态评估，通过对动物的精神面貌、体态姿势、运动行为等方面进行观察和分析，兽医能够从宏观层面初步判断动物的健康程度，及时发现潜在的健康问题。

第二节聚焦于体温、脉搏、呼吸数测定及异常分析。体温、脉搏和呼吸数是反映动物生理状态的关键指标，准确测定这些指标并对异常情况进行科学分析，有助于兽医快速判断动物是否存在发热、心脏疾病、呼吸系统疾病等病症。

第三节则详细阐述被毛、皮肤、黏膜检查的要点与常见病变的识别。被毛、皮肤和黏膜是动物身体的外在屏障，其变化往往能直观反映出动物的健康状况。通过掌握检查要点，兽医可以识别诸如皮肤病、营养缺乏症、中毒等多种疾病的外在表现，为后续的诊断和治疗提供重要线索。通过学习本章内容，兽医从业者能够更加系统、准确地开展一般检查工作，提升疾病诊断的准确性和效率。

第一节　整体状态评估

在动物医学的临床实践中，对动物整体状态的评估构成了诊断流程的基石。对动物精神状态的洞察，涵盖其意识清晰度、对外界刺激的反应灵敏度，能够为神经系统功能及全身性疾病的判断提供先导信息。营养状态方面，通过皮毛质地、肌肉丰满度、骨骼轮廓显现等外在表征，来判断机体的代谢水平、消化吸收功能乃至潜在的营养缺乏或过剩问题。姿势与运动的分析方面，无论是异常的站立、卧姿，还是步态不协调、运动耐力减退，都关联着骨骼肌肉系统、神经系统乃至心肺功能等多方面的病变。精准且系统地开展动物整体状态评估，是迈向准确诊断、有效治疗的首要环节。

一、精神状态

正常精神状态表现：健康动物表现为活泼好动，对周围环境充满好奇心，反应灵敏。例如，犬会主动探索周围环境，对主人的呼唤或外界的声响迅速做出反应，眼神明亮而专注；猫则会保持警觉，对周围的动静有敏锐的感知，行动敏捷。

异常精神状态分类及表现如下。

（1）精神沉郁　动物表现为嗜睡，对外界刺激反应迟钝。例如，原本活泼的犬变得不愿活动，对主人的呼唤没有反应或者反应缓慢，常常独自蜷缩在角落，这可能是多种疾病的早期表现，如感染性疾病初期、贫血等。

（2）兴奋不安　动物表现为过度活跃、狂躁，难以安静下来。例如，马可能会不停地踩脚、甩头，挣脱缰绳，这种情况可能是由于脑部疾病、中毒（如某些药物中毒、植物中毒）或者受到强烈的外界刺激（如疼痛、陌生环境的惊吓）等引起的。

（3）昏迷　动物意识完全丧失，对外界的任何刺激（包括强烈的疼痛刺激）都没有反应。这是一种严重的意识障碍，通常是由于脑部严重损伤（如颅脑外伤、脑血管意外）、严重的中毒、代谢性脑病（如肝性脑病、肾性脑病）等导致的。

二、营养状态

评估方法：主要通过观察动物的体格大小、体型丰满程度，以及肌肉和脂肪的储备情况来评估营养状态。一般从动物的肋骨、脊柱、臀部等部位的外观进行判断。同时，结合动物的体重与该品种、年龄、性别的正常体重范围进行对比。

正常营养状态表现：健康动物肌肉丰满，被毛有光泽，肋骨和脊柱触摸时不明显（有适当的脂肪覆盖），身体比例协调。例如，正常营养状态的羊身体圆润，臀部丰满，肋骨不容易被看到，行动灵活且有力。

营养不良的表现及原因如下。

（1）消瘦　动物身体消瘦，肌肉萎缩，肋骨和脊柱明显突出，被毛粗糙无光泽。这可能是长期的食物摄入不足（如饥饿、挑食、主人喂食不当）、消化吸收功能障碍（如胃肠道疾病、肝脏疾病影响营养物质的代谢）、寄生虫感染（寄生虫掠夺宿主营养）或者慢性消耗性疾病（如肿瘤、慢性传染病）等原因导致的。

（2）肥胖 动物体内脂肪过度蓄积，体型臃肿，体重超过正常范围。肥胖的动物行动迟缓，易疲劳。常见于过度喂食、运动量不足的情况，也可能与某些内分泌疾病（如甲状腺功能减退）有关。

三、姿势

正常姿势特点：不同种类的动物有其特定的正常姿势。例如，健康的牛站立时四肢均匀负重，背腰平直；马站立时昂首挺胸，四肢正直；犬和猫站立时姿势自然，四肢稳健。在休息时，动物的姿势也相对放松、舒适。

异常姿势及临床意义如下。

（1）强迫姿势 动物被迫采取某种异常姿势以减轻痛苦。如站立时头部上仰，颈部伸直，可能是鼻腔、喉部疾病导致呼吸不畅，动物为了保持气道通畅而采取的姿势；又如动物站立时肢体呈屈曲状态，不愿伸展，可能是肢体关节疼痛或者骨折等外伤导致的。

（2）共济失调姿势 动物在站立或行走时身体失去平衡，摇摇晃晃。这可能是神经系统疾病的表现，如小脑病变影响了动物的平衡调节功能，或者内耳疾病导致的前庭功能失调。

瘫痪姿势：动物部分肢体或全部肢体不能运动，瘫软在地。如果是单瘫（一侧肢体瘫痪），可能是脑部一侧病变或者外周神经损伤；如果是截瘫（后肢或前肢同时瘫痪），往往是脊髓损伤或病变导致的。

四、运动

正常运动状态观察：正常动物运动协调、平稳、灵活，步幅适中，四肢交替运动有序。例如，观察犬在行走和奔跑时，四肢动作是否流畅，有无跛行、拖拽或者异常的跳跃等情况。

异常运动表现及分析如下。

（1）跛行 这是运动异常最常见的表现。动物在行走或奔跑时，一肢或者多肢出现疼痛性的异常运动。跛行可分为悬跛（患肢在提举时出现异常）、支跛（患肢在落地负重时出现疼痛性异常）和混合跛（既有悬跛又有支跛的表现）。引起跛行的原因很多，如外伤（骨折、扭伤）、关节疾病（关节炎、关节脱位）、肌肉疾病（肌肉拉伤）、蹄（爪）部疾病（蹄叶炎、爪部溃疡）等。

（2）运动失调　动物运动时失去正常的协调性，动作笨拙、不准确。引起运动失调的原因除了前面提到的共济失调姿势外，还可能是脊髓后索病变、某些中毒（如有机磷中毒影响神经传导）等。

（3）强迫运动　动物不由自主地做无目的的运动，如转圈运动、盲目行走等。这通常是脑部病变（如脑部肿瘤、某些脑部寄生虫感染）导致的，使动物的运动调节中枢功能紊乱。

第二节　体温、脉搏、呼吸数测定及异常分析

在动物医学临床诊疗过程中，动物体温、脉搏、呼吸数的测定及异常分析占据着举足轻重的地位。体温作为动物机体热平衡的直观反映，其波动与感染、炎症、环境应激等诸多因素紧密相连，精准测量可为疾病的早期筛查与鉴别诊断提供关键线索。脉搏的速率、节律及强弱，反映着心血管系统的运行状态，是评估心脏功能、血管弹性和血流动力学变化的重要指标。呼吸数的变化，关乎呼吸系统的通气效率，同时也受代谢异常、心肺功能障碍等因素影响。系统掌握这三项基本生命体征的测定方法及其异常背后的意义，是动物医学从业者开启精准诊断与合理治疗之门的必备钥匙。

一、体温测定

测定方法：通常采用直肠测温法。对于小型动物，可使用电子体温计或者水银体温计；对于大型动物，需要使用特制的长柄体温计。在测温前，先将体温计甩至35℃以下，然后在体温计头部涂抹适量的润滑剂（如凡士林），轻轻插入动物直肠内，保持一定时间（小型动物一般为2～3分钟，大型动物为3～5分钟）后取出读取体温。

正常体温范围：不同种类动物的正常体温范围有所不同。例如，犬的正常体温为37.5～38.5℃，猫为38.0～39.0℃，牛为37.5～39.5℃，马为37.5～38.5℃。

体温异常及临床意义如下。

（1）发热　体温高于正常范围。根据发热程度可分为低热（比正常体温升高0.5～1.0℃）、中热（比正常体温升高1.0～2.0℃）、高热（比正常体温升高2.0～3.0℃）和超高热（比正常体温升高3.0℃以上）。发热是机体对病原

体感染、炎症反应、组织损伤等情况的一种防御反应。例如，动物感染细菌、病毒等引发传染病（如犬瘟热、猪瘟）或者局部炎症（如肺炎、乳腺炎）时，往往会表现出发热症状。

（2）体温过低　体温低于正常范围。这可能是由于环境温度过低、动物长时间暴露在寒冷环境中且保暖措施不足，或者是机体极度衰竭（如严重的营养不良、休克后期）、甲状腺功能减退等原因导致的。

二、脉搏测定

测定部位与方法：常用的脉搏测定部位有股动脉（位于大腿内侧）、颌下动脉（位于下颌骨下方）和桡动脉（位于前肢内侧）。测定时，用手指轻轻按压在动脉上，感受脉搏的跳动，同时数每分钟脉搏跳动的次数。

正常脉搏频率范围：不同动物的正常脉搏频率因品种、年龄、体型和生理状态等因素而异。例如，成年犬的正常脉搏频率一般在 70～120 次/分，成年猫的正常脉搏频率在 110～170 次/分，牛为 40～80 次/分，马为 26～42 次/分。

脉搏异常及临床意义如下。

心动过速：脉搏频率高于正常范围。可能是由于兴奋、运动、发热、疼痛、贫血、甲状腺功能亢进等原因引起的。例如，动物在剧烈运动后或者处于疼痛状态时，脉搏会明显加快；患有甲状腺功能亢进的动物，由于甲状腺激素分泌过多，刺激心脏加速跳动，也会出现心动过速。

心动过缓：脉搏频率低于正常范围。可能是由于颅内压增高、甲状腺功能减退、某些药物作用（如 β-受体阻滞剂）或者心脏传导阻滞等因素导致。例如，动物在使用某些含有镇静成分的药物后，可能会出现心动过缓的情况。

脉搏节律异常：脉搏跳动的节律不规整，可能是心律失常的表现，如早搏、心房颤动等。这通常是由于心脏的电生理活动紊乱导致的，可能是心脏本身的疾病（如心肌病、心脏瓣膜病）或者其他全身性疾病（如电解质紊乱、中毒）影响了心脏的正常节律。

三、呼吸数测定

测定方法：观察动物胸腹部的起伏运动，或者通过将手放在动物鼻孔前感受呼出的气流来计数呼吸次数。为了获得准确的结果，最好在动物安静状态下进行测定，避免在动物情绪激动或者运动后立即测定。

正常呼吸数范围：不同动物的正常呼吸数也有所不同。例如，犬的正常呼吸数为10～30次/分，猫为20～30次/分，牛为10～30次/分，马为8～16次/分。

呼吸数异常及临床意义如下。

（1）呼吸过速　呼吸次数高于正常范围。可能是由于发热、疼痛、缺氧、呼吸系统疾病（如肺炎、肺水肿）、心血管系统疾病（如心力衰竭）或者贫血等原因引起的。例如，动物患有肺炎时，肺部的炎症会刺激呼吸中枢，使呼吸频率加快，以增加氧气的摄入和二氧化碳的排出。

（2）呼吸过缓　呼吸次数低于正常范围。可能是由于某些药物中毒（如麻醉药过量）、脑部疾病（如颅内压增高影响呼吸中枢）或者代谢性碱中毒等原因导致的。

第三节　被毛、皮肤、黏膜检查的要点与常见病变识别

在动物医学的临床实践中，被毛、皮肤与黏膜的检查是基础且关键的环节。被毛的状态，包括光泽度、密度及脱毛情况，能够反映动物的营养状况、内分泌平衡和潜在的寄生虫感染等问题。皮肤作为机体抵御外界的第一道屏障，其颜色、质地、弹性的改变，以及有无丘疹、水疱、溃疡等病变，可为多种全身性或局部性疾病提供诊断依据。黏膜分布于口腔、鼻腔、眼结膜等部位，观察其色泽、湿润度变化，以及有无出血点或充血等异常，有助于了解机体内部如血液系统、呼吸系统、消化系统的健康状态。精准把握这些检查要点，快速识别常见病变，对动物疾病的早期诊断与干预意义重大。

一、被毛检查

检查要点如下。

（1）光泽度　健康动物的被毛有光泽、顺滑。被毛的光泽主要取决于皮肤的健康状况和营养供应。例如，营养良好的动物，其被毛通常油亮光滑。

（2）整洁度　观察被毛是否整齐，有无缠结、打结的情况。缠结的被毛可能会影响皮肤的通风透气，增加皮肤疾病的发生风险。

（3）完整性　检查被毛是否有脱落、折断等情况。正常情况下，动物会有

少量的季节性脱毛或者局部摩擦导致的少量被毛脱落，这是正常现象。

常见病变识别如下。

(1) 脱毛 脱毛可分为局部脱毛和全身性脱毛。局部脱毛可能是由于局部皮肤疾病（如癣菌感染、螨虫感染）、外伤（如烫伤、化学灼伤）或者长期局部摩擦（如项圈过紧导致颈部脱毛）引起的。全身性脱毛可能是内分泌疾病（如肾上腺皮质功能亢进）、营养缺乏（如缺乏锌、维生素等）或者全身性皮肤疾病（如系统性红斑狼疮）导致的。

(2) 被毛无光泽 这可能是营养不良、慢性疾病或者皮肤疾病的表现。例如，动物患有慢性寄生虫感染或者消化系统疾病导致营养吸收不良时，被毛会逐渐变得粗糙、无光泽。

二、皮肤检查

检查要点如下。

(1) 颜色 正常动物的皮肤颜色因品种而异，但一般为淡粉色或与被毛颜色相适应的颜色。检查时可观察皮肤颜色是否有异常变化，如发红、发绀（呈青紫色）、苍白、黄疸（呈黄色）等表现。

(2) 温度和湿度 用手背触摸动物皮肤，感受皮肤的温度和湿度。正常皮肤温度适中，微有湿润感。皮肤温度升高可能是局部炎症或者发热的表现；皮肤温度降低可能是环境寒冷或者血液循环不良导致的。皮肤过度干燥可能是脱水或者皮肤油脂分泌不足的表现；皮肤过于湿润可能是多汗（如某些内分泌疾病）或者局部渗出（如皮肤炎症、烫伤）导致的。

(3) 弹性 通过轻轻捏起动物的皮肤，然后松开，观察皮肤恢复原状的速度来判断皮肤弹性。健康动物的皮肤具有良好的弹性，松手后皮肤能迅速恢复原状。皮肤弹性降低可能是脱水或者皮肤老化的表现。

(4) 质地和厚度 触摸皮肤，感受其质地是否光滑，有无粗糙、增厚、变硬等情况。正常皮肤质地柔软、光滑。皮肤增厚、变硬可能是慢性皮肤疾病（如皮肤苔藓化）或者某些免疫性疾病（如硬皮病）的表现。

(5) 完整性 仔细检查皮肤表面是否有伤口、溃疡、肿物、水疱、脓疱等。例如，动物身上有咬伤、抓伤、刺伤等伤口，可能会引起感染；皮肤出现水疱、脓疱，可能是病毒感染（如疱疹病毒）或者细菌感染（如葡萄球菌感染）导致的。

常见病变识别如下。

(1) 皮肤发红 局部皮肤发红可能是由于炎症（如皮炎、蜂窝织炎）、过敏反应、外伤（如擦伤、挫伤）或者局部血液循环增加（如局部热敷后）引起的。全身性皮肤发红可能是某些全身性疾病（如败血症）或者过敏反应累及全身皮肤所致。

（2）皮肤肿物　肿物可以是良性的，如脂肪瘤、纤维瘤等；也可以是恶性的，如皮肤癌。通过观察肿物的大小、形状、质地、边界、活动度等，可以初步判断肿物的性质。例如，良性肿物一般边界清晰，质地较均匀，活动度较好；恶性肿物可能边界不清，质地硬，与周围组织粘连，活动度差。

（3）皮肤溃疡　皮肤表面的组织缺损，形成凹陷的创面。溃疡可能是由于外伤（如长期的压力性损伤、咬伤）、皮肤感染（如细菌感染导致的疖、痈破溃）、血液循环障碍（如血管炎导致局部组织缺血坏死），或者某些全身性疾病（如糖尿病引起的皮肤溃疡）导致的。

三、黏膜检查

检查要点如下。

（1）眼结膜检查　观察眼结膜的颜色，有无充血、水肿、出血、分泌物等情况。正常眼结膜为淡红色，光滑湿润。眼结膜充血可能是眼部炎症（如结膜炎、角膜炎）或者全身性疾病（如发热、高血压）引起的；眼结膜水肿可能是过敏反应、局部炎症或者心脏疾病（如心力衰竭导致的静脉回流障碍）导致的；眼结膜出血可能是外伤、血液系统疾病（如血小板减少性紫癜）或者某些中毒（如鼠药中毒）引起的。

（2）口腔黏膜检查　检查口腔黏膜的颜色、完整性，有无溃疡、水疱、肿物等。口腔黏膜颜色变化与皮肤类似，如苍白可能是贫血、发黄可能是黄疸。口腔黏膜出现溃疡、水疱可能是病毒感染（如口蹄疫）、细菌感染（如口腔溃疡）或者营养不良导致的。口腔黏膜肿物可能是良性的息肉，也可能是恶性的口腔肿瘤。

（3）鼻腔黏膜检查　观察鼻腔黏膜的颜色，是否有肿胀、分泌物等。鼻腔黏膜充血、肿胀可能是鼻炎的表现，鼻腔分泌物增多可能是感染（如细菌、病毒感染）、过敏或者异物刺激导致的。

（4）阴道黏膜和直肠黏膜检查　必要时进行这些部位的黏膜检查。例如，检查阴道黏膜可以了解雌性动物的生殖系统健康状况，如阴道黏膜充血、分泌物增多可能是阴道炎的表现；检查直肠黏膜可以发现直肠疾病（如直肠炎、直肠肿物）的线索。

参考文献

[1] 张金宝，陈强斌，杨志隆．兽医临床诊断学［M］．咸阳：西北农林科技大学出版社，2022.
[2] 王世雄，王荣琼．兽医临床诊断技术［M］．苏州：苏州大学出版社，2021.
[3] 何德肆．兽医临床诊疗技术［M］．重庆：重庆大学出版社，2022.
[4] 银梅．兽医基础学［M］．北京：中国农业大学出版社，2018.
[5] 陈振峰，宫淑艳．兽医临床诊疗技术［M］．北京：北京理工大学出版社，2019.
[6] 刘德成，刘山辉．临床兽医基础［M］．北京：中国农业大学出版社，2014.
[7] 李焕荣．兽医基础［M］．北京：国家开放大学出版社，2022.

第六章

系统检查方法

在兽医临床实践中，系统检查方法是精准诊断动物疾病的基础。通过对各个系统进行全面、细致的检查，兽医能够获取丰富的诊断线索，从而准确判断动物的健康状况。心血管系统检查如同聆听生命的节奏，心音听诊、脉搏检查和心电图应用等方法能够洞察心脏和血管的功能状态。呼吸系统检查则像探索呼吸的奥秘，呼吸音听诊、胸部叩诊和呼吸功能测定有助于揭示肺部和气道的潜在问题。消化系统检查犹如审视食物的旅程，从口腔到胃肠，再到肝脏和胰腺，一系列检查方法可以发现消化道和消化腺的病变。泌尿生殖系统检查聚焦于机体的排泄和生殖功能，尿液检查、肾脏触诊和生殖器官检查为泌尿系统和生殖系统疾病的诊断提供了关键依据。神经系统检查如同探寻机体的控制中枢，对意识状态、反射活动和运动协调等方面的评估能够定位神经系统的异常部位。深入了解这些系统检查方法，对于提高兽医临床诊断水平、保障动物健康至关重要。

第一节　心血管系统检查

一、心音听诊

听诊部位与方法：在动物胸部不同位置可以听诊到不同的心音。一般在左侧胸壁，从肩关节水平线到第 4～6 肋间是主要的心音听诊区域。听诊时，使用听诊器的钟形或膜形探头，轻轻贴附在动物胸壁上，保持安静环境，避免外界噪声干扰。对于小型动物，可以将动物抱在怀中或放在检查台上进行听诊；对于大型动物，需要在动物安静站立或侧卧状态下听诊。

正常心音特征：正常情况下，可以听到两个心音，即第一心音（S1）和第二心音（S2）。第一心音主要是由房室瓣（二尖瓣和三尖瓣）关闭而产生的声音，音调较低、持续时间较长，标志着心室收缩期的开始。第二心音是由半月瓣（主动脉瓣和肺动脉瓣）关闭产生的声音，音调较高、持续时间较短，标志着心室舒张期的开始。在不同的动物品种和个体中，心音的强度、频率和节律可能会有一定差异，但通常具有规律性。

异常心音分析：当心脏出现疾病时，心音会发生改变。例如，心音增强可能是由于心肌收缩力增强（如兴奋、运动后）或心脏瓣膜病变（如二尖瓣狭窄时第一心音增强）。心音减弱可能是由于心肌收缩力减弱（如心力衰竭）、心包积液、胸腔积液等原因导致的。出现额外的心音，如第三心音（S3）和第四心音（S4），可能提示心脏的舒张功能异常或心肌病变。杂音是心音听诊中最重要的异常表现之一，它是由于血液在心脏或血管内流动时产生湍流而引起的异常声音。杂音的性质（如吹风样、隆隆样）、强度（从1级到6级）、部位和传导方向等都对心脏疾病的诊断有重要意义。例如，二尖瓣关闭不全时，可在二尖瓣听诊区听到吹风样收缩期杂音，向腋下传导。

二、脉搏检查

检查部位与方法：在动物体表可以触摸到动脉搏动的部位进行脉搏检查，常用的部位有股动脉、颌下动脉和桡动脉等。检查时，用手指轻轻按压在动脉上，感受脉搏的跳动，注意力度要适中，避免过度压迫导致脉搏消失。同时，要数每分钟脉搏跳动的次数，观察脉搏的节律、强度和性质。

正常脉搏特征：正常脉搏的节律规则、频率与心率一致，强度适中。不同动物的正常脉搏频率因品种、年龄、体型和生理状态等因素而异。

异常脉搏分析：脉搏频率异常包括心动过速（脉搏频率高于正常范围）和心动过缓（脉搏频率低于正常范围）。心动过速可能是由于兴奋、运动、发热、疼痛、贫血、甲状腺功能亢进等原因引起的；心动过缓可能是由于颅内压增高、甲状腺功能减退、某些药物作用或心脏传导阻滞等因素导致的。脉搏节律不齐可能是心律失常的表现，如早搏、心房颤动等。脉搏强度异常包括洪脉（脉搏强而有力，可能是由于高热、高血压等）和细脉（脉搏微弱，可能是由于休克、心力衰竭等）。

三、心电图应用

心电图原理与记录方法：心电图（ECG）是通过记录心脏电活动在体表

产生的电位变化来反映心脏功能状态的检查方法。心脏在每次跳动时，会产生一系列有规律的电信号，这些电信号通过心脏周围的组织传导到体表。在动物体表放置电极，电极连接到心电图机上，就可以记录到心电图波形。一般需要在动物安静状态下，将电极按照一定的导联方式（如标准肢体导联、加压单极肢体导联和胸导联）放置在动物的四肢和胸部特定位置，记录心电图。

正常心电图波形分析：正常心电图包括P波、QRS波群和T波等主要波形。P波代表心房的除极过程，反映心房的兴奋。QRS波群代表心室的除极过程，是心电图中最明显的波形。T波代表心室的复极过程。正常情况下，这些波形的形态、时间间隔和电压幅度都有一定的范围。例如，P-R间期（从P波起点到QRS波群起点的时间间隔）反映了心房开始兴奋到心室开始兴奋的时间，正常范围在0.06～0.20秒之间，它的延长或缩短可能提示心脏传导系统的异常。

异常心电图诊断意义：心电图异常可以提示多种心脏疾病。例如，心律失常是心电图异常的常见表现，包括早搏（在正常心跳节律中提前出现的心跳）、心动过速、心动过缓、心房颤动（心房电活动紊乱，失去正常的节律）和心室颤动（心室电活动紊乱，是一种严重的心律失常）等。心肌缺血或心肌梗死时，心电图会出现相应的改变，如ST段抬高或压低、T波倒置等。心脏肥大（如左心室肥大）时，心电图上可能表现为QRS波群电压增高、心电轴偏移等。

第二节 呼吸系统检查

一、呼吸音听诊

听诊部位与方法：在动物胸部两侧，从胸廓前部到后部，以及背部脊柱两侧进行呼吸音听诊。使用听诊器的膜型探头，按照一定的顺序（如从肺尖开始，自上而下，从前向后）进行听诊。对于大型动物，需要将听诊器探头紧密贴附在胸壁上，避免漏听；对于小型动物，可以适当调整听诊器的压力。在听诊过程中，要让动物保持安静，同时注意区分正常呼吸音和异常呼吸音。

正常呼吸音特征：正常呼吸音包括支气管呼吸音、肺泡呼吸音和支气管肺泡呼吸音。支气管呼吸音类似于将舌抬高，经口腔呼气时发出的“哈”音，主要在喉部、胸骨上窝、背部第6～7颈椎和第1～2胸椎附近可以听到。肺泡呼吸音是一种柔和的、类似吹风样的声音，在大部分肺野都可以听到，其强度和音调在不同部位可能略有差异。支气管肺泡呼吸音是支气管呼吸音和肺泡呼吸音的混合音，在胸骨两侧第 1～2 肋间、肩胛间区的第 3～4 胸椎水平可以听到。

异常呼吸音分析：异常呼吸音包括干啰音、湿啰音和胸膜摩擦音等。干啰音是由于气管、支气管或细支气管狭窄或部分阻塞，空气通过时产生湍流所引起的声音，类似于哨笛音或鼾音，持续时间较长，其性质、强度和部位常因病变的性质和程度而异。湿啰音是由于吸气时气体通过呼吸道内的分泌物（如痰液、渗出液）产生的水泡破裂音，类似于用小管插入水中吹气时产生的声音，按音响强度可分为响亮性和非响亮性湿啰音，按呼吸道管径大小和腔内渗出物的多寡分为粗、中、细湿啰音，其出现的部位往往提示病变所在的位置。胸膜摩擦音是由于胸膜发生炎症时，胸膜表面变得粗糙，随着呼吸运动，脏胸膜和壁胸膜相互摩擦产生的声音，类似于皮革相互摩擦的声音，在胸廓下侧部最易听到，通常提示胸膜炎。

二、胸部叩诊

叩诊方法与技巧：胸部叩诊通常采用间接叩诊法。叩诊时，力量要适中、均匀，从肺尖开始，自上而下，由前向后，两侧对比进行。对于小型动物，可以将动物抱在手中或放在检查台上进行叩诊；对于大型动物，需要在动物站立或侧卧状态下进行。

正常叩诊音特征：正常胸部叩诊音因部位不同而有所差异。在肺部，正常叩诊音为清音，其音响较强、音调较低、持续时间较长，是一种正常的肺部音响。在心脏和肝脏等实质性器官覆盖的区域，叩诊音为浊音；在胃泡区，叩诊音为鼓音。

异常叩诊音分析：异常叩诊音包括浊音、实音、鼓音和过清音等。浊音或实音可能是由于肺部实变（如肺炎）、胸腔积液、肺部肿瘤等原因导致的，即肺部组织被液体、固体或其他实质性物质填充，使叩诊音变得低沉。鼓音可能是由于气胸（胸腔内积气）、较大的肺空洞（如肺结核空洞）等情况引起的，气体在胸腔内积聚，使叩诊音变得响亮、高调。过清音是一种介于清音和鼓音之间的声音，常见于肺气肿，是由于肺组织弹性减弱、含气量过多导致的。

三、呼吸功能测定

常用测定指标与方法：呼吸功能测定主要包括通气功能和换气功能的测

定。通气功能指标主要有潮气量（每次呼吸时吸入或呼出的气体量）、肺活量（最大吸气后用力呼气所能呼出的最大气体量）和每分钟通气量（每分钟吸入或呼出的气体总量）等。这些指标可以通过肺量计等设备测定。换气功能主要是指氧气和二氧化碳在肺泡和血液之间的交换，常用指标有动脉血氧分压、二氧化碳分压和血氧饱和度等，这些指标需要通过血气分析来测定。在进行呼吸功能测定时，动物需要保持安静，并且要正确使用测定设备，以确保结果的准确性。

正常指标范围与意义：不同动物的呼吸功能指标正常范围有所不同。以犬为例，潮气量一般在10～30mL/kg，肺活量在100～300mL/kg，每分钟通气量在300～800mL/kg。正常的动脉血氧分压一般在80～100mmHg（1mmHg＝0.133kPa），二氧化碳分压在35～45mmHg，血氧饱和度在95％～98％。这些指标反映了动物呼吸功能的正常状态，对于维持机体的氧供和二氧化碳排出至关重要。

异常指标分析与疾病诊断：当呼吸功能指标出现异常时，可以提示多种呼吸系统疾病。例如，潮气量减少、肺活量降低可能是由于肺部疾病（如肺炎、肺水肿）、胸廓疾病（如胸廓畸形）或呼吸肌麻痹等原因导致的通气功能障碍。动脉血氧分压降低、二氧化碳分压升高可能是由于换气功能障碍（如肺纤维化、肺不张）或通气-换气功能失调（如慢性阻塞性肺疾病）等引起的。血氧饱和度下降也是缺氧的重要表现，可能是由于肺部疾病、心脏疾病（如心力衰竭导致肺淤血）等因素造成的。

第三节 消化系统检查

一、口腔检查

口腔外部检查：首先观察口腔外部的情况，包括口唇的颜色、湿度、完整性和对称性。正常口唇颜色为粉红色，湿润。口唇颜色的改变可能提示疾病，如发绀（呈青紫色）可能是由于缺氧，苍白可能是由于贫血或休克。检查口唇有无肿胀、溃疡、瘢痕或畸形等情况，例如，口唇肿胀可能是由于过敏、炎症或外伤引起的。同时，观察口腔周围的肌肉活动是否正常，有无流涎现象，流涎可能是由于口腔疾病、吞咽困难或某些全身性疾病（如狂犬病）导致的。

口腔内部检查：使用开口器或手指（对于小型动物）轻轻打开口腔，检查口腔黏膜的颜色、质地和完整性。正常口腔黏膜为粉红色，光滑、湿润。黏膜发红可能是由于炎症，发白可能是由于贫血或局部缺血，出现溃疡、水疱或假膜可能是由于感染（如口腔溃疡、口炎）或中毒等。检查牙齿的数量、排列、完整性和磨损情况。牙齿缺失、松动、龋齿或过度磨损等都可能影响动物的咀嚼功能。观察牙龈的颜色和状态，正常牙龈为粉红色，紧贴在牙齿周围，牙龈红肿、出血或退缩可能是牙龈疾病（如牙龈炎）的表现。还要检查舌的大小、形状、颜色、质地和运动情况，舌的病变（如舌炎、肿物）可能影响动物的味觉和吞咽功能。最后，检查口腔内的唾液腺开口是否正常，有无分泌物增多或减少的情况。

二、食管检查

视诊与触诊：在动物进食或饮水时进行视诊，可以观察食管的吞咽动作是否正常。正常情况下，动物吞咽流畅，无食物反流或吞咽困难的表现。对于一些大型动物，可以通过外部触诊食管，从颈部开始，沿着食管的走向向胸部和腹部方向进行触诊，检查食管是否有增粗、硬块或压痛等情况。例如，食管异物时，可能在触诊时感觉到异物的存在，同时动物也会表现出吞咽困难、疼痛或反流等症状。

特殊检查方法：当怀疑食管疾病但视诊和触诊无法明确诊断时，可以采用食管造影检查。将造影剂（如钡剂）通过口腔或鼻腔灌入食管，然后在 X 射线透视下观察食管的形态、管径、蠕动情况，以及是否存在充盈缺损（如异物、肿瘤）等。食管内窥镜检查也是一种有效的方法，可以直接观察食管内部的情况，包括黏膜的病变、异物的位置等，同时还可以进行活检或取出异物。

三、胃肠检查

视诊与触诊：视诊主要观察动物的腹部外形是否正常，有无膨隆（如胃肠胀气、腹腔积液）或凹陷（如脱水、营养不良）。在动物安静状态下，对腹部进行触诊，从剑突下开始，按照顺时针方向依次触诊各个象限。注意触诊的力度要适中，感受胃肠的大小、形状、质地、位置和有无压痛、肿块等情况。例如，胃肠梗阻时，可能会摸到膨大的肠管；胃肠穿孔或腹膜炎时，触诊会引起动物疼痛反应。

听诊：听诊胃肠音是胃肠检查的重要内容。正常情况下，胃肠音为断断续续的、类似流水声或咕噜声。听诊部位主要在腹部两侧，从剑突下到耻骨联合上方。胃肠音的频率和强度因动物的饮食状态、品种和个体差异等因素而有所不同。胃肠音增强可能是由于胃肠蠕动亢进（如胃肠炎早期），胃肠音减弱或消失可能是由于胃肠蠕动减弱（如肠梗阻后期、腹膜炎）或胃肠道空虚（如长时间禁食）等。

其他检查方法：当需要进一步明确胃肠疾病时，可以采用胃肠造影检查（如钡餐造影、钡灌肠造影），通过观察造影剂在胃肠内的通过情况、充盈情况和黏膜形态等，诊断胃肠疾病（如溃疡、肿瘤、梗阻等）。对于一些小型动物，还可以采用超声检查来观察胃肠的结构、蠕动情况和是否存在病变。

四、肝脏检查

触诊与叩诊：肝脏触诊一般在动物右侧肋弓下进行。对于小型动物，可以将手指放在肋弓下，轻轻向上抬起肝脏，感受肝脏的大小、质地、边缘和表面情况。对于大型动物，可能需要用双手触诊，一只手放在肋弓下，另一只手放在动物的背部，相对挤压来触诊肝脏。正常肝脏质地柔软，边缘锐利，表面光滑。肝脏肿大时，可在肋弓下触及增大的肝脏，质地可能变硬，边缘变钝，表面可能不光滑。肝脏叩诊主要是确定肝脏的上下界，正常肝脏上界在右侧第7～8肋间，下界在右侧肋弓下，一般不超过肋弓下1～2cm。肝脏浊音界扩大可能提示肝脏肿大，浊音界缩小可能是由于肝脏萎缩或胃肠道胀气等。

实验室检查与影像学检查：血液生化检查中的肝功能指标（如谷丙转氨酶、谷草转氨酶、胆红素等）是评估肝脏功能的重要依据。肝功能指标升高可能提示肝脏损伤、炎症或胆汁淤积等疾病。超声检查可以观察肝脏的大小、形态、实质回声和血管分布等情况，对于诊断肝脏疾病（如肝炎、肝脓肿、肝肿瘤等）有很大帮助。必要时，还可以进行肝脏活检，通过病理检查明确肝脏疾病的性质。

五、胰腺检查

触诊与实验室检查：胰腺位于腹腔深部，触诊比较困难。在某些情况下，如胰腺肿大时，可能在腹部上部或左季肋部触及硬块，但这种情况并不常见。实验室检查主要是检测血液中的淀粉酶和脂肪酶等胰腺酶。当胰腺发生炎症（如胰腺炎）时，淀粉酶和脂肪酶会升高，这是诊断胰腺炎的重要依据之一。

影像学检查与特殊检查：超声检查可以对胰腺进行初步观察，查看胰腺的大小、形态和回声情况，但由于胰腺位置较深，超声检查可能受到一定限制。CT和磁共振成像（MRI）等影像学检查在胰腺疾病的诊断中也有重要应用，它们可以更清晰地显示胰腺的结构和病变情况。在一些特殊情况下，如怀疑胰腺肿瘤时，可能需要进行内窥镜逆行胰胆管造影（ERCP）等检查，以明确诊断。

第四节 泌尿生殖系统检查

一、尿液检查

尿液采集与样本处理：尿液采集方法包括自然排尿、导尿和膀胱穿刺取尿。自然排尿适用于大多数情况，但可能会受到尿道口周围污染物的影响。导尿可获取较为纯净的尿液样本，但操作需谨慎，避免损伤尿道。膀胱穿刺取尿能最大程度减少尿液污染，常用于怀疑泌尿系统感染且需要准确结果的情况。采集后的尿液应尽快送检，若不能及时检测，需妥善保存，如冷藏或添加防腐剂，以防止尿液成分发生变化。

尿液常规检查指标与意义：尿液常规检查包括物理性质（颜色、透明度、比重等）、化学性质（酸碱度、蛋白质、葡萄糖、酮体、胆红素、尿胆原等）和显微镜检查（细胞、管型、结晶等）。正常尿液颜色一般为淡黄色至深黄色，透明。尿液颜色异常可能提示疾病，如红色可能是血尿（泌尿系统出血），白色浑浊可能是脓尿（泌尿系统感染）或乳糜尿（淋巴管破裂）。比重反映肾脏的浓缩和稀释功能，正常范围在1.015～1.045之间，比重异常可能与肾脏疾病、脱水或饮水过多等因素有关。酸碱度（pH）可因饮食、药物或疾病而改变，酸性尿可能与高蛋白饮食、代谢性酸中毒有关，碱性尿可能与素食、膀胱炎等有关。蛋白质阳性可能是肾脏疾病（如肾小球肾炎、肾病综合征）或其他原因（如发热、剧烈运动）导致的。葡萄糖阳性常见于糖尿病或肾性糖尿。酮体阳性可能是糖尿病酮症酸中毒、饥饿或长期高脂饮食等情况。显微镜检查中，红细胞增多提示血尿；白细胞增多提示泌尿系统感染；上皮细胞可来自不同部位，大量出现可能提示相应部位病变；管型是肾脏疾病的重要指标，不同类型的管型（如透明管型、颗粒管型、细胞管型等）具有不同的诊断意义；结晶尿可能与尿液酸碱度、温度、溶质浓度等有关，某些结晶大量形成可能导致尿路结石。

二、肾脏触诊

触诊方法与技巧：对于小型动物，可将动物仰卧或侧卧，兽医用双手拇指放在动物腰部脊柱两侧，其余手指放在腹部两侧，轻轻向脊柱方向挤压，感受肾脏的大小、形状、质地、位置和有无压痛等情况。对于大型动物，触诊相对困难，可在动物站立时，从腰部后方尝试触诊肾脏的后端。触诊时需注意力度适中，避免过度用力造成动物不适或损伤。

正常肾脏特征与异常触诊发现：正常肾脏质地中等，表面光滑，有一定的活动度。肾脏肿大时，可触及增大的肾脏，可能是由于肾炎、肾积水、肾肿瘤等原因导致的。肾脏质地变硬可能与慢性肾脏疾病、肾纤维化等有关。肾脏位置异常（如异位肾）或活动度过大（如肾下垂）也可在触诊时发现，这些情况可能影响肾脏的正常功能，导致尿液引流不畅或其他并发症。

三、生殖器官检查

雄性生殖器官检查：

外生殖器检查：观察阴茎的大小、形状、颜色，有无损伤、溃疡、肿物或分泌物等。检查阴囊的大小、对称性、皮肤完整性和温度，正常阴囊皮肤柔软，温度略低于体温。触摸睾丸的大小、质地、形状和有无压痛，正常睾丸大小适中，质地均匀，有一定弹性。例如，睾丸肿大可能是睾丸炎、附睾炎或睾丸肿瘤等疾病导致的；阴茎异常勃起或分泌物增多可能是生殖系统感染或其他疾病的症状。

内部生殖器官检查：对于一些大型动物，可以通过直肠检查来触摸前列腺等内部生殖器官的情况。前列腺肿大、变硬或有压痛可能是前列腺炎或前列腺肿瘤的表现。在怀疑有生殖系统疾病时，还可进行精液检查，包括精液量、精子活力、精子密度、精子形态等指标的检测，以评估雄性动物的生殖功能。例如，精子活力低下或畸形率高可能导致不育。

雌性生殖器官检查：

外生殖器检查：观察阴门的大小、形状、颜色，有无肿胀、损伤、分泌物或异味等。例如，阴门肿胀可能是发情期的正常表现，也可能是炎症或肿瘤等疾病导致的。检查阴道黏膜的颜色、质地和完整性，正常阴道黏膜为粉红色，光滑湿润。阴道分泌物增多、颜色异常或有异味，可能是阴道炎、子宫炎等疾病的症状。

内部生殖器官检查：可通过触诊或超声检查来评估子宫和卵巢的情况。触诊时，对于小型动物，可将手指轻轻插入阴道，向上触摸子宫颈和子宫体；对于大型动物，可通过直肠检查来触摸子宫和卵巢。子宫增大可能是受孕、子宫蓄脓、子宫肌瘤等原因导致的。卵巢囊肿或肿瘤也可通过触诊或超声检查发现。在繁殖管理中，还可进行激素水平检测，如雌激素、孕激素等，以了解雌性动物的生殖生理状态，辅助诊断生殖系统疾病和评估繁殖性能。

第五节 神经系统检查

一、意识状态评估

正常意识表现：正常动物意识清醒，对周围环境有警觉性，能够对视觉、听觉、触觉等刺激做出适当反应。例如，当呼唤动物名字时，它会有反应并看向声源；当给予轻微的触觉刺激（如抚摸）时，动物会表现出相应的舒适或警觉反应。同时，动物的眼睛一般明亮有神，头部活动自如，姿势正常。

意识障碍分类与表现：意识障碍可分为嗜睡、昏睡、昏迷等。嗜睡是指动物过度困倦，容易入睡，但能被轻度刺激唤醒，唤醒后意识基本清楚，反应稍迟钝，停止刺激后又很快入睡。昏睡表现为动物处于沉睡状态，需要较强的刺激才能唤醒，唤醒后意识模糊，反应迟钝，很快又陷入沉睡。昏迷则是动物意识完全丧失，对任何刺激均无反应，包括强烈的疼痛刺激。例如，脑部严重损伤、中毒、某些全身性疾病（如肝性脑病、肾性脑病）等都可能导致动物出现不同程度的意识障碍。

二、反射活动检查

浅反射检查：浅反射是刺激皮肤或黏膜引起的反射。例如，角膜反射：用棉絮轻触动物角膜边缘，正常情况下动物会迅速闭眼，若角膜反射减弱或消失，可能提示三叉神经或面神经受损。腹壁反射：用钝针轻划动物腹部皮肤，正常时相应部位的腹肌会收缩，反射减弱或消失可能与脊髓病变有关。提睾反射：在雄性动物中，轻划大腿内侧皮肤，同侧睾丸会向上收缩，反射异常可能提示生殖股神经或脊髓病变。

深反射检查：深反射是刺激肌肉、肌腱、骨膜等深部感受器引起的反射。如膝反射：将动物后肢膝关节稍屈曲，用叩诊锤叩击髌骨下方的股四头肌的肌腱，正常时小腿会向前伸展。跟腱反射：叩击跟腱，正常时后肢会出现跖屈动作。深反射减弱或消失可能是由于脊髓反射弧受损、神经根病变或肌肉疾病等原因导致的；深反射亢进则可能是上运动神经元病变（如脑部或脊髓的锥体束病变）的表现。此外，还有病理反射检查，如巴宾斯基征，用钝物划动物足底外侧缘，正常情况下动物的脚趾会屈曲，若出现脚趾背伸、其他脚趾呈扇形散开，则为巴宾斯基征阳性，提示锥体束受损，多见于脑部病变。

三、运动协调评估

姿势与步态观察：观察动物的站立姿势是否正常，有无异常姿势（如偏瘫姿势、截瘫姿势、共济失调姿势等）。例如，偏瘫姿势表现为一侧肢体无力或瘫痪，动物站立时患侧肢体不能正常负重，可能是脑部一侧病变导致的。截瘫姿势是后肢或前肢同时瘫痪，动物不能站立或行走，可能是脊髓损伤或病变引起的。共济失调姿势表现为动物站立或行走时身体摇晃、失去平衡，可能是小脑病变、内耳疾病或脊髓后索病变等导致的。观察动物的步态，正常步态平稳、协调。异常步态包括跛行（可能是肢体疼痛、骨折、关节疾病等原因）、慌张步态（如帕金森病样步态，多见于脑部病变）、臀中肌步态（可能是髋关节疾病或肌肉疾病）等。

运动功能测试：可以进行一些简单的运动功能测试，如让动物在平坦的地面上行走、转弯、上下楼梯等，观察其运动的灵活性、准确性和协调性。还可以进行本体感觉测试，如将动物的肢体放置在异常位置（如将后肢关节屈曲并保持），观察动物能否迅速纠正肢体位置。若本体感觉丧失，动物可能无法察觉肢体位置异常并进行纠正，这可能是脊髓或神经病变的表现。通过这些运动协调评估，可以初步判断神经系统的病变部位和性质，为进一步诊断和治疗提供依据。

参考文献

[1] 范俊娟，贾富勃，吉尚雷．兽医临床基础［M］．北京：中国农业大学出版社，2023.

[2] 舒鸣，王建敏．兽医临床诊疗技术［M］．南昌：江西高校出版社，2018.

[3] 陆江宁．动物临床诊疗技术［M］．北京：中国农业大学出版社，2021.

[4] 吴敏秋，沈永恕，田树君．兽医临床诊疗技术［M］．4 版．北京：中国农业大学出版社，2017.

[5] 张金宝，陈强斌，杨志隆．兽医临床诊断学［M］．咸阳：西北农林科技大学出版社，2022.

[6] 王世雄，王荣琼．兽医临床诊断技术［M］．苏州：苏州大学出版社，2021.

第七章

实验室诊断技术

在兽医临床诊疗中，实验室诊断技术为疾病的确诊、治疗方案的制定，以及预后评估提供了关键线索。血液学检验能深入洞察动物机体的血液成分变化，反映出动物的生理和病理状态。尿液分析从物理、化学和显微镜检查等多个维度揭示泌尿系统及其他相关系统的健康状况。粪便检查专注于消化道信息的挖掘，通过常规检查以及寄生虫卵和幼虫的检测，发现隐藏在肠道中的疾病因素。体液检查针对胸腔积液、腹腔积液、脑脊液等特殊体液，探寻这些部位病变的蛛丝马迹。微生物学检验是识别病原体的“利器”，通过细菌培养、鉴定和药敏试验，精准定位致病微生物并确定有效的治疗药物。免疫学诊断技术更是站在前沿阵地，利用血清学试验、免疫荧光、PCR 等先进手段，快速、灵敏地诊断疫病，为疾病的防控提供有力支持。深入了解这些实验室诊断技术，对于提升兽医临床诊断的准确性和有效性，保障动物健康具有至关重要的意义。

第一节　血液学检验

一、血常规

检测指标：血常规主要包括红细胞计数（RBC）、血红蛋白（Hb）测定、白细胞计数（WBC）及分类计数、血小板计数（PLT）等。红细胞计数和血红蛋白测定用于评估动物的贫血或红细胞增多情况。例如，红细胞计数减少、血红蛋白浓度降低可能提示贫血，这可能是由于失血、溶血、营养缺乏或骨髓造血功能障碍等原因引起的。白细胞计数及分类计数能够反映机体的免疫状态和炎症反应。白细胞增多可能表示存在感染、炎症、组织损伤或白血病等情况，不同类型白细胞的比例变化也具有重要的诊断价值，如中性粒细胞增多常见于细菌感染，淋巴细胞增多可能与病毒感染或慢性炎症有关。血小板计数主要用于监测止血和凝血功能，血小板减少可能导致出血倾向，增多则可能增加血栓形成的风险。

分析方法：血常规检测通常采用血细胞分析仪自动检测。在检测前，需要确保血液样本的采集和处理符合要求。一般使用 EDTA 抗凝的静脉血样本，采血后应尽快检测，避免血液长时间放置导致细胞形态和成分变化。对于检测结果，需要结合动物的临床症状、病史和其他检查结果进行综合分析。例如，一只出现发热、咳嗽的动物，血常规显示白细胞总数和中性粒细胞比例升高，提示可能存在细菌感染引起的呼吸道炎症，但还需要进一步检查，如胸部 X 射线或细菌培养来明确诊断。

二、血液生化

检测指标：血液生化检验涵盖众多指标，如肝功能指标（谷丙转氨酶、谷草转氨酶、总胆红素、直接胆红素、白蛋白、球蛋白等）、肾功能指标（肌酐、尿素氮、尿酸等）、电解质（钠、钾、氯、钙、磷等）、血糖、血脂等。肝功能指标可以反映肝脏的代谢、合成和解毒功能。例如，谷丙转氨酶和谷草转氨酶升高通常提示肝细胞受损，可能是由于肝炎、药物中毒或其他肝脏疾病引起的；白蛋白降低可能表示肝脏合成功能下降或蛋白质丢失过多。肾功能指标主要用于评估肾脏的滤过和排泄功能。肌酐和尿素氮升高往往是肾功能受损的标志，可能是由于肾前性（如脱水、休克）、肾性（如肾小球肾炎、肾小管坏死）或肾后性（如尿路梗阻）因素导致的。电解质平衡对于维持机体正常生理功能至关重要，电解质紊乱可引起心律失常、肌肉无力等多种症状。血糖异常可能与糖尿病、应激反应或其他内分泌疾病有关，血脂异常则与肥胖、高脂血症等有关。

分析方法：血液生化检测一般使用全自动生化分析仪。样本通常是空腹静脉血，采集后离心分离血清或血浆进行检测。对于检测结果的解读，必须考虑动物的品种、年龄、性别、饮食等因素。例如，某些品种的犬可能具有较高的碱性磷酸酶（ALP）基础值，老年动物的肾功能指标可能会生理性升高，因此需要结合参考区间和动物的具体情况来判断结果是否异常。

三、凝血功能

检测指标：凝血功能检测主要包括凝血酶原时间（PT）、活化部分凝血活酶时间（APTT）、纤维蛋白原（FIB）测定、凝血酶时间（TT）等。PT 主要反映外源性凝血途径的功能，PT 延长可能是由于维生素 K 缺乏、肝脏疾病、抗凝药物过量等原因导致的。APTT 用于评估内源性凝血途径的功能，APTT 延长可能提示凝血因子缺乏、抗凝物质增多或血液中存在抑制凝血的物质。纤维蛋白原是凝血过程中的重要物质，其含量降低可能导致出血倾向，升高可能与炎症、应激或血栓性疾病有关。凝血酶时间主要检测纤维蛋白原转化为纤维蛋白的过程，TT 延长可能是由于纤维蛋白原异常或存在抗凝物质。

分析方法：凝血功能检测通常在含有特定抗凝剂（如枸橼酸钠）的真空管中采集静脉血，然后在凝血分析仪上进行检测。检测结果的分析需要结合动物的临床症状和用药情况。例如，一只正在接受抗凝治疗的动物，PT 和 APTT 延长在一定范围内可能是治疗效果的体现，但如果延长过度则可能出现出血风险，需要调整药物剂量。

第二节　尿液分析

一、物理检查

尿量：尿量的变化是反映肾脏功能和机体水合状态的重要指标。正常动物的尿量因品种、年龄、饮食和环境等因素而异。多尿可能是由于肾脏浓缩功能减退（如慢性肾功能衰竭）、内分泌疾病（如糖尿病、尿崩症）或饮水过多等原因引起的。少尿或无尿可能是由于肾前性（如脱水、休克）、肾性（如急性肾功能衰竭）或肾后性（如尿路梗阻）因素导致的。例如，一只动物出现尿量明显减少，同时伴有脱水症状，可能是由于肾前性因素如严重呕吐、腹泻导致的血容量不足引起的。

颜色和透明度：正常尿液的颜色一般为淡黄色至深黄色、透明。尿液颜色的改变可能提示不同的疾病。例如，红色或粉红色尿液可能是由于血尿（泌尿系统出血）、血红蛋白尿（溶血）或肌红蛋白尿（肌肉损伤）引起的；深黄色至棕色尿液可能是由于胆红素尿（肝脏或胆道疾病）或尿胆原增多（溶血性疾病）导致的；白色浑浊尿液可能是由于脓尿（泌尿系统感染）、乳糜尿（淋巴管破裂）或结晶尿（尿液中结晶析出）引起的。尿液透明度降低通常与尿液中的细胞、细菌、结晶等成分有关。

二、化学检查

酸碱度（pH）：尿液 pH 反映了肾脏调节酸碱平衡的功能。正常尿液 pH 一般在 4.5～8.0 之间。酸性尿可能是由于高蛋白饮食、代谢性酸中毒或某些药物（如氯化铵）引起的；碱性尿可能是由于素食饮食、膀胱炎、肾小管酸中毒或使用某些碱性药物（如碳酸氢钠）导致的。例如，一只患有膀胱炎的动物，其尿液 pH 可能升高，因为细菌分解尿素产生氨，使尿液呈碱性。

比重：尿比重是指尿液与同体积纯水的重量之比，主要反映肾脏的浓缩和稀释功能。正常尿比重范围为 1.015～1.045。尿比重增高可能是由于脱水、急性肾小球肾炎等导致肾脏浓缩功能增强；尿比重降低可能是由于慢性肾功能衰竭、尿崩症等引起肾脏浓缩功能减退。例如，在脱水状态下，动物的肾脏会尽量重吸收水分，使尿比重升高。

化学成分检测：尿液化学检查还包括尿蛋白、尿糖、尿酮体、胆红素、尿胆原等指标的检测。尿蛋白阳性可能是由于肾脏疾病（如肾小球肾炎、肾病综合征）、发热、剧烈运动或高蛋白饮食等原因引起的。尿糖阳性通常提示糖尿病或肾性糖尿。尿酮体阳性常见于糖尿病酮症酸中毒、饥饿或长期高脂饮食等情况。胆红素阳性可能是由于肝脏疾病或胆道梗阻导致胆红素代谢异常，而尿胆原阳性可能与溶血性疾病或肝脏疾病有关。

三、显微镜检查

细胞检查：尿液中的细胞成分主要包括红细胞、白细胞和上皮细胞。红细胞增多即血尿，可能是由于泌尿系统炎症、结石、肿瘤或外伤等原因引起的。白细胞增多提示泌尿系统感染，如肾盂肾炎、膀胱炎等。上皮细胞分为肾上皮细胞、肾盂上皮细胞、膀胱上皮细胞和尿道上皮细胞等，大量出现不同类型的上皮细胞可能提示相应部位的病变。例如，肾上皮细胞增多可能与肾小管损伤有关。

管型检查：管型是蛋白质、细胞或碎片在肾小管、集合管中凝固形成的圆柱状结构。常见的管型有透明管型、颗粒管型、细胞管型、蜡样管型等。透明管型在健康动物的尿液中也可能少量出现，大量出现可能与肾脏疾病有关。颗粒管型和细胞管型通常提示肾脏实质病变，如肾小球肾炎、肾小管坏死等。蜡样管型常见于慢性肾功能衰竭的晚期。

结晶检查：尿液中的结晶成分与尿液的酸碱度、温度、溶质浓度等因素有关。常见的结晶有草酸钙结晶、磷酸钙结晶、尿酸结晶等。结晶尿一般没有临床意义，但如果结晶大量形成并聚集，可能导致尿路结石。例如，草酸钙结晶是尿路结石的常见成分之一，在某些地区的动物中，由于饮水水质或饮食结构等原因，草酸钙结晶尿和结石的发生率较高。

第三节　粪便检查

一、常规检查

外观和性状：正常粪便的外观和性状因动物种类、饮食等因素而异。一般为成形的软便，颜色从棕色到深褐色不等。粪便的性状改变可能提示不同的疾病。例如，稀便或水样便可能是由于腹泻，原因包括肠道感染（细菌、病毒、寄生虫等）、饮食不当、消化不良或全身性疾病等；干硬便可能是由于便秘，可能是由于饮水不足、膳食纤维缺乏或肠道蠕动减慢等原因引起的。粪便颜色的变化也有诊断价值，如黑色粪便可能是由于上消化道出血（血液在肠道内被氧化），灰白色粪便可能是由于胆道梗阻（胆汁无法进入肠道）。

隐血检查：粪便隐血试验用于检测粪便中是否存在微量的血液，是诊断消化道出血的重要方法。隐血阳性可能是由于消化道溃疡、炎症、肿瘤或寄生虫感染等原因引起的。例如，一只老年动物出现粪便隐血阳性，同时伴有体重减轻和贫血，需要警惕消化道肿瘤的可能。

二、寄生虫卵及幼虫检测

直接涂片法：这是一种简单快速的检测方法，将少量粪便涂在载玻片上，加生理盐水后在显微镜下观察。可以发现较大的寄生虫卵、幼虫或原虫。例如，在犬猫粪便中可以通过直接涂片法检测到蛔虫卵、绦虫卵等常见寄生虫卵。但这种方法的检出率相对较低，对于寄生虫感染程度较轻的情况可能会漏检。

饱和盐水漂浮法：利用某些寄生虫卵的密度小于饱和盐水的特性，使虫卵漂浮在液面上，从而提高虫卵的检出率。这种方法适用于检测密度较轻的寄生虫卵，如球虫卵囊等。例如，在鸡的粪便检查中，饱和盐水漂浮法是检测球虫感染的常用方法。

沉淀法：对于密度较大的寄生虫卵或幼虫，可以采用沉淀法。将粪便加水搅拌后，经过离心或自然沉淀，使虫卵或幼虫沉淀在底部，然后取沉淀物进行检查。例如，检测吸虫卵时，沉淀法是比较有效的方法，因为吸虫卵的密度较大。

第四节　体液检查

一、胸腔积液检查

外观和性质：正常胸腔内只有少量润滑液，胸腔积液增多时可通过穿刺抽取进行检查。胸腔积液的外观和性质有助于初步判断病因。例如，漏出液一般为淡黄色、透明，比重较低，蛋白含量少，细胞数少，常见于心力衰竭、低蛋白血症等疾病；渗出液颜色较深，可为草黄色、血性或脓性，比重较高，蛋白含量高，细胞数多，主要是由于炎症（如胸膜炎、肺炎）、肿瘤等原因引起的。

细胞计数和分类：对胸腔积液进行细胞计数和分类可以进一步明确病因。以淋巴细胞为主的胸腔积液可能与结核性胸膜炎、淋巴瘤等有关；中性粒细胞增多常见于化脓性胸膜炎；红细胞增多可能是由于胸腔内出血（如外伤、肿瘤破裂）引起的。

化学检查：检查胸腔积液中的蛋白含量、葡萄糖含量、乳酸脱氢酶（LDH）等指标也有助于诊断。例如，渗出液的蛋白含量一般大于 30 g/L，漏出液则小于 30 g/L；胸腔积液葡萄糖含量降低可能提示结核性或化脓性胸膜炎。

二、腹腔积液检查

外观和性质：腹腔积液的检查方法和意义与胸腔积液类似。正常腹腔内也有少量液体，当腹腔积液增多时，可通过穿刺获取样本。漏出液常见于肝硬化、肾病综合征等疾病，渗出液则多见于腹膜炎、腹腔内肿瘤等。例如，肝硬化动物的腹腔积液通常为淡黄色、透明的漏出液，而腹膜炎动物的腹腔积液可能为浑浊、脓性的渗出液。

细胞计数和分类、化学检查：腹腔积液的细胞计数和分类、化学检查同样重要。例如，腹腔积液中出现大量中性粒细胞和细菌，提示细菌性腹膜炎；腹腔积液蛋白含量和 LDH 升高，也有助于判断腹腔积液是渗出液还是漏出液。

三、脑脊液检查

外观和性质：正常脑脊液为无色、透明的液体。脑脊液检查主要用于诊断神经系统疾病。当脑脊液浑浊、变黄或带血时，可能是由于脑膜炎、脑肿瘤、脑出血等原因引起的。例如，化脓性脑膜炎时，脑脊液可呈浑浊脓性，含有大量白细胞和细菌；蛛网膜下腔出血时，脑脊液可呈血性。

细胞计数和分类、化学检查：脑脊液的细胞计数和分类可以判断炎症的性质。例如，淋巴细胞增多可能提示病毒性脑膜炎，中性粒细胞增多可能是化脓性脑膜炎。化学检查包括蛋白含量、葡萄糖含量、氯化物含量等指标的检测。在患脑膜炎时，脑脊液蛋白含量通常升高，葡萄糖含量可能降低，这些变化有助于区分不同类型的脑膜炎。

第五节　微生物学检验

一、细菌培养

标本采集：正确的标本采集是细菌培养成功的关键。根据怀疑的感染部位采集合适的标本，如血液、尿液、粪便、痰液、组织等。在采集过程中，要注意避免标本被污染。例如，采集血液标本时，应严格遵守无菌操作原则，一般在动物发热初期或抗生素使用前采集，以提高阳性检出率。

培养条件：不同的细菌需要不同的培养条件，包括合适的培养基、温度、气体环境等。例如，需氧菌需要在有氧环境下培养，厌氧菌则需要在无氧环境下培养。常用的培养基有血琼脂培养基、麦康凯琼脂培养基等，血琼脂培养基适合大多数细菌的生长，麦康凯琼脂培养基主要用于分离肠道杆菌。培养温度一般为 37℃，但有些细菌（如李斯特菌）在较低温度下也能生长。

培养结果观察：在培养过程中，需要观察培养基上细菌的生长情况，包括菌落的形态、大小、颜色、边缘、质地等。这些特征有助于初步判断细菌的种类。例如，金黄色葡萄球菌在血琼脂培养基上形成圆形、凸起、金黄色、边缘整齐的菌落，而大肠杆菌在麦康凯琼脂培养基上形成粉红色、湿润、圆形的菌落。

二、鉴定与药敏试验

细菌鉴定：通过观察细菌的形态、染色特性、生化反应等方法对培养出的细菌进行鉴定。例如，革兰氏染色可以将细菌分为革兰氏阳性菌和革兰氏阴性菌，这是细菌鉴定重要的第一步。然后通过生化试验，如糖发酵试验、吲哚试验、尿素酶试验等，进一步确定细菌的种类。现代微生物学检验还采用自动化鉴定系统，根据细菌的代谢指纹图谱快速准确地鉴定细菌。

药敏试验：药敏试验用于检测细菌对各种抗生素的敏感性，以指导临床合理用药。常用的药敏试验方法有纸片扩散法和肉汤稀释法。纸片扩散法是将含有抗生素的纸片放置在接种了细菌的琼脂平板上，培养后观察抑菌圈的大小来判断细菌对该抗生素的敏感性。肉汤稀释法是将抗生素进行一系列稀释后，与细菌共同培养，以最低抑菌浓度（MIC）来表示细菌对该抗生素的敏感性。例如，通过药敏试验发现某细菌对阿莫西林敏感，对庆大霉素耐药，在治疗时就可以优先选择阿莫西林进行治疗。

第六节 免疫学诊断技术

一、血清学试验

凝集试验：凝集试验是一种经典的血清学试验，包括直接凝集试验和间接凝集试验。直接凝集试验是将细菌或红细胞等颗粒性抗原与相应的抗体在试管内或玻片上混合，若抗原与抗体相对应，则会出现肉眼可见的凝集现象。例如，在诊断布鲁氏菌病时，可以用已知的布鲁氏菌抗原与动物血清进行凝集试验，若出现凝集反应，则提示动物感染了布鲁氏菌。间接凝集试验是将可溶性抗原（或抗体）吸附在载体颗粒（如乳胶颗粒、红细胞等）上，然后与相应的抗体（或抗原）进行反应，出现凝集现象。这种方法可用于检测一些难以直接凝集的抗原或抗体。

沉淀试验：沉淀试验是基于可溶性抗原与相应抗体在电解质存在的条件下，形成肉眼可见的沉淀线或沉淀环。例如，在诊断动物的免疫球蛋白异常时，可以用免疫扩散试验，将抗原和抗体分别放在琼脂凝胶的小孔中，两者在凝胶中扩散并相遇时，如果相对应则会形成沉淀线，通过观察沉淀线的位置、数量等特征来判断抗原-抗体反应的情况。

补体结合试验：补体结合试验是一种较为复杂的血清学试验，利用补体能够与抗原-抗体复合物结合并激活，导致指示系统（如绵羊红细胞-溶血素系统）发生溶血反应的原理来判断试验结果。如果待检血清中存在相应的抗原或抗体，就会消耗补体，使指示系统不发生溶血，从而判断为阳性结果。这种方法灵敏度和特异性较高，曾广泛用于多种病原体感染的诊断，如病毒、细菌、立克次体等感染的检测。

例如，在检测动物是否感染犬瘟热病毒时，将犬瘟热病毒抗原、待检血清、补体混合，孵育一段时间后，加入绵羊红细胞-溶血素系统。如果动物感染了犬瘟热病毒，血清中的抗体就会与病毒抗原结合，再与补体结合，导致补体被消耗，最后加入的绵羊红细胞-溶血素系统就不会发生溶血，呈现阳性结果。

不过，补体结合试验操作过程较为烦琐，需要严格控制试验条件，包括补体的活性、抗原和抗体的浓度、反应的温度和时间等。而且，补体来源有限，不同批次的补体活性可能存在差异，这可能会对试验结果产生影响。

二、免疫荧光

原理：免疫荧光技术是将抗原-抗体反应的特异性与荧光标记的可检测性相结合的一种技术。用荧光素（如异硫氰酸荧光素 FITC）标记已知的抗体（或抗原），当标记的抗体（或抗原）与标本中的相应抗原（或抗体）结合后，在荧光显微镜下可以观察到发出荧光的抗原-抗体复合物，从而对标本中的抗原或抗体进行定位、定性和定量检测。

应用：在兽医临床中，免疫荧光技术常用于病原体的检测和病理组织学检查。例如，在检测动物组织或细胞中的病毒抗原时，将荧光标记的抗病毒抗体与组织切片或细胞涂片进行孵育，冲洗后在荧光显微镜下观察。如果存在病毒抗原，就可以看到荧光信号，从而确定病毒感染的部位和范围。对于细菌感染，也可以采用类似的方法，通过荧光标记的抗细菌抗体来检测细菌抗原。此外，在自身免疫性疾病的诊断中，免疫荧光可以用于检测组织中的自身抗体，如在检测动物的肾小球肾炎时，观察肾组织切片中是否存在与免疫复合物沉积相关的荧光信号，有助于确定疾病的类型和发病机制。

三、聚合酶链式反应

原理：聚合酶链式反应（PCR）是一种体外扩增特定 DNA 片段的技术。它以目的 DNA 为模板，在耐高温的 DNA 聚合酶（如 Taq 酶）、引物、dNTP（脱氧核糖核苷酸）和缓冲液等存在的条件下，经过变性（使双链 DNA 变为单链）、退火（引物与单链 DNA 模板结合）和延伸（在 DNA 聚合酶的作用下，以 dNTP 为原料合成新的 DNA 链）三个基本步骤的循环，使目的 DNA

片段得到大量扩增。扩增后的DNA产物可以通过琼脂糖凝胶电泳、荧光定量等方法进行检测。

应用：在兽医疫病诊断中，PCR技术具有极高的灵敏度和特异性。它可以用于检测各种病原体的核酸，包括病毒、细菌、支原体、衣原体等。例如，在检测动物是否感染非洲猪瘟病毒时，通过提取动物组织或血液中的核酸，进行非洲猪瘟病毒特异性引物的PCR扩增，如果出现预期大小的DNA扩增产物，就可以判断动物感染了非洲猪瘟病毒。与传统的检测方法相比，PCR技术能够检测到微量的病原体核酸，在疾病的早期诊断、隐性感染的检测以及病原体的快速鉴定等方面具有巨大的优势。而且，荧光定量PCR还可以对病原体的核酸进行定量分析，有助于评估疾病的严重程度和传染性。不过，PCR技术也存在一些局限性，如容易受到污染导致假阳性结果，对实验室环境和操作要求较高等。

参考文献

[1] 张金宝，陈强斌，杨志隆．兽医临床诊断学［M］．咸阳：西北农林科技大学出版社，2022.

[2] 王世雄，王荣琼．兽医临床诊断技术［M］．苏州：苏州大学出版社，2021.

[3] 陈振峰，宫淑艳．兽医临床诊疗技术［M］．北京：北京理工大学出版社，2019.

[4] 张涛．兽医临床诊疗技术［M］．银川：宁夏人民出版社，2014.

[5] 畜牧兽医技术［M］．开封：河南大学出版社，2019.

[6] 舒鸣，王建敏．兽医临床诊疗技术［M］．南昌：江西高校出版社，2018.

[7] 林凡娜．兽医基础［M］．天津：天津科学技术出版社，2018.

[8] 洪廷范，王自振．兽医实验诊断技术［M］．郑州：河南科学技术出版社，1992.

第八章

影像学诊断技术

在兽医临床诊断领域，影像学诊断技术为精准诊断疾病提供了不可或缺的依据。其中，X射线检查技术以其悠久的历史和广泛的应用，通过穿透动物机体并使不同组织对X射线吸收差异成像，在骨骼、肺部等疾病诊断中占据重要地位。超声诊断技术则凭借其独特的超声反射原理，利用不同探头可灵活地对多种器官进行实时、动态且无辐射的检查，成为软组织和心血管系统疾病诊断的得力助手。而CT、MRI、核医学成像等其他影像学技术，虽在兽医临床应用相对较少，但它们各自具有独特的优势和潜在应用价值，如CT的高分辨率成像、MRI的卓越软组织对比度以及核医学成像的功能代谢信息展示等，正逐渐成为兽医临床诊断技术发展的新方向，为解决复杂疑难病例提供了更多可能。深入探究这些影像学诊断技术的原理、设备、操作要点以及临床应用，对于提升兽医临床诊断水平、保障动物健康具有极为重要的意义。

第一节　X射线检查技术

一、原理

X射线检查基于X射线的穿透性、荧光效应和摄影效应。当X射线穿透动物机体时，由于不同组织和器官对X射线的吸收程度不同，如骨骼等高密度组织吸收X射线较多，而脂肪、肌肉等低密度组织吸收较少，穿透后的X射线强度存在差异。这种强度差异作用于X射线胶片或数字探测器上，使胶片感光或探测器产生不同强度的电信号，经处理后形成黑白对比的X射线影像，从而反映动物体内组织和器官的形态、结构及病理变化。

二、设备

X射线机：主要由X射线管、高压发生器、控制台和X射线探测器（胶片盒或数字平板探测器）等组成。X射线管是产生X射线的核心部件，阴极发射电子，在高压电场作用下加速撞击阳极靶面，产生X射线。高压发生器为X射线管提供稳定的高压电源，以控制X射线的能量和强度。控制台用于调节X射线机的各项参数，如管电压、管电流、曝光时间等。数字平板探测器能将X射线信号直接转换为数字信号，具有分辨率高、成像速度快、可进行图像后处理等优点，逐渐取代传统胶片盒。

辅助设备：包括X射线防护装置，如铅屏风、铅围裙、铅手套等，用于保护操作人员免受X射线辐射；摄影床，用于固定动物，保证拍摄时动物体位稳定；以及各种定位辅助器具，如沙袋、固定带等，帮助动物保持特定的拍摄体位。

三、拍摄技术

动物准备：拍摄前需根据检查部位对动物进行适当准备。如拍摄腹部X射线时，动物需禁食12～24小时，以减少胃肠道内容物对图像的干扰；对于需要拍摄四肢的动物，要尽量去除体表的异物，如毛发、泥土、绷带等。同时，要对动物进行保定，可采用人工保定或借助保定架等工具，确保动物在拍摄过程中保持安静和稳定，避免因动物移动而导致图像模糊。

体位选择：根据检查目的和部位选择合适的拍摄体位。常用的体位有正位、侧位、斜位等。例如，拍摄胸部X射线时，正位可观察心脏、肺脏的轮廓、大小和形态，侧位则有助于判断心脏与大血管的前后位置关系以及肺部病变的深度；拍摄骨骼X射线时，正位和侧位相结合能更全面地显示骨骼的完整性、骨折线的位置和形态等。在摆放体位时，要注意动物身体的中轴线与X射线束垂直或平行，以保证图像的准确性和对称性。

参数设置：合理设置X射线机的参数，包括管电压、管电流和曝光时间。管电压决定X射线的穿透能力，一般根据动物的体型大小和检查部位的厚度进行调整，如拍摄小型犬猫的四肢时，管电压可设置在50～60 kV，而拍摄大型动物的胸部或腹部时，管电压可能需要提高到80～100 kV或更高。管电流影响X射线的强度，曝光时间则控制X射线的照射时长，两者需根据动物的体况、拍摄部位以及X射线机的性能等综合确定，以获得清晰、对比度良好的图像，同时避免因过度曝光或曝光不足而影响诊断。

四、图像解读

正常影像特征：在X射线图像中，骨骼呈现为高密度的白色影像，其形态、结构和密度应符合正常解剖特征，如骨干的致密骨质、骨骺的软骨板和关节面的光滑平整等。肺脏在X射线图像上表现为低密度的黑色区域，可见肺纹理，即支气管和血管的分支影像，肺野应清晰、透明度均匀。心脏在胸腔内呈中等密度的软组织影像，其大小和形态因动物品种、年龄和生理状态而异，一般位于胸腔中下部，心尖指向左侧。腹部X射线图像可显示肝脏、脾脏、肾脏等实质性器官的轮廓，胃肠道内若有气体或造影剂填充则可显示其形态和位置。

异常影像分析：当动物患有疾病时，X射线图像会出现相应的异常改变。例如，在骨折时，可看到骨骼的连续性中断，出现骨折线，骨折断端可能有移位、成角等情况；肺部炎症可表现为肺纹理增粗、模糊，肺野内出现斑片状或大片状的密度增高影；心脏增大时，心脏的轮廓超出正常范围，可呈球形、靴形等不同形态；胃肠道梗阻时，梗阻部位以上的胃肠道会出现扩张、积气积液，可见气液平面。在解读图像时，要结合动物的临床症状、病史等信息，综合判断异常影像的意义，区分正常变异和病理改变，以做出准确的诊断。

五、临床应用

骨骼系统疾病：X射线检查是骨骼系统疾病诊断的重要手段。可用于诊断骨折、脱位、骨肿瘤、骨髓炎、骨质疏松等疾病。对于骨折，能清晰显示骨折的类型（如横断骨折、斜形骨折、粉碎性骨折等）、部位、移位情况等，为骨折的复位和固定提供依据；在骨肿瘤诊断中，可观察肿瘤的位置、大小、形态、骨质破坏程度以及是否有骨膜反应等，有助于判断肿瘤的性质和制定治疗方案。

呼吸系统疾病：在呼吸系统疾病的诊断中应用广泛。可用于检测肺炎、肺结核、肺肿瘤、气胸、胸腔积液等疾病。通过观察肺纹理、肺野的密度变化，以及心脏和大血管的形态、位置关系，判断肺部疾病的存在与否和严重程度。例如，在肺炎时，根据肺部炎症的范围和密度变化，可评估炎症的进展和治疗效果；对于肺肿瘤，可确定肿瘤的位置、大小和与周围组织的关系，为手术治疗或放疗提供参考。

消化系统疾病：可辅助诊断胃肠道异物、胃肠道穿孔、肠梗阻、肝脾肿大、胆囊结石等消化系统疾病。例如，胃肠道异物在X射线图像上可显示为高密度或低密度的异物影，根据异物的形状、大小和位置，选择合适的治疗方法；肠梗阻时，通过观察胃肠道的扩张程度、气液平面的位置和数量，可判断梗阻的部位和程度，指导临床治疗。

泌尿系统疾病：对泌尿系统疾病如肾结石、输尿管结石、膀胱结石、肾积水等有一定的诊断价值。结石在 X 射线图像上表现为高密度的阴影，可根据结石的位置、大小和形态，制定相应的治疗方案。肾积水时，可观察到肾脏体积增大，肾盂、肾盏扩张，皮质变薄等影像学特征。

第二节 超声诊断技术

一、超声原理

超声诊断技术利用了超声在动物体内传播时，遇到不同组织界面产生反射、折射、散射和衰减等的物理特性。超声探头发出高频超声波，当超声波遇到组织界面时，部分超声能量被反射回来，被探头接收并转换为电信号，经处理后形成超声图像。不同组织对超声的反射和衰减程度不同，如实质性器官（肝脏、脾脏等）反射较强，液体（血液、胆汁、尿液等）反射较弱，气体则几乎完全反射超声，因此在超声图像上呈现出不同的回声强度和特征，从而可以区分不同的组织和器官，识别病变的存在、位置、大小、形态和性质。

二、探头选择

凸阵探头：适用于腹部、妇产科等大范围探查。其探头表面呈凸形，具有较宽的视野，可用于观察肝脏、脾脏、肾脏、膀胱、子宫、卵巢等腹部和盆腔器官。例如，在检查肝脏时，凸阵探头能够覆盖较大的肝脏区域，清晰显示肝脏的形态、大小、包膜、实质回声，以及肝内血管和胆管的分布情况。

线阵探头：主要用于浅表组织和小器官的检查，如甲状腺、乳腺、外周血管、浅表淋巴结等。线阵探头的频率较高，分辨率较好，能够清晰显示浅表组织的细微结构。例如，在检查甲状腺时，线阵探头可准确测量甲状腺的大小、观察甲状腺的实质回声是否均匀、有无结节，以及结节的大小、形态、边界、内部回声等特征，对于甲状腺疾病的诊断具有重要价值。

相控阵探头：常用于心脏检查。相控阵探头可以通过电子控制超声波的发射方向和聚焦点，在较小的体表接触面积下获得较大的深部视野，适合观察心脏的结构和功能。例如，在检查心脏时，相控阵探头能够清晰显示心脏的各个腔室、瓣膜、心肌以及心脏的血流动力学情况，对于诊断先天性心脏病、心肌病、瓣膜病等心脏疾病具有重要意义。

三、不同器官超声检查方法与图像特征

肝脏超声检查：动物一般采取仰卧位或侧卧位，在右侧肋弓下或剑突下进行扫查。正常肝脏的超声图像表现为均匀的中等回声，包膜光滑、连续，肝内血管纹理清晰，呈树枝状分布。在肝脏疾病时，如肝炎，肝脏回声可能增强、增粗，分布不均匀；肝脓肿则表现为肝脏内出现低回声或无回声区，边界不清，内部可见散在的点状回声；肝肿瘤可呈现为高回声、低回声或混合回声结节，边界可清晰或不清晰，形态不规则，内部回声不均匀，有时可见肿瘤血管的彩色血流信号。

心脏超声检查：常用的检查体位有左侧卧位或仰卧位。通过多个切面进行扫查，如左心室长轴切面、心底短轴切面、心尖四腔切面等。正常心脏的超声图像可显示心脏的四个腔室（左心房、左心室、右心房、右心室）大小比例正常，心肌厚度均匀，瓣膜形态、结构和启闭功能正常；彩色多普勒可显示心脏内的血流方向、速度和性质。在心脏疾病时，如二尖瓣关闭不全，在左心室长轴切面可看到二尖瓣瓣叶在收缩期不能完全闭合，出现反流信号；扩张型心肌病表现为心脏各腔室扩大，心肌变薄，收缩功能减弱；先天性心脏病如房间隔缺损，可在相应切面观察到房间隔连续性中断，出现左向右分流的彩色血流信号。

肾脏超声检查：动物可采取俯卧位或侧卧位，在腰部脊柱两侧进行扫查。正常肾脏呈蚕豆形，包膜光滑，实质回声分为皮质和髓质，皮质回声略高于髓质，肾窦回声呈高回声，为肾盂、肾盏、血管和脂肪组织的集合回声。在肾脏疾病时，如肾结石，表现为肾窦内强回声光团，后方伴有声影；肾积水时，肾脏体积增大，肾盂、肾盏扩张，呈无回声区；肾肿瘤可表现为肾脏实质内的异常回声结节，回声特征因肿瘤类型而异，如肾细胞癌多为高回声或混合回声结节，边界不清，内部回声不均匀，彩色血流信号丰富。

妇产科超声检查：对于雌性动物的子宫和卵巢检查，根据动物的生理状态和检查目的选择合适的体位和扫查方法。在未孕动物中，子宫呈管状结构，位于盆腔内，卵巢呈椭圆形，回声中等，可见卵泡。在受孕动物中，可通过超声观察到子宫内的孕囊、胎芽、胎心搏动等胚胎发育情况。例如，在早期妊娠时，超声可在子宫腔内发现孕囊，呈圆形或椭圆形的无回声区，随着妊娠进

展，可逐渐观察到胎芽、胎心搏动以及胎儿的各个器官发育情况；在子宫疾病如子宫蓄脓时，子宫体积增大，内部回声不均匀，可见低回声或无回声区，有时可伴有强回声光点或光斑。

第三节　其他影像学技术简介

一、 CT 技术

基本原理：CT（computed tomography）即计算机断层扫描，是利用 X 射线对动物体某一部位进行断层扫描，探测器接收穿透机体后的 X 射线信息，经计算机处理后重建出断层图像。与传统 X 射线检查不同，CT 能够获得一系列连续的断层图像，避免了组织重叠对图像的影响，并且可以通过调整窗宽、窗位等参数，清晰地显示不同组织和器官的结构细节。CT 图像的密度分辨率较高，能够分辨出 X 射线吸收系数相差很小的组织，如脑灰质和脑白质、肝脏的不同病变等。

在兽医临床的潜在应用：在兽医临床中，CT 技术对于复杂的骨骼疾病诊断具有重要价值，如复杂骨折、骨肿瘤的精确分期等。它能够清晰地显示骨折的三维形态、骨碎片的位置和数量，以及肿瘤对周围骨骼和软组织的侵犯范围，为手术方案的制定提供更准确的依据。在神经系统疾病方面，CT 可用于检测脑部肿瘤、脑外伤、脑出血、脑梗死等疾病，能够准确显示病变的位置、大小和形态，以及病变与周围脑组织的关系。此外，对于一些腹部和胸部的疑难疾病，如肿瘤的定位和定性诊断、肺栓塞的诊断等，CT 也能提供有价值的信息。然而，由于 CT 设备昂贵、检查费用较高、对动物需要进行麻醉或深度镇静等限制因素，其在兽医临床的应用相对不如 X 射线和超声广泛，但随着技术的发展和成本的降低，其应用前景逐渐广阔。

二、 MRI 技术

基本原理：MRI（magnetic resonance imaging）即磁共振成像，是利用原子核在磁场内共振所产生的信号经重建成像的一种影像学技术。动物体内的氢原子核（质子）在强磁场中被磁化，当施加特定频率的射频脉冲时，质子吸收能量发生共振，射频脉冲停止后，质子释放能量并产生回波信号，被探测器接收后经计算机处理重建出图像。MRI 可以获得多种不同类型的图像，如 T1 加权像、T2 加权像、质子密度加权像等，不同加权像上组织的信号强度不同，能够反映组织的不同特性，如 T1 加权像上脂肪呈高信号，水呈低信号；T2 加权像上水呈高信号，脂肪呈中等信号。MRI 的软组织对比度非常高，能够清晰地显示肌肉、肌腱、韧带、神经、血管等软组织的结构和病变。

在兽医临床的潜在应用：在兽医临床中，MRI 技术在神经系统疾病的诊断中具有独特的优势，如对于脑部和脊髓的病变，MRI 能够清晰地显示病变的位置、范围、与周围神经结构的关系以及病变的性质（如炎症、肿瘤、脱髓鞘等）。在肌肉骨骼系统疾病方面，MRI 可用于诊断肌肉拉伤、肌腱撕裂、韧带损伤、骨挫伤、早期骨坏死等，能够发现 X 射线和 CT 不易检测到的软组织损伤和早期骨骼病变。对于一些腹部和盆腔的疾病，如肝脏、肾脏、子宫、卵巢等器官的肿瘤、炎症、先天性畸形等，MRI 也能提供详细的解剖和病理信息。但是，MRI 设备价格昂贵，检查时间较长，对动物的麻醉要求较高，且对体内有金属植入物的动物有一定限制，这些因素限制了其在兽医临床的广泛应用，但在一些大型动物医院或专科医院，MRI 已逐渐成为重要的诊断工具。

三、核医学成像技术

基本原理：核医学成像技术是利用放射性核素标记的化合物或生物制剂引入动物体内，这些放射性核素在体内发生衰变并发射出射线，通过探测器检测射线的分布和强度，经计算机处理后重建出反映体内功能和代谢信息的图像。例如，常用的放射性核素如锝-99 m（99 mTc）可标记多种化合物，用于不同器官和系统的功能成像。核医学成像不是直接显示组织的解剖形态，而是反映组织和器官的功能状态、代谢变化以及细胞的活性等，如心肌灌注显像可显示心肌的血液灌注情况，甲状腺显像可反映甲状腺的功能和形态，骨显像可检测骨骼的代谢活性，早期发现骨转移瘤等。

在兽医临床的潜在应用：在兽医临床中，核医学成像技术可用于某些肿瘤的早期诊断和转移灶的检测，如通过肿瘤特异性的放射性核素标志物，能够发现其他影像学检查难以检测到的微小肿瘤转移灶。在心血管系统疾病方面，可用于评估心肌的存活情况、心脏功能和先天性心脏病的诊断等。在骨骼系统疾病中，骨显像对于早期诊断应力性骨折、骨髓炎、骨肿瘤等具有重要意义，能够在 X 射线和 CT 尚未显示明显解剖结构改变之前发现病变。然而，核医学成像技术需要专门的放射性核素制备设施、严格的辐射防护措施以及专业的技术人员，且放射性核素的半衰期较短，对检查时间有一定限制，这些因素使得其在兽医临床的应用相对较少，但在一些特定的研究和疑难病例诊断中具有不可替代的作用。

参考文献

[1]　谢富强．兽医影像学［M］．3 版．北京：中国农业大学出版社，2018.
[2]　张金宝，陈强斌，杨志隆．兽医临床诊断学［M］．咸阳：西北农林科技大学出版社，2022.
[3]　朱光宇．现代影像学诊断技术与临床应用［M］．北京：中国纺织出版社，2022.
[4]　蒋兴．常用影像学诊断技术［M］．北京：中国纺织出版社，2020.
[5]　宋文华．兽医临床诊断与治疗技术［M］．长春：吉林人民出版社，2014.
[6]　谢富强．兽医影像学［M］．北京：中国农业大学出版社，2004.

第九章

临床诊断思维与病历书写

在兽医临床实践中，临床诊断思维与病历书写是两项至关重要的核心技能。临床诊断思维犹如一盏明灯，指引着兽医在错综复杂的疾病表象中探寻真相，它是一个系统的、逻辑严密的思考过程，通过对动物病史、临床症状、体征以及各种检查结果的综合分析、归纳推理，来准确判断疾病的本质并制定合理的治疗方案。而病历书写则是兽医临床工作的忠实记录者，一份规范、完整且准确的病历不仅是动物疾病诊疗过程的详细呈现，更是医疗质量控制、学术交流、法律依据和兽医继续教育的重要基石。深入理解和掌握临床诊断思维的建立与培养方法、明晰常见误诊原因并掌握避免策略，以及严格遵循病历书写的规范与要求，对于提升兽医临床诊疗水平、保障动物健康福祉以及推动兽医行业的科学发展具有不可估量的意义。

第一节　临床诊断思维的建立与培养

一、临床诊断思维的步骤

收集资料：全面且细致地收集与动物疾病相关的各种信息是临床诊断思维的首要环节。这包括详细询问动物主人关于动物的病史，如发病时间、发病过程、症状表现的变化、既往病史、疫苗接种情况、饮食情况、生活环境等。例如，了解到一只犬在近期更换狗粮后出现呕吐、腹泻等症状，饮食因素就可能成为重要的诊断线索。对动物进行全面的体格检查，涵盖生命体征（体温、呼吸、心率、血压等）的测量、一般状态（精神、营养、姿势、运动等）的评估和各系统（心血管、呼吸、消化、泌尿、神经等）的详细检查。如在检查中发现动物腹部有肿物，这将为进一步的诊断提供方向。此外，还需根据动物的具体情况有针对性地选择实验室检查（血常规、血液生化、凝血功能、血气分析等）、影像学检查（X 射线、超声、CT、MRI 等）和其他特殊检查（如心电图、内窥镜检查等），以获取更多客观的数据支持诊断。

分析综合：在收集完大量资料后，需要对这些信息进行深入的分析与综合。将各种症状、体征以及检查结果按照不同的系统或疾病类别进行归类整理，寻找它们之间的内在联系和规律。例如，一只动物同时出现发热、咳嗽、呼吸困难等症状，结合肺部听诊有啰音以及 X 射线检查显示肺部有阴影，可初步将疾病归类为呼吸系统疾病。通过对同类疾病的特征性表现进行对比分析，排除一些可能性较小的疾病，逐步缩小诊断范围。例如，若动物的咳嗽为干咳且无痰，且 X 射线图像显示肺部纹理增粗而非实质性阴影，那么肺炎的可能性相对较小，而支气管炎的可能性则较大。在分析过程中，还需考虑动物的年龄、品种、性别等因素对疾病发生的影响，如某些品种的犬易患特定的遗传性疾病，老年动物更易出现慢性退行性疾病等。

形成假设：基于对资料的分析综合，提出可能的疾病诊断假设。这一假设应能够合理地解释所观察到的大部分症状和检查结果。例如，对于一只出现多饮、多尿、体重减轻且血糖升高的动物，初步假设为糖尿病。假设的提出并非盲目猜测，而是在充分依据临床资料以及兽医专业知识和经验的基础上形成的。在形成假设时，可同时提出多个诊断假设，并按照可能性大小进行排序，以便后续进一步验证。

验证假设：通过进一步的检查、观察或治疗性试验来验证所提出的诊断假设。例如，对于怀疑糖尿病的动物，可进行葡萄糖耐量试验或测定糖化血红蛋白水平，以进一步确定是否存在胰岛素分泌不足或胰岛素抵抗。如果在给予针对糖尿病的治疗后，动物的症状得到明显改善，如多饮、多尿症状减轻，体重逐渐稳定，也可反向验证糖尿病诊断的正确性。在验证过程中，如果发现新的证据与原假设不符，则需要重新审视诊断思路，调整或提出新的诊断假设，再次进行验证，直至得出准确的诊断结论。

二、临床诊断思维的方法

类比诊断法：类比诊断法是将动物当前的临床表现与已知的某种或某类疾病的典型特征进行对比分析，如果两者具有高度的相似性，则倾向于诊断为该种疾病。例如，当看到一只猫出现流涎、食欲不振、口腔溃疡等症状时，与猫口炎的典型表现相类似，即可考虑猫口炎的诊断。但这种方法存在一定的局限性，因为动物的临床表现可能存在个体差异或不典型情况，单纯依靠类比可能会导致误诊。因此，在使用类比诊断法时，需要结合其他诊断思维方法，全面综合地考虑。

演绎诊断法：演绎诊断法是从一般的疾病规律和原理出发，推导出对特定动物疾病的诊断。它基于兽医对各种疾病的病因、病理生理机制、临床表现、诊断标准等知识的系统掌握。例如，已知犬细小病毒感染会导致犬出现呕吐、腹泻、便血、白细胞减少等一系列症状和检查结果。当一只犬出现这些典型表现时，根据犬细小病毒感染的疾病规律，可演绎推理出该犬可能患有犬细小病毒感染。但演绎诊断法的前提是对疾病的一般性知识有准确且深入的理解，否则可能会因错误的前提导致错误的诊断结论。

归纳诊断法：归纳诊断法是从个别动物的症状、体征、检查结果等具体表现出发，通过对这些具体情况的归纳总结，得出关于疾病的一般性诊断结论。例如，观察到多只动物在食用了某种特定食物后均出现了过敏反应，表现为皮肤瘙痒、红斑、呕吐、腹泻等不同症状，通过归纳这些动物的共同暴露因素（食用特定食物）和相似的临床表现，可得出该食物可能是导致动物过敏反应的原因，进而诊断为食物过敏。归纳诊断法需要大量的临床观察和经验积累，以确保归纳的准确性和可靠性。

三、临床诊断思维的培养途径

理论学习：扎实的兽医专业理论知识是临床诊断思维培养的基础。通过系统学习动物解剖学、生理学、病理学、药理学、临床诊断学、内科学、外科学、产科学、传染病学、寄生虫学等课程，可以深入了解动物机体的正常结构与功能、疾病的发生发展机制、各种药物的作用原理，以及各类疾病的诊断和治疗方法。例如，掌握动物生理学中关于内分泌系统的调节机制，对于理解内分泌疾病的诊断思路至关重要。只有在具备丰富理论知识的前提下，才能在临床实践中对各种疾病现象进行合理的分析和解释，为诊断思维的形成提供坚实的知识框架。

临床实践：临床实践是培养临床诊断思维的关键环节。在实际诊疗过程中，要不断接触各种动物疾病病例，亲身体验疾病的多样性和复杂性。通过对大量病例的观察、诊断和治疗，逐渐积累临床经验，提高对各种症状、体征和检查结果的敏感性和识别能力。例如，在多次处理骨折病例后，能够迅速准确地通过动物的肢体姿势、运动异常以及触诊结果判断骨折的部位和类型。同时，在实践中不断尝试运用不同的诊断思维方法，对各种诊断假设进行验证和修正，从而逐渐形成自己独特且有效的诊断思维模式。

病例讨论与分析：积极参与病例讨论与分析活动对于拓宽临床诊断思维具有重要意义。可以与同行兽医、专家教授等一起讨论复杂或疑难病例，分享各自的诊断思路和经验。在病例讨论中，可以从不同的角度审视病例，发现自己在诊断过程中可能忽略的问题或线索。例如，在讨论一只患有不明原因发热的动物病例时，其他兽医可能提出一些罕见疾病或特殊感染的可能性，从而启发自己进一步深入探究。通过对大量病例的讨论和分析，能够学习到他人的先进诊断方法和思维技巧，不断丰富和完善自己的临床诊断思维体系。

继续教育与学术交流：兽医行业在不断发展进步，新的疾病不断出现，诊断技术和方法也日新月异。参加继续教育课程、学术研讨会、专业培训等活动，能及时了解兽医领域的最新研究成果、诊断技术和治疗理念。例如，学习新的分子诊断技术在动物传染病诊断中的应用，将其融入自己的诊断思维过程中，能够提高对某些疑难传染病的诊断准确性。与国内外同行进行学术交流，拓宽视野，借鉴国际先进的临床诊断经验和思维模式，为自己的临床诊断思维注入新的活力和灵感。

第二节　常见误诊原因分析与避免方法

一、常见误诊原因

病史采集不全面：动物主人提供的病史信息不准确、不完整或存在误导，可能导致兽医误诊。例如，动物主人可能遗漏了动物近期接触过有毒物质或其他异常情况的信息，使兽医在诊断时忽略了重要的病因线索。或者动物主人对动物症状的描述存在主观偏差，如将动物的正常生理行为误认为是异常症状；或者将一些轻微症状夸大，从而干扰兽医的判断。此外，兽医在病史询问过程中如果没有进行深入细致的追问，也可能错过一些关键信息，例如没有询问动物的疫苗接种史、旅行史等，会对一些传染病或寄生虫病的诊断造成困难。

临床检查不细致：体格检查过程中，如果兽医粗心大意或缺乏足够的经验和技能，可能会遗漏一些重要的体征或对体征的判断出现错误。例如，在检查动物的腹部时，没有仔细触诊到深部的肿物或没有正确判断肿物的性质、大小、位置等信息，可能会将严重的腹部疾病误诊为其他疾病。对动物的某些特殊生理结构或病理变化不熟悉，也可能导致检查失误。例如，在检查某些小型犬的心脏时，由于其心脏位置相对较深且结构较小，若不熟悉其解剖特点，可能无法准确听诊到心脏杂音或心律失常，从而延误心脏病的诊断。此外，在进行实验室检查或影像学检查时，如果没有根据动物的具体情况选择合适的检查项目，或者对检查结果的解读不准确，也会造成误诊。例如，仅依靠血常规检查可能无法确诊某些血液系统疾病，还需要进一步进行骨髓穿刺检查；对X射线图像的错误解读可能将骨骼的正常变异误认为是骨折或其他病变。

诊断思维局限：兽医在诊断过程中如果过于依赖自己的经验或先入为主，可能会陷入诊断思维的误区。例如，当遇到一只具有某些类似常见疾病症状的动物时，兽医直接按照常见疾病进行诊断，而忽略了其他可能的疾病。这种思维定式可能会使兽医忽视一些不典型的症状或新出现的疾病表现，导致误诊。对一些罕见病、新发病或疾病的罕见表现缺乏认识和了解，也会限制诊断思维的广度和深度。例如，一些新出现的动物传染病可能在初期表现与普通疾病相似，但由于兽医对其不熟悉，未能及时准确诊断，从而延误治疗时机，导致疾病的传播和扩散。此外，在诊断过程中没有综合运用多种诊断思维方法，仅仅依靠单一的思维模式进行诊断，也容易出现误诊。例如，只采用类比诊断法，而没有结合演绎诊断法和归纳诊断法对病例进行全面分析，可能会因为动物临床表现的个体差异而得出错误的诊断结论。

疾病的复杂性和多变性：动物疾病本身具有复杂性和多变性的特点，这也是导致误诊的一个重要原因。一些疾病在不同的发展阶段可能表现出不同的症状和体征，例如，某些传染病在潜伏期可能没有明显症状，发病初期症状轻微且不典型，随着病情的发展才逐渐出现典型症状。如果兽医在疾病早期进行诊断，可能会因为症状不典型而误诊。一些疾病可能存在多种并发症或合并症，这些并发症的症状可能掩盖了原发病的特征，或者使病情变得更加复杂，从而增加了诊断的难度。例如，一只患有心脏病的动物并发了肺部感染，肺部感染的症状可能会使兽医将注意力集中在呼吸系统疾病上，从而忽略了心脏病的存在。此外，某些疾病的症状可能与其他疾病的症状相似，存在交叉重叠现象，如一些消化系统疾病和泌尿系统疾病都可能出现呕吐、腹痛等症状，这就需要兽医进行仔细的鉴别诊断，否则容易误诊。

二、避免误诊的方法

全面准确地采集病史：兽医在询问病史时，要与动物主人进行充分有效的沟通，采用开放式和封闭式相结合的提问方式，引导动物主人详细准确地描述动物的病情。例如，不仅要询问动物的主要症状，还要询问症状出现的时间、频率、严重程度、诱发因素、缓解因素等。对于动物的既往病史、疫苗接种史、饮食情况、生活环境、日常行为习惯等方面也要进行全面的了解。同时，要对动物主人提供的信息进行核实和甄别，避免被误导。在病史采集过程中，要保持耐心和细心，不放过任何一个可能与疾病相关的细节信息。例如，当动物主人提到动物近期有外出经历时，要进一步询问外出的地点、接触的动物种类等信息，以便排查是否有感染传染病的风险。

细致规范地进行临床检查：提高自身的临床检查技能和经验，在体格检查时，按照系统的检查顺序对动物进行全面细致的检查。例如，从动物的头部开始，依次检查眼、耳、鼻、口、颈部、胸部、腹部、四肢、脊柱、尾部等部位，注意观察动物的精神状态、姿势、运动、体温、呼吸、心率、血压等生命体征，以及各部位的形态、大小、颜色、质地、温度、敏感性等体征变化。在检查过程中，要运用多种检查手法，如视诊、触诊、叩诊、听诊、嗅诊等，相互配合，以提高检查的准确性。例如，在检查动物的胸部时，通过视诊观察胸部的外形和呼吸运动，触诊检查胸部肌肉和骨骼的情况，叩诊判断肺部的音响变化，听诊了解心肺的呼吸音和心音情况，嗅诊闻是否有异常气味。对于实验室检查和影像学检查，要根据动物的具体情况合理选择检查项目，并确保检查结果的准确性和可靠性。在解读检查结果时，要结合动物的临床症状和体征进行综合分析，避免孤立地看待检查结果。例如，当血常规检查显示白细胞升高时，要结合动物是否有发热、炎症等症状来判断白细胞升高是感染性因素还是其他因素导致的。

拓展和更新诊断思维：不断学习和积累临床经验，避免陷入思维定式。在诊断过程中，要保持开放的思维态度，对各种可能的疾病都要进行考虑，尤其是对于一些不典型症状或罕见病、新发病的可能性不能轻易排除。例如，当遇到一个疑难病例时，要查阅相关的专业文献资料，了解是否有类似病例报道或新的研究成果，拓宽自己的诊断思路。同时，要积极参加各种病例讨论、学术交流活动，与同行分享经验，学习他人的诊断思维方法和技巧，不断更新自己的知识体系。在诊断过程中，要综合运用多种诊断思维方法，如类比诊断法、演绎诊断法、归纳诊断法等，从不同的角度对病例进行分析和诊断，提高诊断的准确性。例如，在诊断一个具有多种症状的动物病例时，可以先通过类比诊断法初步判断可能属于哪一类疾病，然后运用演绎诊断法根据疾病的一般规律对具体病例进行推理分析，最后通过归纳诊断法对各种症状和检查结果进行归纳总结，得出最终的诊断结论。

加强对疾病复杂性和多变性的认识：深入学习动物疾病的发病机制、病理生理过程以及疾病的发展演变规律，了解不同疾病在不同阶段的症状和体征变化特点，以及各种疾病之间的相互关系和鉴别要点。例如，学习传染病的潜伏期、前驱期、发病期、恢复期等各个阶段的临床表现，以及不同传染病之间的相似性和差异性，以便在临床诊断中能够准确识别。对于一些容易出现并发症或合并症的疾病，要在诊断过程中密切关注是否有其他相关症状和体征的出现，及时进行全面的检查和诊断。例如，在诊断糖尿病动物时，要注意观察是否有糖尿病肾病、糖尿病视网膜病变等并发症的迹象。同时，要建立长期随访制度，对动物的疾病进行动态观察和监测，及时发现病情的变化和新的问题，调整诊断和治疗方案。例如，对于一些患有慢性疾病的动物，应定期进行复查，包括体格检查、实验室检查、影像学检查等，根据复查结果评估疾病的进展情况，及时发现可能出现的误诊或漏诊情况，并进行纠正。

第三节　病历书写的规范与要求

基本信息：病历的开头应详细记录动物的基本信息，包括动物的品种、年龄、性别、体重、毛色、免疫情况、主人姓名、联系电话、就诊日期等。这些信息对于了解动物的背景情况、制定诊疗计划和后续随访都具有重要意义。例如，动物的年龄和品种可能与某些遗传性疾病的发生有关，免疫情况对于判断是否患有传染病具有参考价值，主人的联系电话便于在需要时及时与主人沟通动物的病情和治疗进展。

病史记录：在病史记录部分，要按照时间顺序详细描述动物的发病过程，包括发病的初始症状、症状的发展变化情况、是否接受过治疗和治疗的效果等。例如，记录“该犬于 3 天前开始出现呕吐，最初为少量白色泡沫样物质，随后呕吐频率增加，且呕吐物中出现未消化的食物。昨天曾自行给予庆大霉素口服，但呕吐症状未见缓解”。同时，要询问动物的既往病史，如是否曾经患过其他疾病、是否有手术史、是否有过敏史等，并进行详细记录。例如，“该犬在 1 年前曾患过细小病毒感染，经治疗后康复。无手术史，对青霉素过敏”。此外，还要记录动物的生活环境、饮食情况、日常行为习惯等信息，这些信息可能与疾病的发生有关。例如，“该犬一直饲养在室内，以狗粮为主食，近期更换了狗粮品牌。平时运动量较少，喜欢咬玩具”。

体格检查：体格检查部分应按照系统顺序记录检查结果。首先记录生命体征，如体温、呼吸、心率、血压等。例如，“体温 39.5℃，呼吸 30 次/分，心率 120 次/分，血压 110/70 mmHg”。然后依次记录头颈部、胸部、腹部、四肢、脊柱、尾部等部位的检查结果。

参考文献

[1] 张金宝，陈强斌，杨志隆．兽医临床诊断学［M］．咸阳：西北农林科技大学出版社，2022.
[2] 王世雄，王荣琼．兽医临床诊断技术［M］．苏州：苏州大学出版社，2021.
[3] 邢明伟．兽医临床诊断学简明教程［M］．哈尔滨：东北林业大学出版社，2016.
[4] 孙东波，乔薪瑗．兽医临床诊断学［M］．哈尔滨：黑龙江科学技术出版社，2010.
[5] 何德肆．兽医临床诊疗技术［M］．重庆：重庆大学出版社，2022.
[6] 陈振峰，宫淑艳．兽医临床诊疗技术［M］．北京：北京理工大学出版社，2019.

第三篇

兽医临床治疗方法与技术

第十章

药物治疗技术

在兽医临床实践中，药物治疗技术是保障动物健康、防控疾病的关键手段。药物剂型丰富多样，给药途径亦各有千秋，从口服药物的便捷性，到注射给药的快速高效，再到外用药物的局部针对性治疗，每一种选择都紧密关联着药物的疗效与动物的治疗反应。常见药物如抗生素在对抗细菌感染中发挥着中流砥柱的作用，抗病毒药为应对病毒侵袭提供有力支持，驱虫药守护动物免受寄生虫困扰，解热镇痛药缓解动物的发热与疼痛症状等，它们的合理临床应用是治愈动物疾病的核心要素。而药物治疗并非毫无风险，密切监测药物不良反应并及时妥善处理，对于保障动物安全至关重要。此外，特殊药物如麻醉药关乎手术的顺利进行与动物的生命体征稳定，化疗药在肿瘤治疗中具有独特地位，其使用过程中的注意事项繁杂且严格，稍有不慎便可能引发严重后果。深入探究药物治疗技术的各个层面，对于提升兽医药物治疗水平、推动兽医临床科学发展和保障动物福利具有极为重要的意义。

第一节　药物剂型与给药途径选择

一、药物剂型

固体制剂：包括片剂、胶囊剂、散剂等。片剂是最常见的剂型之一，制作工艺成熟，便于储存和运输，剂量准确。例如，一些抗生素常制成片剂，如阿莫西林片剂，可用于治疗多种细菌感染性疾病。胶囊剂能掩盖药物的不良气味，保护药物不受胃酸破坏，提高药物的稳定性，如肠溶胶囊可使药物在肠道内特定部位释放，适合对胃有刺激性或在肠道内吸收更好的药物，如某些驱虫药。散剂则具有制备简单、吸收较快的特点，常用于一些小动物的药物调配，如将某些维生素或矿物质制成散剂，方便根据动物体重准确给药。

液体制剂：包括溶液剂、混悬剂、乳剂等。溶液剂药物以分子或离子状态分散在溶剂中，给药后吸收迅速，如葡萄糖注射液可直接补充动物机体能量。混悬剂是难溶性固体药物以微粒状态分散在液体分散介质中形成的非均相液体制剂，使用前需摇匀，如一些抗生素的混悬剂，适合吞咽困难的动物。乳剂则是两种互不相溶的液体经乳化制成的非均相分散体系，可提高药物的稳定性和生物利用度，如将某些营养补充剂制成乳剂，更易于动物吸收。

注射制剂：主要包括注射液、注射用无菌粉末等。注射液可直接注入动物体内，迅速发挥作用，分为静脉注射液、肌内注射液、皮下注射液等。例如，急救药物常采用静脉注射，可使药物迅速到达作用部位；疫苗则多采用皮下或肌内注射，以激发动物机体的免疫反应。注射用无菌粉末是将药物制成无菌粉末状，临用前用适宜的溶剂溶解后注射，适用于对热不稳定或在水溶液中易降解的药物，如一些抗生素和生物制品等。

半固体制剂：如软膏剂、栓剂等。软膏剂主要用于皮肤或黏膜表面，具有局部治疗作用，能保护创面、润滑皮肤、促进药物吸收，如含有抗生素的软膏可用于治疗皮肤感染。栓剂可通过腔道给药，如直肠栓剂，药物经直肠黏膜吸收进入血液循环，避免了肝脏的首过效应，对于一些不宜口服或注射的药物是一种较好的给药方式，如某些解热镇痛药可制成直肠栓剂，用于缓解动物发热症状。

气体制剂：主要用于吸入给药，如气雾剂、喷雾剂等。气雾剂可使药物直接到达作用部位如呼吸道，药物分布均匀，起效快。例如将支气管扩张剂制成气雾剂，可迅速缓解动物的哮喘症状。喷雾剂则是借助手动泵的压力将药物喷出，使用方便。例如一些鼻腔喷雾剂可用于治疗动物的鼻腔疾病。

二、给药途径选择

口服给药：这是最常用的给药途径之一，具有方便、经济、安全等优点。药物经胃肠道吸收进入血液循环，发挥全身作用。但口服给药受胃肠道环境影响较大，如胃酸、消化酶等可能破坏药物，食物也可能影响药物的吸收速度和程度。因此，一些药物需要空腹服用，如驱虫药，以提高药物的吸收效果；而有些药物则需与食物同服，以减少对胃肠道的刺激，如某些非甾体类抗炎药。此外，对于昏迷、呕吐或不配合吞咽的动物，口服给药可能存在困难。

注射给药：包括静脉注射、肌内注射、皮下注射等。静脉注射药物直接进入血液循环，作用迅速、剂量准确，适用于急救、大量补液、刺激性强或高浓度药物的给药。但静脉注射对操作技术要求较高，需严格无菌操作，否则易引起感染、血栓等并发症。肌内注射药物吸收较静脉注射稍慢，但比皮下注射快，一般选择肌肉丰厚、远离大神经和大血管的部位，如臀部、大腿外侧等，适用于中等刺激性药物的给药。皮下注射药物吸收相对缓慢且均匀，可减少药物对肌肉组织的刺激，常用于疫苗接种、胰岛素注射等，但对于消瘦或水肿的动物，皮下注射可能影响药物的吸收。

外用给药：主要用于皮肤、黏膜等局部疾病的治疗。如皮肤局部感染可使用外用抗生素软膏；眼部疾病可使用眼药水或眼药膏；耳部疾病可使用滴耳液等。外用给药可使药物直接作用于病变部位，提高局部药物浓度，减少全身不良反应，但药物的透皮吸收能力有限，对于深部组织或全身性疾病的治疗效果不佳。

吸入给药：适用于呼吸道疾病的治疗，如哮喘、肺炎等。药物通过呼吸道吸入后，可直接到达肺部病变部位，迅速发挥作用，且用药剂量相对较小，全身不良反应较少。但吸入给药需要特殊的吸入装置，如气雾剂、雾化器等，动物可能需要一定的训练才能配合使用，且吸入药物可能引起局部刺激，如咳嗽、支气管痉挛等。

直肠给药：药物经直肠黏膜吸收进入血液循环，可避免肝脏的首过效应，对于一些口服易被破坏或不能口服的药物是一种有效的给药途径。如一些解热镇痛药制成直肠栓剂，可用于动物发热时的退热治疗，尤其适用于呕吐或不能口服药物的动物。但直肠给药可能引起动物不适，且药物的吸收速度和程度相对不稳定。

第二节 常见药物的临床应用

一、抗生素

β-内酰胺类抗生素：如青霉素类和头孢菌素类。青霉素类抗生素是最早应用于临床的抗生素之一，对革兰氏阳性菌有强大的抗菌作用，如青霉素 G 可用于治疗链球菌、葡萄球菌等引起的感染，如肺炎、乳腺炎等。但青霉素易被β-内酰胺酶水解破坏，因此出现了耐酶的青霉素类，如苯唑西林，可用于治疗产酶金黄色葡萄球菌感染。头孢菌素类抗生素抗菌谱广、抗菌活性强、耐青霉素酶，根据其抗菌谱和对β-内酰胺酶的稳定性分为多代。第一代头孢菌素如头孢唑啉，主要用于治疗革兰氏阳性菌感染；第二代头孢菌素如头孢呋辛，对革兰氏阳性菌和部分革兰氏阴性菌均有抗菌作用；第三代头孢菌素如头孢噻肟，对革兰氏阴性菌的抗菌活性更强，且对β-内酰胺酶更稳定；第四代头孢菌素如头孢吡肟，具有更广泛的抗菌谱和更强的抗菌活性，对一些耐药菌株也有较好的抗菌效果。

氨基糖苷类抗生素：如链霉素、庆大霉素、阿米卡星等。这类抗生素对革兰氏阴性菌有较强的抗菌作用，尤其是需氧革兰氏阴性杆菌，如大肠杆菌、克雷伯菌属、铜绿假单胞菌等。其中庆大霉素常用于治疗动物的肠道感染、泌尿道感染等。但氨基糖苷类抗生素具有耳毒性和肾毒性，可导致听力下降、耳鸣、肾功能损害等不良反应，因此在使用时需严格掌握剂量和疗程，密切监测肾功能和听力变化，一般不建议长期或大剂量使用。

大环内酯类抗生素：如红霉素、泰乐菌素、阿奇霉素等。大环内酯类抗生素对革兰氏阳性菌、部分革兰氏阴性菌，以及支原体、衣原体等非典型病原体有抗菌作用。其中泰乐菌素常用于治疗动物的呼吸道感染、支原体感染等，如猪支原体肺炎。阿奇霉素抗菌谱更广，作用时间长，可采用三日疗法，减少给药次数，提高动物的依从性。大环内酯类抗生素的不良反应相对较少，主要有胃肠道反应，如恶心、呕吐、腹泻等。

四环素类抗生素：如四环素、土霉素、多西环素等。四环素类抗生素曾广泛应用于临床，对革兰氏阳性菌、革兰氏阴性菌、立克次体、支原体、衣原体等多种病原体有抗菌作用。多西环素是四环素类抗生素中常用的一种，抗菌活性较强，可用于治疗动物的多种感染性疾病，如犬猫的呼吸道感染、皮肤感染等。但四环素类抗生素可影响牙齿和骨骼的发育，因此不建议用于幼年动物，尤其是受孕后期和哺乳期的母畜。此外，长期使用四环素类抗生素还可能导致二重感染，如真菌感染等。

二、抗病毒药

干扰素：具有广谱抗病毒作用，可通过诱导细胞产生抗病毒蛋白，抑制病毒的复制和传播。干扰素可用于治疗多种病毒感染性疾病，如犬瘟热、猫泛白细胞减少症等。在动物感染病毒的早期使用干扰素，可减轻病毒感染的症状，缩短病程，提高治愈率。干扰素一般采用注射给药，可肌内注射或皮下注射。但干扰素也有一些不良反应，如发热、倦怠、食欲不振等，一般在停药后可自行缓解。

利巴韦林：一种广谱抗病毒药，对多种 RNA 和 DNA 病毒有抑制作用。在兽医临床中，利巴韦林曾用于治疗一些动物的病毒感染，如犬细小病毒感染等。但近年来研究发现，利巴韦林在动物体内的安全性存在争议，可能对动物的生殖系统、造血系统等有不良影响，且在动物体内的代谢产物可能具有致癌性，因此其在兽医临床中的应用受到了限制，一般不建议使用。

阿昔洛韦：主要用于治疗疱疹病毒感染，如猫鼻支（由猫疱疹病毒引起）。阿昔洛韦可抑制疱疹病毒的DNA合成，从而达到抗病毒的效果。阿昔洛韦一般采用口服给药，对于严重的疱疹病毒感染，可联合使用干扰素等药物。阿昔洛韦的不良反应相对较少，主要有胃肠道反应、头痛、头晕等。

三、驱虫药

阿苯达唑：一种广谱驱虫药，对多种肠道寄生虫有驱虫作用，如蛔虫、绦虫、钩虫等。阿苯达唑可抑制寄生虫对葡萄糖的摄取，导致虫体糖原耗竭而死亡。一般采用口服给药，剂量根据动物体重计算。阿苯达唑的驱虫效果较好，安全性较高，但对于某些寄生虫的幼虫或虫卵可能效果不佳，因此在治疗时需根据寄生虫的种类和感染情况，选择合适的用药方案，如是否需要重复用药等。

依维菌素：对体内外多种寄生虫有驱杀作用，如线虫、螨虫、蜱虫等。依维菌素可干扰寄生虫的神经肌肉传递，使虫体麻痹而死亡。依维菌素可用于口服、注射或外用给药，不同的给药途径适用于不同的寄生虫感染和动物种类。例如，对于犬猫的体外寄生虫感染，可采用外用滴涂的方式；对于牛羊的体内寄生虫感染，可采用口服或注射给药。但依维菌素对某些品种的动物（如柯利犬）可能有严重的不良反应，可导致神经毒性，因此在使用前需了解动物的品种信息，避免在敏感品种动物上使用。

吡喹酮：主要用于治疗绦虫和吸虫感染。吡喹酮能使绦虫肌肉发生强直性收缩，产生痉挛性麻痹，从而使虫体从肠壁上脱落并随粪便排出。对于吸虫感染，吡喹酮可破坏吸虫的皮层，使吸虫失去吸附能力而死亡。吡喹酮一般采用口服给药，治疗绦虫感染时，一般只需单次给药即可取得较好的效果；对于吸虫感染，可能需要根据感染的严重程度和寄生虫的种类，确定合适的用药剂量和疗程。

四、解热镇痛药

阿司匹林：具有解热、镇痛、抗炎作用，是一种常用的解热镇痛药。阿司匹林可抑制前列腺素的合成，从而减轻炎症反应和疼痛感，降低体温。在兽医临床中，阿司匹林可用于治疗动物的发热、疼痛、关节炎等疾病。但阿司匹林也有一些不良反应，如胃肠道刺激，可导致恶心、呕吐、胃溃疡等，长期或大剂量使用还可能影响凝血功能，导致出血倾向。因此，在使用时需密切监测动物的胃肠道和凝血功能。

布洛芬：与阿司匹林类似，具有解热、镇痛、抗炎作用，且胃肠道不良反应相对较轻。布洛芬可用于治疗动物的轻度至中度疼痛和发热，如肌肉拉伤、关节炎、感冒等引起的疼痛和发热。布洛芬一般采用口服给药，剂量根据动物体重计算。但对于某些动物（如猫），布洛芬可能有严重的毒性作用，可导致肾衰竭等，因此在使用前需谨慎评估动物的种类和健康状况。

对乙酰氨基酚：主要作用是解热、镇痛，抗炎作用较弱。对乙酰氨基酚通过抑制中枢神经系统前列腺素的合成而产生解热、镇痛作用。在兽医临床中，对乙酰氨基酚可用于治疗动物的发热和轻度至中度疼痛，如头痛、肌肉痛等。对乙酰氨基酚的安全性相对较高，但过量使用也可能导致肝毒性，因此在使用时需严格控制剂量，避免超量使用。

第三节　药物不良反应监测与处理

一、药物不良反应监测

监测方法：在兽医临床用药过程中，需密切观察动物的反应，包括精神状态、食欲、饮水、体温、呼吸、心跳等生命体征的变化，以及是否出现异常行为、呕吐、腹泻、皮疹、瘙痒等症状。定期进行血液学检查，如血常规、生化指标（肝肾功能、电解质等）、凝血功能检查等，可发现药物对血液系统、肝脏、肾脏等器官的潜在损害。对于一些特殊药物，如化疗药，还可采用影像学检查（如 X 射线、CT、MRI 等）监测药物对肿瘤组织及周围组织的影响。此外，建立动物用药档案，记录动物的基本信息、用药情况、不良反应发生情况等，有助于分析药物不良反应的发生规律和原因。

监测时间：从用药开始就应进行监测。对于一些急性不良反应，可能在用药后数分钟至数小时内发生，如过敏性反应，因此在用药后的初期阶段需特别关注动物的反应。对于一些慢性不良反应，如药物对肝脏、肾脏的损害，可能在用药数天至数周后才逐渐显现，因此需要在用药过程中定期进行相关检查，如每周或每两周进行一次血液学检查，持续监测至停药后一段时间，以确保及时发现潜在的不良反应。

二、药物不良反应处理

轻微不良反应处理：如果动物出现轻微的不良反应，如轻度胃肠道反应（恶心、呕吐、腹泻等），可先暂停用药，观察动物反应是否缓解。对于一些可自行缓解的不良反应，如短暂的嗜睡、食欲不振等，可在密切观察下继续用药，但需调整用药剂量或给药时间。例如，对于引起胃肠道刺激的药物，可改为饭后给药，以减轻刺激。同时，可给予一些对症治疗药物，如止吐药（如甲氧氯普胺）、止泻药（如蒙脱石散）等，以缓解动物的不适症状。

严重不良反应处理：若动物出现严重的不良反应，如过敏性休克、严重的肝肾功能损害、呼吸抑制等，应立即停止用药，并采取紧急抢救措施。对于过敏性休克，应立即皮下或静脉注射肾上腺素，同时给予吸氧、静脉补液、糖皮质激素（如地塞米松）等治疗，维持动物的生命体征稳定。对于肝肾功能损害，应停止使用可能导致损害的药物，进行保肝、保肾治疗，如使用肝泰乐、肾康等药物，同时根据肝肾功能的损害程度，调整动物的饮食和治疗方案，如限制蛋白质摄入、给予利尿剂等。对于呼吸抑制的动物，应立即进行人工呼吸、吸氧，并给予呼吸兴奋剂（如尼可刹米）等治疗，必要时进行气管插管或气管切开，以确保动物的呼吸通畅。在处理严重不良反应的过程中，需及时将动物转诊至具备更完善医疗设施和专业技术的医疗机构，以便进一步诊断和治疗。

第四节　特殊药物使用的注意事项

一、高风险管控药物

1. 麻醉药

麻醉前准备：需全面评估动物体况，包括血常规（红细胞压积、血小板计数）、生化指标（肝酶、肌酐、电解质）、心肺功能（听诊心音、呼吸音）和凝血功能。根据动物种类（犬猫、反刍动物等）、手术类型（腹腔手术、体表肿物切除等）选择麻醉方案，小型动物短时手术可优先采用七氟烷吸入麻醉，大型动物或复杂手术需联合丙泊酚静脉诱导与异氟烷维持。手术时应备齐气管插管设备、急救药品（阿托品、肾上腺素）和监护仪器（监测心电、血氧、呼气末二氧化碳）。

麻醉过程监测：实时追踪心率（犬应 60～140 次/分，猫应 110～200 次/分）、血压（收缩压应≥90 mmHg）、血氧饱和度（应≥95%）和体温（防术中低体温）。通过眼睑反射、下颌张力判断麻醉深度，避免麻醉过深（瞳孔散大、呼吸暂停）或过浅（肢体抽动、喉痉挛）。动物突发呼吸抑制时应立即暂停麻醉，给予 100%纯氧并手动通气；循环衰竭时静脉推注扩容剂（如林格氏液）或血管活性药物（如多巴胺）。

麻醉后护理：苏醒期保持侧卧位防舌后坠，每 5 分钟记录一次呼吸频率与意识状态。低体温动物使用加热垫（38～40℃）复温，避免烫伤。术后 2 小时内禁食禁水，防呕吐或误吸。衔接多模式镇痛（如术后即刻静注美洛昔康），并观察创口渗血情况、有无感染迹象（红肿、渗出）。高危动物（年老、心肺功能不全）延长监护至 24 小时。

2. 化疗药物

用药前防护：配置环磷酰胺、长春新碱等药物时，需在Ⅱ级生物安全柜内操作，穿戴双层手套、护目镜和防护服。同时评估动物体况，白细胞应≥3×10^9/L，血小板应≥50×10^9/L，肝酶（谷丙转氨酶、谷草转氨酶）不超过正常值 2 倍。化疗前 48 小时需停用肾毒性药物（如非甾体抗炎药）。

用药中管控：按体表面积计算剂量（如多柔比星在犬类中的推荐剂量为 2 mg/kg，猫为 1 mg/kg），避光输注（紫杉类需专用避光输液器），输注速度≤1 mg/min。密切观察过敏反应（皮疹、呼吸困难），预处理地塞米松（0.1 mg/kg）及苯海拉明（2 mg/kg）。同时进行心功能监测（超声心动图评估射血分数），多柔比星累积剂量在犬中应≤240 mg/m^2，猫中应≤180 mg/m^2。

用药后管理：化疗后 48 小时内收集排泄物，用 10%次氯酸钠消毒后密封处理。骨髓抑制期（用药后 7～14 天）每周检测血常规 2 次，白细胞计数在（1.0～2.0）$\times10^9$/L 时皮下注射粒细胞集落刺激因子（5 μg/kg）。使用肾毒性药物（如顺铂）后必须保证充足的水分摄入（按每千克体重每天 50 mL 摄入），同时密切监测尿比重（≤1.015 提示肾损伤）。

二、个体化用药药物

1. 抗生素

用药前精准选药：深部感染（如腹膜炎）需采集脓液或血液进行细菌培养和药敏试验，经验性用药时结合感染部位选药（皮肤感染首选头孢氨苄，泌尿感染优选恩诺沙星）。肾损伤动物应避免氨基糖苷类（如庆大霉素），改用经肝胆排泄的克林霉素。青霉素类用药前需进行皮试（0.1 mL 1∶1000稀释液皮下注射，15分钟后观察是否出现红斑或水肿）。

用药中动态调整：严重脓毒症初始采用广谱联合方案（如阿莫西林克拉维酸＋恩诺沙星），48小时后依据药敏结果降阶梯。因牙周感染口服甲硝唑时需联用益生菌（如布拉氏酵母菌）以防腹泻。静脉输注头孢曲松时，钙剂需间隔2小时以上（防沉淀）。

用药后疗效验证：治疗3天后复查炎症指标（如白细胞降至10×10^9/L以下，C反应蛋白＜5 mg/L），深部感染治疗时间至少需要14天。患糖尿病、肿瘤等疾病的动物长期用药时，每月要通过口腔棉拭子镜检筛查真菌感染。

2. 镇痛药

用药前分层：急性创伤疼痛（骨折）首选阿片类（氢吗啡酮用量为0.05 mg/kg，静脉注射），慢性关节炎采用非甾体抗炎药（犬用卡洛芬2.2 mg/kg，每日2次）。肾衰动物禁用美洛昔康，改用加巴喷丁（10 mg/kg，每日3次）。呼吸衰竭病例避免纯μ受体激动剂（如芬太尼），选用部分激动剂（如丁丙诺啡）。

用药中多模式协同：术后将局部神经阻滞麻醉（利多卡因浸润）与全身用药（曲马多）联合使用，减少阿片类用量。非甾体抗炎药用药期间监测粪便隐血（每周1次），出现黑便时暂停药并给予硫糖铝（0.5 g，口服，每日2次）。阿片类过量（呼吸＜8次/分）时静注纳洛酮（0.02 mg/kg）。

用药后追踪：慢性疼痛动物每2周调整剂量（减量10%～20%），戒断期出现焦虑时用曲唑酮（3 mg/kg，必要时使用）。骨癌疼痛放疗后，可阶梯式替换为帕米膦酸盐（1 mg/kg，静脉注射）。

3. 激素类药物

用药前严控适应症：过敏性休克首选地塞米松（0.1～0.2 mg/kg，静脉注射），免疫介导性贫血需用泼尼松龙（2 mg/kg，每日1次）。糖尿病动物改用短效氢化可的松（0.5 mg/kg，每日2次）。妊娠犬猫禁用米非司酮。

用药中精准调控：长期使用泼尼松龙时，每月检测尿糖（试纸法）及血压（收缩压≤160 mmHg）。低钾血症（血钾＜3.5 mmol/L）时口服补钾（每公斤体重每天补充2毫当量的钾）。突发停药前需逐步减量（每周减25%），防肾上腺危象（虚弱、低血压）。

用药后系统维护：库欣综合征动物（多饮多尿）改用曲洛司坦（3 mg/kg，每日1次），低脂饮食（脂肪≤12%）并补充左旋肉碱（50 mg/d）。长期

激素治疗后，每半年通过 X 射线骨皮质评分法检测骨密度。

参考文献

[1] 姚喜明．兽医药物学及治疗学［M］．北京：北京燕山出版社，2021.
[2] 郝福星，贾红，袁华根．畜牧场兽医体系建设与管理［M］．北京：中国农业大学出版社，2023.
[3] 张巧娥．基层兽医工作手册［M］．天津：天津科学技术出版社，2018.
[4] 崔耀明，于洋．兽医基础［M］．郑州：河南科学技术出版社，2007.

第十一章

外科手术治疗技术

在兽医临床医疗领域，外科手术治疗技术是解决众多动物疾病与健康问题的关键手段。外科手术基本操作技术犹如大厦之基石，其中切开的精准度、止血的及时性、缝合的精细度和打结的牢固性等，均直接影响手术的成败与动物的预后。麻醉技术则是手术顺利开展的重要保障，无论是局部麻醉使特定区域失去痛觉以满足小型手术或局部操作需求，还是全身麻醉让动物进入无意识且无痛觉状态以适应复杂大型手术，其方法的正确选择与过程的妥善管理都关乎动物生命体征的稳定与手术的安全进行。常见外科手术类型丰富多样，绝育手术对于控制动物繁殖、预防相关疾病意义重大；骨折修复手术致力于恢复骨骼结构与功能；肿瘤切除术旨在切除病变组织、挽救动物生命；胃肠道手术则用于解决消化器官的各类疾病与异常，每种手术都有其独特的要点与挑战。而术前准备与术后护理恰似手术治疗的前后翼，术前全面的动物评估、充分的准备工作能够为手术创造良好条件，术后精心的护理、并发症的有效预防与妥善处理则是促进动物康复、减少手术风险的核心环节。深入探究外科手术治疗技术的各个层面，对于提升兽医外科水平、保障动物健康福祉具有不可替代的重要意义。

第一节　外科手术基本操作技术

一、切开

切开原则：切开部位应选择在病变部位附近，便于手术操作和暴露病变组织，同时要避开重要的血管、神经和器官。切口的方向应根据手术部位的解剖结构和手术目的确定，一般尽量与皮肤纹理、肌肉纤维方向一致，以减少术后瘢痕形成和组织张力，促进愈合。例如，在腹部手术中，常采用腹正中线或腹白线切口，因为这些部位血管和神经相对较少，且便于暴露腹腔内器官。

切开方法：使用手术刀时，持刀方式有多种，如执弓式、执笔式、握持式等，应根据不同的手术部位和操作需求选择合适的持刀方式。切开皮肤时，刀刃应与皮肤垂直，用力均匀、平稳地一次性切开皮肤及皮下组织，避免多次切割造成切口不整齐和组织损伤。对于较厚的组织或肌肉层，可采用分层切开的方法，先切开浅层组织，再逐步深入，边切开边用拉钩或手术器械将组织牵开，充分暴露手术视野。例如，在进行胸部手术时，需要先切开皮肤和皮下组织，然后依次切开胸壁肌肉层，最后打开胸腔。

二、止血

压迫止血：这是最基本、最常用的止血方法。用纱布或棉球按压在出血部位，通过施加一定的压力，使破损的血管收缩，血小板聚集形成血栓，从而达到止血目的。该方法适用于毛细血管出血和小血管出血。在手术过程中，一旦发现出血点，应立即用纱布压迫止血，压迫时间一般为 3～5 分钟，对于较大的出血点，可适当延长压迫时间。

结扎止血：对于较粗大的血管出血，常采用结扎止血法。先用止血钳夹住出血血管的两端，然后用丝线或可吸收线在血管钳下方进行结扎。结扎时应注意力度适中，过松可能导致结扎不牢，引起再次出血；过紧可能勒断血管或损伤周围组织。在结扎血管较多的部位，如手术切除肿瘤时，要注意结扎的顺序和位置，避免遗漏血管或造成组织缺血。

电凝止血：利用高频电流产生的热量使血管凝固、封闭，达到止血效果。电凝止血具有止血速度快、操作方便等优点，适用于小血管出血和渗血较多的部位。但电凝止血可能会对周围组织造成一定的热损伤，因此在使用时要控制好电凝的功率和时间，避免过度电凝导致组织坏死。例如，在进行腹腔镜手术时，常用电凝止血法处理腹腔内的小血管出血。

三、缝合

缝合材料选择：缝合材料分为可吸收线和不可吸收线。可吸收线如肠线、聚乙醇酸缝线等，在体内可逐渐被组织吸收，一般用于内脏器官的缝合，如胃肠道、膀胱等手术，避免术后拆线的麻烦，减少了动物的痛苦。不可吸收线如丝线、尼龙线等，具有较高的强度和韧性，常用于皮肤、肌肉、筋膜等组织的缝合，可长期保持缝合的强度。缝合线的粗细也应根据手术部位和组织的张力选择，如皮肤缝合一般选用较粗的缝合线，而血管、神经等精细组织的缝合则需选用较细的缝合线。

缝合方法：常见的缝合方法有单纯间断缝合、连续缝合、褥式缝合等。单纯间断缝合是最基本的缝合方法，每缝一针打一个结，适用于皮肤、皮下组织等张力较小的组织。连续缝合则是连续缝合多针后再打结，缝合速度较快，适用于胃肠道等黏膜层的缝合，但如果一处缝线断裂，可能导致整个缝合线松开。褥式缝合可使缝合部位对合紧密，增加缝合的牢固性，分为垂直褥式缝合和水平褥式缝合，常用于张力较大的组织或需要良好对合的部位，如皮肤切口的缝合，尤其是在关节附近或容易受到张力的部位。在缝合过程中，要注意缝合的间距和深度均匀，使组织对合良好，避免出现缝合过密或过疏、缝合过深或过浅等情况，影响愈合效果。

四、打结

打结方法：常用的打结方法有单手打结、双手打结和器械打结。单手打结是最常用的方法之一，操作简便、迅速，适合在各种手术场景中使用。双手打结则更加牢固，适用于结扎较大血管或需要较高结扎强度的情况。器械打结是借助手术器械（如持针器、止血钳等）进行打结，在深部组织或狭小空间内操作时较为方便。无论采用哪种打结方法，都要确保结打得牢固、平整，避免出现滑结或松结，否则可能导致缝合线松开，引起出血或组织裂开等严重后果。

打结注意事项：打结时要注意线的张力，线的两端拉力应均匀，避免线结过紧或过松。过紧的线结可能勒割组织，影响血液循环和组织愈合；过松的线结则容易松开，失去缝合的意义。在打多个结时，结与结之间应紧密相连，形成一个整体，增加结的稳定性。同时，要注意线的长度，线过长可能在手术操作过程中造成缠绕和不便，线过短则可能导致打结困难或结不牢固。

第二节　麻醉技术

一、局部麻醉

局部浸润麻醉：将局部麻醉药注射到手术部位的组织内，以阻断神经末梢的传导，使该区域产生麻醉效果。常用的局部麻醉药有普鲁卡因、利多卡因等。在注射麻醉药时，一般从手术切口的一端开始，沿着切口方向分层注射，使麻醉药均匀分布于手术区域。例如，在进行皮肤肿物切除手术时，可在肿物周围的皮下组织和肌肉层进行局部浸润麻醉。注射时要注意回抽，避免将麻醉药直接注入血管内，引起毒性反应。

神经阻滞麻醉：将麻醉药注射到神经干、神经丛或神经节周围，阻断神经冲动的传导，使该神经支配的区域产生麻醉。如在进行上肢手术时，可采用臂丛神经阻滞麻醉；在进行下肢手术时，可采用坐骨神经阻滞麻醉等。神经阻滞麻醉需要熟悉局部解剖结构，准确找到神经的位置，才能保证麻醉效果。麻醉药的剂量也要根据神经的粗细、分布范围和动物的体重等因素进行调整，避免麻醉不足或麻醉过度。

二、全身麻醉

吸入麻醉：通过呼吸道吸入挥发性麻醉药（如异氟醚、七氟醚等）而产生全身麻醉作用。吸入麻醉的优点是麻醉深度易于调节，可通过改变麻醉药的浓度和吸入气体的流量来控制麻醉深度；苏醒较快，当停止吸入麻醉药后，动物可在较短时间内苏醒。在进行吸入麻醉时，需要使用专门的麻醉机和呼吸回路，将麻醉药与氧气混合后让动物吸入。同时，要密切监测动物的生命体征，如心率、血压、呼吸、体温等，并根据监测结果调整麻醉深度。吸入麻醉的缺点是需要一定的设备和技术支持，成本相对较高，且可能存在废气污染问题，需要有良好的通风设施。

注射麻醉：将麻醉药通过静脉注射、肌内注射或腹腔注射等方式注入动物体内，产生全身麻醉效果。常用的注射麻醉药有戊巴比妥钠、丙泊酚等。静脉注射麻醉药起效迅速，麻醉效果确切，但对心血管和呼吸系统有一定的抑制作用，因此在注射过程中要缓慢推注，同时密切监测动物的生命体征。肌内注射麻醉药起效相对较慢，但操作相对简单，适用于一些不易进行静脉穿刺的动物或小型手术。腹腔注射麻醉药一般较少使用，因为可能会对腹腔内器官造成一定的刺激和损伤。注射麻醉的缺点是麻醉深度不易精确控制，一旦麻醉药注入过多，可能导致麻醉过深，引起呼吸抑制、循环衰竭等严重后果；麻醉药注入过少，则可能导致麻醉不足，使动物在手术过程中出现疼痛、挣扎等情况。

第三节　常见外科手术类型及手术要点

一、绝育手术

公畜绝育手术（去势手术）：手术一般采用阴囊切口，将睾丸挤出阴囊外，先结扎精索血管和输精管，然后切除睾丸。结扎精索血管时要注意牢固性，避免出血。在切除睾丸后，要检查手术部位是否有出血点，并进行适当的止血处理。对于一些隐睾动物，手术难度较大，需要在腹腔内或腹股沟管内寻找睾丸，然后进行切除，手术过程中要注意避免损伤周围的血管、神经和其他器官。

母畜绝育手术（卵巢子宫切除术）：手术切口可选择在腹部正中线或侧腹壁。打开腹腔后，首先找到卵巢和子宫，分别结扎卵巢动静脉、子宫动静脉和子宫阔韧带等结构，然后切除卵巢和子宫。在结扎血管时，要注意顺序和位置，避免血管结扎不完全导致出血。切除子宫时，要确保将整个子宫体和子宫角全部切除，防止残留组织引起术后感染或再次发情。手术结束后，要仔细检查腹腔内是否有出血、异物残留等情况，然后逐层关闭腹腔。

二、骨折修复手术

内固定手术：对于骨折断端移位明显或不稳定的骨折，常采用内固定手术。手术时首先要对骨折部位进行复位，尽量恢复骨骼的正常解剖结构。然后根据骨折的类型和部位选择合适的内固定器材，如接骨板、髓内钉、螺钉等。在安装内固定器材时，要确保固定牢固，避免骨折断端再次移位。例如，在使用接骨板固定时，接骨板的长度和螺钉的数量要根据骨折部位的长度和骨骼的直径进行选择，螺钉的位置要准确，避免损伤周围的血管、神经和肌肉组织。同时，要注意保护骨折部位的血液运行，减少对骨膜的剥离，以促进骨折愈合。

外固定手术：适用于一些简单骨折或不适合内固定的骨折，如幼年动物的青枝骨折、某些部位骨折伴有严重软组织损伤等。外固定方法包括石膏绷带固定、高分子绷带固定、外固定支架固定等。在进行外固定时，要注意固定的范围和位置，确保骨折部位得到充分的固定和支撑。例如，石膏绷带固定时，绷带的层数要合适，不能过紧或过松，过紧可能导致肢体血液循环障碍，过松则可能起不到固定作用。外固定支架固定时，要根据骨折部位和肢体的形状调整支架的位置和角度，使骨折断端保持良好的对位对线。

三、肿瘤切除术

肿瘤切除原则：手术切除肿瘤时，要遵循无瘤原则，即尽量完整地切除肿瘤组织，避免肿瘤细胞残留和扩散。在手术操作过程中，要使用无瘤技术，如手术器械与肿瘤组织接触后应及时进行更换或消毒处理；避免直接挤压肿瘤组织，防止肿瘤细胞进入血液循环或淋巴循环。切除范围应包括肿瘤组织及其周围一定范围的正常组织，对于恶性肿瘤，切除范围应更广泛，同时要进行区域淋巴结清扫，以降低肿瘤复发和转移的风险。

手术要点：术前要通过触诊、影像学检查（如 X 射线、超声、CT 等）等方法准确确定肿瘤的位置、大小、形状、与周围组织的关系等信息，制定合理的手术方案。在手术过程中，要小心分离肿瘤组织，注意保护周围的重要血管、神经和器官。对于较大的肿瘤，可能需要先进行肿瘤的减容手术，将肿瘤组织分块切除，然后再彻底清除残留的肿瘤组织。切除肿瘤后，要对手术标本进行病理检查，确定肿瘤的性质、类型、分化程度等，为后续治疗提供依据。

四、胃肠道手术

胃手术要点：在进行胃手术时，如胃切开术、胃切除术等，要注意保护胃的血液运行（简称血运）和神经支配。手术切口一般选择在胃大弯或胃小弯处，打开胃壁后，要仔细检查胃内的病变情况，如溃疡、肿瘤、异物等，并进行相应的处理。在缝合胃壁时，要采用合适的缝合方法，如连续全层缝合加浆肌层间断缝合，确保胃壁的缝合严密，防止胃内容物漏出。同时，要注意术后的胃肠减压和营养支持，促进胃功能的恢复。

肠手术要点：肠手术包括肠切开术、肠切除术、肠吻合术等。术前要对肠道进行充分的准备，如禁食、灌肠等，以减少肠道内容物，便于手术操作。在手术过程中，要注意保护肠管的血运，避免过度牵拉和损伤肠管。肠吻合术是肠手术的关键环节，吻合时要确保肠管断端对合整齐、血运良好，采用合适的缝合方法，如间断全层缝合加浆肌层间断缝合或连续缝合等。术后要密切观察动物的肠道功能恢复情况，如有无腹胀、腹痛、呕吐、腹泻等症状，应及时发现并处理可能出现的并发症，如肠梗阻、肠瘘等。

第四节　术前准备与术后护理

一、术前准备

动物术前评估：包括全面的体格检查，检查动物的精神状态、体温、呼吸、心率、血压等生命体征，了解动物的一般健康状况。进行血液学检查，如血常规、生化指标（肝肾功能、电解质、血糖等）、凝血功能检查等，评估动物的内脏器官功能和凝血状态，判断动物是否能够耐受手术。此外，还需进行影像学检查（如 X 射线、超声等），以了解手术部位的解剖结构和病变情况，为手术方案的制定提供依据。对于一些患有其他疾病（如心脏病、糖尿病等）的动物，要在术前进行相应的治疗和调整，使动物的身体状况达到最佳手术状态。

术前准备工作：术前要对动物进行禁食禁水，一般禁食 12～24 小时，禁水 6～12 小时，以减少手术过程中呕吐和误吸的风险。对手术部位进行剃毛、清洁和消毒，范围应包括手术切口周围一定区域，一般在 10～15 厘米。准备好手术所需的器械、设备、药品等，确保器械的消毒灭菌合格，设备性能良好，药品齐全且在有效期内。同时，要安排好手术人员，明确各人员的职责和分工，制定详细的手术计划和应急预案，以应对可能出现的各种情况。

二、术后护理

术后观察：术后要将动物放置在安静、温暖、通风良好的环境中，密切观察动物的生命体征，如体温、呼吸、心率、血压等，每 30 分钟至 1 小时记录一次，直至动物生命体征稳定。观察动物的精神状态、食欲、饮水情况和手术部位的情况，如有无出血、渗液、肿胀、疼痛等症状。对于一些进行了胃肠道手术的动物，要特别注意观察有无呕吐、腹泻、腹胀等肠道功能异常的表现。

术后并发症的预防与处理：常见的术后并发症有感染、出血、疼痛、切口裂开等。为预防感染，要合理使用抗生素，根据手术类型和动物的情况选择合适的抗生素种类、剂量和疗程。保持手术部位的清洁干燥，定期更换敷料，一般术后 1～2 天更换一次，如发现敷料有渗血、渗液或污染，应及时更换。对于出血并发症，要密切观察手术部位的出血情况，如发现出血较多，应立即进行止血处理，如压迫止血、结扎止血等。对于疼痛，可根据动物的疼痛程度给予适当的镇痛药物，如非甾体类抗炎药或阿片类镇痛药。对于切口裂开，要及时发现并进行处理，如重新缝合、加强护理等。同时，要注意动物的营养支持，给予营养丰富、易消化的食物，促进动物身体的恢复。

参考文献

[1] 彭广能，钟志军．兽医外科与外科手术学［M］．2版．北京：中国农业大学出版社，2022.

[2] 周紫峣，黄逸馨．兽医外产科学［M］．成都：西南交通大学出版社，2024.

[3] 陈振峰，宫淑艳．兽医临床诊疗技术［M］．北京：北京理工大学出版社，2019.

[4] 吕永智．动物外科与产科［M］．重庆：重庆大学出版社，2019.

[5] 张欣珂，金艺鹏．兽医外科手术学实验教程［M］．2版．北京：中国农业大学出版社，2018.

[6] 彭广能．兽医外科与外科手术学［M］．北京：中国农业大学出版社，2009.

[7] 金艺鹏，林德贵．兽医外科手术学实验教程［M］．北京：中国农业大学出版社，2010.

[8] 谢光洪，刘国文，李颖．兽医外科手术学和外科学实验指导［M］．长春：吉林大学出版社，2010.

第十二章

物理治疗技术

在兽医临床治疗领域，物理治疗技术作为一种非药物、非侵入性的治疗手段，正发挥着越来越重要的作用。热敷、冷敷、按摩、牵引等传统物理治疗方法，凭借其对机体生理机能的直接调节作用，在缓解动物疼痛、减轻炎症、促进组织修复等方面展现出独特的优势。光疗技术，涵盖激光、紫外线、红外线等不同光谱范围，以其特定的光生物学效应，为多种动物疾病的治疗开辟了新途径。电疗，尤其是电刺激疗法，通过精确调控电流参数，能够有效改善动物肌肉功能、促进神经再生与修复。深入探究物理治疗技术的原理、应用范围，以及在不同疾病康复中的作用机制，并据此制定科学合理的治疗方案，对于丰富兽医治疗手段、提升动物疾病康复效果、改善动物福利具有极为重要的意义。

第一节　物理治疗方法的原理与应用

在兽医临床诊疗及动物康复医学的前沿领域，物理治疗手段日益凸显其关键价值，热敷、冷敷、按摩、牵引等方法已成为现代动物医疗体系中不可或缺的重要组成部分，深度嵌入动物疾病干预与机体机能恢复的全流程。

从基础科学层面剖析，热敷机制聚焦于热传导引发的一系列生理级联反应。温热刺激穿透皮肤表层，诱导局部血管平滑肌舒张，血流动力学发生改变，血流加速促使氧气、营养物质高效运输至受损部位，同步驱动炎性介质代谢清除，从而为组织修复营造有利的微环境，缓解肌肉痉挛，增强局部新陈代谢活力。冷敷则运用低温物理学原理，迅速促使血管收缩，限制血液渗出，遏制炎症早期水肿蔓延，降低神经末梢兴奋性，进而达到即时止痛与炎症初步控制之效。

按摩技术基于对动物软组织力学特性与解剖结构的深入了解，能用精准手法施力于肌肉起止点、筋膜间隔，打破粘连瘢痕组织束缚，重塑肌肉正常弹性模量，优化肌纤维走向，纠正因长期异常应力累积所致的力学失衡状态。牵引作为针对骨骼关节系统的靶向干预手段，基于生物力学工程原理，能以可控外力精准作用于关节间隙及椎体序列，矫正错位、松解嵌顿，缓解椎间盘压迫，恢复关节动态稳定性与活动度。

一、热敷

原理：热敷主要是通过热传递，使局部组织温度升高。升高的温度能够促进局部血液循环，使血管扩张，增加血液流量，从而为组织带来更多的氧气和营养物质，同时加速代谢废物的清除。此外，热敷还可以降低神经末梢的兴奋性，缓解疼痛，放松肌肉，减轻肌肉痉挛。从细胞层面来看，热敷能够提高细胞的活性，加速细胞修复过程，对于一些慢性损伤或炎症后期的组织修复有积极作用。

应用：在兽医临床中，热敷常用于慢性肌肉劳损、关节疾病（如关节炎的慢性期）、扭伤恢复期等。例如，对于患有慢性髋关节发育不良的犬只，定期进行热敷可以缓解关节疼痛，改善关节活动度。热敷的方法有多种，如使用热水袋、热毛巾或专门的热敷袋等。热敷的温度一般控制在 40～50℃，每次热敷时间约 15～20 分钟，每天可进行 3～4 次。但在热敷时要注意避免烫伤动物皮肤，尤其是对于感觉减退或丧失的动物，更要严格控制温度和时间。

二、冷敷

原理：冷敷的作用机制与热敷相反。冷敷时，低温会使局部血管收缩，减少血液渗出，从而减轻局部肿胀和炎症反应。同时，冷敷能够降低神经传导速度，使神经末梢的敏感性降低，进而起到止痛的效果。在细胞水平，冷敷可以抑制细胞的代谢活动，减少组织损伤后炎症介质的释放，对急性损伤的早期阶段有保护作用。

应用：冷敷适用于急性损伤的初期，如骨折、扭伤、挫伤后的 24～48 小时内。例如，当动物发生急性腿部扭伤时，立即进行冷敷可以有效减轻肿胀和疼痛。冷敷可采用冰袋、冷毛巾或化学冷敷剂。冰袋与皮肤之间应隔一层薄布，防止冻伤，每次冷敷时间约 10～15 分钟，每隔 1～2 小时可重复一次。需要注意的是，冷敷时间不宜过长，否则可能导致局部组织缺血。

三、按摩

原理：按摩通过手法作用于动物的肌肉、骨骼、关节等部位，产生多种生理效应。按摩可以促进局部血液循环，改善组织的营养供应。不同的按摩手法对肌肉有不同的作用，如揉法、捏法等可以放松肌肉，缓解肌肉紧张和痉挛；推法、按法等可以促进淋巴回流，减轻水肿。按摩还能够刺激神经末梢，调节神经系统的功能，通过神经反射机制，影响全身的生理状态，如促进消化、调节呼吸等。从肌肉力学角度看，按摩可以帮助调整肌肉的张力平衡，改善关节的活动范围。

应用：在兽医实践中，按摩广泛应用于肌肉骨骼系统疾病的辅助治疗，如颈椎病、腰椎间盘突出症、肌肉拉伤等。对于长期运动不足或因年龄增长导致肌肉萎缩的动物，按摩也有助于维持肌肉的功能。按摩的手法有多种，包括轻抚法、揉捏法、叩击法、震颤法等，可根据动物的病情和耐受程度选择合适的手法组合。按摩一般每周进行 2～3 次，每次 20～30 分钟。在按摩过程中，要注意观察动物的反应，避免过度用力造成损伤。

四、牵引

原理：牵引主要应用于骨骼肌肉系统疾病，特别是脊柱和四肢关节疾病。对于脊柱疾病，如椎间盘突出症，牵引可以通过施加纵向的拉力，拉开椎间隙，减轻椎间盘对神经根或脊髓的压迫，缓解疼痛和神经症状。在四肢关节方面，牵引可以纠正关节的错位，改善关节的对位对线关系，减少关节面的压力，促进关节软骨的修复，同时拉伸周围的肌肉、韧带等软组织，增加其柔韧性，预防挛缩。

应用：常用于治疗犬猫的颈椎、腰椎间盘疾病和一些关节脱位或半脱位的复位辅助治疗。例如，对于患有腰椎间盘突出症且神经症状较轻的犬只，可采用持续的牵引治疗，牵引重量根据动物体重和病情确定，一般为体重的 1/10～1/5，牵引时间每次 30～60 分钟，每天 1～2 次。在牵引过程中，要密切观察动物的反应，如有不适或疼痛加剧，应立即停止牵引并调整治疗方案。

第二节　光疗在兽医临床的应用

在当代兽医临床科学的发展进程中，激光、紫外线、红外线等技术手段已逐渐从前沿科研领域迈向实用化阶段，成为革新传统兽医诊疗模式的关键驱动力。随着动物医疗需求日益多元化与精细化，打破既往依赖药物及常规手段的诊疗局限愈发紧迫。

激光技术凭借其高度聚焦、可精确调控的能量特性，在外科手术场景中展现出卓越的优势，能够实现精准切割与高效凝血，最大限度地减少组织损伤、术中出血和术后并发症，有力提升动物术后恢复效率；紫外线的强杀菌效能，为兽医临床的感染防控构筑坚实屏障，从手术室到诊疗器械消毒，从病房环境净化到特定皮肤感染性疾病的辅助治疗，紫外线均发挥不可或缺的作用；红外线以其独特的温热效应，深度渗透动物机体组织，有效促进血液循环，缓解肌肉痉挛及关节疼痛，尤其在慢性疾病与康复理疗领域开辟新路径，改善患宠生存质量。

鉴于此，深入探究这些技术在兽医临床的全方位应用具有重要现实意义，不仅有助于拓展动物疾病诊疗手段，提升治愈率，更能为兽医临床科学的持续进阶提供核心助力，促使动物医疗迈向更精准、高效、科学的新维度。

一、激光治疗

原理：激光治疗基于光的生物刺激作用。低强度激光照射可以促进细胞的新陈代谢，增加细胞内线粒体的活性，提高细胞的能量水平。激光能够刺激细胞内的光感受器，引发一系列生物化学反应，如促进成纤维细胞的增殖，加速胶原蛋白的合成，从而促进组织修复。在神经方面，激光可以促进神经的再生和修复，改善神经传导功能，减轻神经疼痛。此外，激光还具有一定的抗炎作用，通过调节炎症细胞的活性和炎症介质的释放，减轻局部炎症反应。

应用：在兽医临床中，激光治疗可用于多种疾病的治疗。对于创伤性伤口，如手术切口、咬伤伤口等，激光照射可以加速伤口愈合，减少感染风险。在骨骼肌肉系统疾病中，如关节炎、肌腱炎等，激光治疗能够缓解疼痛，改善关节活动度，促进受损组织的修复。对于一些神经系统疾病，如神经炎、神经损伤等，激光也有辅助治疗作用。激光治疗的参数根据动物的种类、病情、治疗部位等因素确定，一般包括激光波长、功率密度、照射时间和照射次数等。例如，常用的氦氖激光波长为 632.8 nm，照射功率密度为 10～50 mW/cm^2，每次照射时间为 5～10 分钟，每周照射 2～3 次。

二、紫外线治疗

原理：紫外线具有杀菌、消炎、促进维生素 D 合成等作用。紫外线能够破坏细菌和病毒的核酸结构，起到杀菌消毒的作用，可有效降低伤口感染的风险。在炎症方面，紫外线可以抑制炎症细胞的浸润，降低炎症介质的浓度，减轻炎症反应。紫外线照射皮肤后，可促进皮肤中的 7-脱氢胆固醇转化为维生素 D_3，维生素 D_3 对钙磷代谢和骨骼健康具有重要意义，有助于预防和治疗动物的佝偻病等钙磷代谢紊乱疾病。

应用：主要应用于皮肤疾病的治疗，如脓皮病、真菌性皮炎等。对于一些慢性难愈合的皮肤伤口，紫外线照射可以改善局部血液循环，促进肉芽组织生长，加速伤口愈合。在使用紫外线治疗时，要根据动物的皮肤类型、病情严重程度等确定合适的照射剂量和时间。一般采用紫外线 B（UVB）或紫外线 C（UVC）波段进行照射，如 UVB 照射剂量为 0.05～0.15 J/cm^2，每周照射 2～3 次。但要注意避免紫外线过度照射导致皮肤烧伤，尤其是皮肤敏感的动物品种。

三、红外线治疗

原理：红外线主要通过热效应发挥作用。红外线照射后，组织吸收红外线的能量，温度升高，进而促进局部血液循环，使血管扩张，增加血流量。这有助于为组织提供更多的氧气和营养物质，加速代谢废物的排出。红外线还可以缓解肌肉痉挛，降低神经末梢的兴奋性，减轻疼痛。与热敷相比，红外线可以更深入地穿透组织，作用范围更广。

应用：常用于肌肉骨骼系统疾病的治疗，如肌肉劳损、关节炎、腱鞘炎等。例如，对于患有慢性关节炎的动物，红外线治疗可以缓解关节疼痛，改善关节僵硬症状。红外线治疗设备有红外线灯、红外线治疗仪等，照射距离一般为 30～50 厘米，照射时间每次 15～20 分钟，每天 1～2 次。在照射过程中，要注意观察动物的反应，防止烫伤，同时避免照射眼睛，以免损伤视力。

第三节　电疗的临床实践

在兽医临床领域，电疗尤其是电刺激疗法作为一种重要的物理治疗手段，正逐渐崭露头角，为动物疾病的治疗与康复开辟了新路径。

原理：电刺激疗法是通过向动物机体施加特定的电流脉冲，刺激神经肌肉组织，引发肌肉收缩和神经冲动传导。不同类型的电刺激有不同的作用机制。例如，功能性电刺激（FES）可以模拟正常的神经肌肉电活动，激活瘫痪或无力的肌肉，防止肌肉萎缩，促进肌肉力量的恢复。经皮神经电刺激（TENS）则主要通过刺激神经纤维，关闭疼痛闸门机制，减少疼痛信号向大脑的传递，从而达到止痛的效果。另外，电刺激还可以促进局部血液循环，改善组织营养供应，加速损伤组织的修复。

应用：在兽医临床中，电刺激疗法应用广泛。对于患有脊髓损伤、神经麻痹等导致肢体瘫痪的动物，FES 可以帮助恢复部分肌肉功能，提高肢体的运动能力。例如，在犬只脊髓损伤后的康复治疗中，通过对瘫痪肢体的肌肉进行电刺激，可逐渐恢复肌肉的收缩力，促进神经再生。TENS 常用于治疗各种原因引起的疼痛，如关节炎疼痛、术后疼痛等。电刺激疗法的参数设置非常关键，包括电流强度、脉冲频率、脉冲宽度、刺激时间等。例如，对于 FES，电流强度一般以能引起肌肉明显收缩但不引起动物过度不适为宜，脉冲频率为 20～50 Hz，脉冲宽度为 0.2～0.5 ms，每天刺激 2～3 次，每次 20～30 分钟。在应用电刺激疗法时，要确保电极放置准确，避免电流集中在某一点导致皮肤烧伤或其他不良反应。

以下为 2 个电疗案例。

1. 促进骨折愈合

案例背景：一只成年边境牧羊犬，因意外导致右侧肱骨骨折。经过外科手术进行骨折复位和内固定后，兽医在其康复阶段采用了电刺激疗法。

治疗过程：使用经皮神经电刺激设备，将电极片放置在骨折部位周围的皮肤上，设定电流强度为 5～10 mA（根据动物的耐受程度进行调整），频率为 20 Hz 左右，波宽为 200～300 μs。这种低频、中等强度的电刺激每天进行 2～3 次，每次 20～30 分钟。

治疗原理和效果：电刺激通过促进局部血液循环，使骨折部位得到更充足的氧气和营养物质供应。同时，它还能刺激骨细胞的活性，特别是成骨细胞，加速骨痂的形成。在这个案例中，经过 4～6 周的电刺激治疗，与未采用电刺激治疗的类似病例相比，该边境牧羊犬的骨折愈合速度明显加快，通过 X 射线检查可以看到骨痂形成更加丰富，骨折线模糊的时间也提前了约 1～2 周。而且，患犬的肢体功能恢复得也更好，能够更早地进行正常的负重和活动。

2. 治疗神经损伤

案例背景：一只小型贵宾犬在一次车祸后出现了坐骨神经损伤，表现为后肢麻痹、肌肉萎缩和感觉减退。

治疗过程：兽医采用功能性电刺激进行治疗。将电极植入在坐骨神经附近（对于部分病情较轻的情况也可采用表面电极），设置电流强度为 3～5 mA，频率为 30～50 Hz，波宽根据神经损伤程度在 100～400 μs 之间调整。每天进行 1～2 次电刺激治疗，每次治疗时间约 30～40 分钟。

治疗原理和效果：电刺激模拟正常的神经冲动，激活受损的坐骨神经，促使神经纤维再生。同时，引起的肌肉收缩可以防止肌肉萎缩，增强肌肉力量。在治疗过程中，随着电刺激疗程的推进，这只贵宾犬的后肢肌肉逐渐恢复了一定的张力，经过8～12周的持续治疗，患犬的后肢开始出现自主运动，感觉功能也有所恢复，如对针刺和触摸的反应逐渐增强。肌肉萎缩的情况得到了明显的改善，肌肉体积有所增加，并且通过后续的康复训练，患犬的后肢功能进一步恢复，能够进行简单的行走动作。

尽管电刺激疗法前景广阔，但其面临的挑战也不容忽视。设备成本相对高昂，限制了部分基层兽医机构的使用；专业技术要求严苛，兽医需兼具电生理学、解剖学知识及临床经验，人才培养周期长；部分动物因恐惧、疼痛不耐受，初期对治疗配合度欠佳，需辅以镇静、安抚措施。

第四节 物理治疗在不同疾病康复中的作用与方案制定

一、骨骼肌肉系统疾病

作用：在骨骼肌肉系统疾病康复中，物理治疗具有多方面的作用。热敷、红外线治疗等热疗方法可以缓解肌肉痉挛，减轻疼痛，促进局部血液循环，为受损的骨骼、肌肉、肌腱等组织提供良好的修复环境。按摩能够放松肌肉，调整肌肉张力，改善关节活动度，预防肌肉萎缩和关节僵硬。牵引对于脊柱和关节疾病，可以减轻压迫，纠正畸形，促进关节软骨和椎间盘的修复。激光、电刺激等疗法可以促进组织修复，增强肌肉力量，改善神经功能。

方案制定：对于骨折后的康复，早期可采用冷敷减轻肿胀，骨折稳定后进行热敷、按摩，促进血液循环和肌肉功能恢复，在康复后期可结合激光治疗加速骨痂形成。对于关节炎，可先进行热敷或红外线治疗缓解疼痛，然后进行按摩放松关节周围肌肉，再配合激光或电刺激疗法促进关节软骨修复，同时根据病情进行适当的牵引治疗，改善关节对位对线关系。方案制定时要综合考虑动物的年龄、品种、病情严重程度、治疗阶段等因素，合理安排物理治疗的方法、顺序、时间和强度。

二、神经系统疾病

作用：在神经系统疾病康复中，物理治疗主要作用于神经的再生、修复和功能恢复。激光治疗可以促进神经细胞的代谢和再生，减轻神经炎症反应。电刺激疗法，如功能性电刺激和经皮神经电刺激，能够激活神经通路，促进神经冲动的传导，防止神经肌肉接头的退变，提高瘫痪肢体的运动功能，同时缓解神经疼痛。按摩和牵引等方法可以改善局部血液循环，减轻因神经病变导致的肌肉紧张和痉挛，为神经修复创造有利条件。

方案制定：对于神经炎，初期可采用激光治疗减轻炎症，配合TENS缓解疼痛，随后进行按摩促进局部血液循环，在恢复过程中可逐渐增加功能性电刺激的强度，促进神经肌肉功能的恢复。对于脊髓损伤，早期在生命体征稳定后进行牵引治疗，减轻脊髓压迫，然后进行激光和电刺激疗法促进脊髓神经的再生，同时配合按摩防止肌肉萎缩。康复方案要根据脊髓损伤的程度、部位和动物的恢复情况进行动态调整，注重长期康复训练与物理治疗的结合。

三、皮肤疾病

作用：在皮肤疾病康复中，物理治疗主要侧重于促进皮肤的愈合、减轻炎症和控制感染。紫外线治疗具有杀菌消炎作用，可有效治疗皮肤感染性疾病，如脓皮病、真菌性皮炎等，同时促进维生素D合成，有利于皮肤健康。红外线治疗能够改善皮肤的血液循环，促进肉芽组织生长，加速伤口愈合，对于慢性皮肤溃疡、烧伤创面等有良好的治疗效果。激光治疗在皮肤创伤修复方面也有积极作用，可促进细胞增殖和胶原蛋白合成，减少瘢痕形成。

方案制定：对于急性皮肤感染，如脓皮病，可先采用紫外线C波段进行高强度照射杀菌，然后根据病情逐渐降低照射强度，转为紫外线B波段促进皮肤愈合，同时配合红外线治疗改善局部血液循环。对于慢性皮肤溃疡，可先进行清创处理，然后采用红外线治疗促进肉芽组织生长，再结合激光治疗加速上皮化过程，减少瘢痕。方案制定时要考虑皮肤疾病的类型、面积、深度、感染情况和动物的整体健康状况，合理选择物理治疗方法和参数，定期评估治疗效果并调整方案。

参考文献

[1] 李华山，马润元，陈玉程，等．兽医基础与畜禽常见病诊断治疗技术研究［M］．兰州：甘肃科学技术出版社，2018.

[2] 何德肆．兽医临床诊疗技术［M］．重庆：重庆大学出版社，2022.

[3] 王世雄，王荣琼．兽医临床诊断技术［M］．苏州：苏州大学出版社，2021.

[4] 陈振峰，宫淑艳．兽医临床诊疗技术［M］．北京：北京理工大学出版社，2019.

[5] 张涛．兽医临床诊疗技术［M］．银川：宁夏人民出版社，2014.

[6] 王昆朋．兽医临床诊疗技术［M］．北京：中国农业大学出版社，2017.

[7] 吴敏秋，沈永恕，田树君．兽医临床诊疗技术［M］．4版．北京：中国农业大学出版社，2017.

第十三章

针灸与中兽医治疗技术

在兽医医疗领域，针灸与中兽医治疗技术源远流长，蕴含着深厚的理论基础和丰富的实践经验。针灸治疗以中医经络学说和气血理论为基石，通过精准的穴位定位与刺激，旨在调节动物机体的阴阳平衡、疏通经络气血，从而激发动物自身的康复潜能。针法中的毫针、三棱针、艾灸等各具特色，其操作技术的娴熟运用在多种动物疾病的治疗中发挥着关键作用。中兽医方剂则依据辨证论治的核心思想，巧妙组方，将多种中药有机结合，以实现对动物疾病的整体调理与精准治疗。在动物疼痛管理与慢性病治疗方面，针灸与中兽医技术展现出独特的优势，不仅能有效缓解疼痛、改善临床症状，还注重从根本上调整动物机体的功能状态，提高其生活质量与抗病能力，具有不可忽视的临床价值和广阔的应用前景。

第一节　针灸治疗的基本理论与穴位定位

一、基本理论

经络学说：经络是动物体内气血运行的通道，包括经脉和络脉。经脉是主干，络脉是分支，它们相互连接，构成了一个遍布全身的网络系统。经络系统将人体的五脏六腑、四肢百骸、五官九窍等组织器官紧密联系在一起，使机体各部分的功能活动相互协调、相互平衡。当经络、气血运行不畅或阻滞时，就会导致疾病的发生。针灸治疗通过刺激穴位，调节经络、气血的运行，从而达到治疗疾病的目的。例如，足阳明胃经与脾胃功能密切相关，若动物出现食欲不振、消化不良等脾胃病症，可通过刺激胃经上的穴位来调理脾胃功能。

气血理论：气血是构成动物机体和维持生命活动的基本物质。气具有推动、温煦、防御、固摄等作用，血具有营养和滋润作用。气和血相互依存、相互促进，“气为血之帅，血为气之母”。气血的盛衰和运行状态直接影响着动物的健康。针灸能够调节气血的运行和分布，使气血充足且运行顺畅。例如，在动物产后气血虚弱时，通过针灸特定穴位，可以促进气血的生成和运行，增强动物的体质，促进身体恢复。

二、穴位定位

常用穴位：在动物针灸治疗中，有许多常用穴位。例如，百会穴位于动物的腰荐十字部，是督脉上的重要穴位，具有调节全身阳气、强壮身体、治疗腰荐部疾病等作用。后三里穴位于小腿外侧，犊鼻下 3 寸，距胫骨前缘一横指处，属于足阳明胃经，可调理脾胃、增强消化吸收功能、缓解胃肠道疾病。肾俞穴在第二腰椎棘突下旁开 1.5 寸处，与肾脏功能相关，常用于治疗肾脏疾病、生殖系统疾病和腰部疾病等。不同动物的穴位位置可能略有差异，需要根据动物的解剖结构进行准确判断。

穴位定位方法：穴位定位主要依据动物的解剖标志、骨度分寸和手指同身寸等方法。解剖标志定位法是利用动物身体表面的固定标志来确定穴位位置，如关节、骨骼突起、肌肉凹陷等。例如，在犬只中，大椎穴位于第七颈椎与第一胸椎棘突间的凹陷处，可通过触摸颈椎和胸椎的交界处来定位。骨度分寸法是将动物身体的某些部位按照一定的长度比例划分成若干等份，作为确定穴位位置的标准。手指同身寸法是以动物自身手指的宽度或长度为标准来度量穴位的位置，如犬的一寸约为其自身中指第二关节处的宽度。在实际操作中，往往需要综合运用多种定位方法，以确保穴位定位的准确性。

第二节　针法的操作技术与临床应用

一、毫针

操作技术：毫针是针灸治疗中最常用的针具。在针刺前，要对穴位进行消毒，可选用 75％的酒精棉球擦拭。持针方法有多种，如指切进针法，即用左手拇指或食指端切按在穴位旁边，右手持针，紧靠左手指甲面将针刺入穴位；夹持进针法，适用于长针的刺入，用左手拇、食二指持捏消毒干棉球，夹住针身下端，将针尖固定在穴位上，右手捻动针柄，将针刺入穴位。针刺时要根据穴位的部位、病情的轻重和动物的体质等因素确定针刺的角度、深度和留针时间。一般来说，针刺角度有直刺、斜刺和横刺之分，直刺适用于肌肉丰厚的部位，斜刺适用于肌肉较薄或靠近重要脏器的部位，横刺适用于皮肤浅薄处。针刺深度要避免损伤重要脏器和血管，留针时间一般为 15～30 分钟。

临床应用：毫针广泛应用于多种动物疾病的治疗。在治疗动物的疼痛性疾病方面，如关节炎、肌肉劳损等，通过针刺相应穴位，可起到疏通经络、调和气血、止痛的作用。例如，对于患有髋关节炎的犬只，针刺环跳、秩边等穴位，能够缓解关节疼痛，改善关节活动度。在治疗消化系统疾病时，针刺足三里、中脘等穴位，可以调节胃肠蠕动，促进消化液分泌，改善食欲不振、呕吐、腹泻等症状。毫针还可用于治疗神经系统疾病，如神经炎、瘫痪等，通过刺激穴位，促进神经功能的恢复。

下面有 2 个具体案例。

1. 治疗犬腰椎间盘突出症

案例背景：一只 8 岁的腊肠犬，由于其品种特性，腰椎长期承受较大压力，出现了腰椎间盘突出症。患犬表现为后肢无力、疼痛，不愿行走，甚至在触碰腰部时会发出叫声。

治疗过程：

首先，兽医对患犬进行适当的保定，以确保针刺过程的安全。其次，兽医可选择在腰部的肾俞、腰阳关、大肠俞等穴位进行毫针针刺。肾俞穴位于第二腰椎棘突下，旁开 1.5 寸处，进针角度垂直于皮肤，深度根据犬的体型大小约为 0.5～1 寸；腰阳关在第四腰椎棘突下凹陷中，直刺深度约 0.3～0.5 寸；大肠俞在第四腰椎棘突下，旁开 1.5 寸，进针深度约 0.5～0.8 寸。

进针手法采用捻转进针，进针后，通过小幅度的捻转提插手法来调节针感。捻转角度一般在 180°～360°之间，频率为每分钟 60～90 次，以达到“得气”的状态，即观察到患犬局部肌肉出现轻微的抽动或患犬表现出轻微的反应，如肢体的轻微颤动。

每次留针 20～30 分钟，其间每隔 5～10 分钟进行一次轻微的捻针操作，以维持针感。治疗频率为每周 3～4 次。

治疗原理和效果：

从中医理论角度，针刺这些穴位可以起到疏通经络、调和气血的作用。肾俞穴能够补肾强腰，腰阳关可调节腰部阳气，大肠俞可调理胃肠及腰部气血。通过针刺刺激穴位，调节经络、气血的运行，改善腰部的血液循环，减轻椎间盘对神经的压迫。

从现代医学角度看，毫针刺激穴位能够引起局部的神经反射，促进神经递质的释放，如内啡肽等，起到止痛作用。同时，改善的血液循环有助于带走炎症介质，从而减轻局部炎症反应。经过约 4～6 周的治疗，这只腊肠犬的后肢无力和疼痛症状明显减轻，能够逐渐恢复行走能力，腰部的活动也变得相对灵活。

2. 治疗猫胃肠功能紊乱

案例背景：一只 3 岁的波斯猫，因饮食不当出现了胃肠功能紊乱，表现为食欲不振、呕吐、腹泻等症状。

治疗过程：

兽医选取了足三里、中脘、天枢等穴位进行毫针针刺。足三里位于小腿外侧，犊鼻下 3 寸，距胫骨前缘一横指处，对于猫来说，进针深度约 0.3～0.5 寸；中脘在腹部正中线，脐上 4 寸，直刺深度约 0.3～0.4 寸；天枢在腹中部，距脐中 2 寸，进针深度约 0.3～0.4 寸。

进针时采用快速进针手法，以减少猫的不适感。进针后，轻缓地进行提插捻转手法，捻转角度在 90°～180°之间，频率约每分钟 30～60 次，以产生针感。留针 15～20 分钟，其间适当进行针感的维持操作。治疗频率为每周 2～3 次。

治疗原理和效果：

在中医理论中，足三里是调理脾胃的重要穴位，有健脾和胃、扶正培元的功效；中脘穴能和胃健脾、降逆利水；天枢穴可调理胃肠气机。通过针刺这些穴位，能够调整胃肠功能，恢复脾胃的运化功能。

从现代医学角度看，毫针刺激穴位可以调节胃肠的自主神经系统，使胃肠蠕动恢复正常，促进消化液的分泌。经过 3～4 周的治疗，这只波斯猫的呕吐、腹泻症状逐渐消失，食欲也逐渐恢复正常，体重开始回升。

二、三棱针

操作技术：三棱针主要用于放血疗法。在使用前，要对针具和穴位进行消毒。操作方法有点刺法、散刺法和挑刺法。点刺法是用三棱针快速刺入穴位或血络约 0.1～0.2 寸，随即出针，挤出少量血液；散刺法是在病变局部周围进行多点点刺，以促进局部气血运行；挑刺法是用三棱针挑破穴位处的皮肤或皮下组织，挤出少量血液或黏液。放血的量要根据动物的病情、体质和穴位的特点等因素确定，一般不宜过多。

临床应用：三棱针放血疗法常用于治疗动物的实证、热证和瘀血证。在治疗动物的中暑时，可在耳尖、尾尖等穴位点刺放血，以清热泻火、开窍醒神，缓解中暑症状，如高热、神昏、抽搐等。对于动物的急性结膜炎、睑腺炎等眼部疾病，可在太阳穴、耳尖等穴位进行点刺放血，起到清热解毒、消肿止痛的作用。在治疗一些慢性疾病，如慢性关节炎、慢性皮肤病等，通过在局部穴位进行散刺或挑刺放血，可改善局部血液循环，促进瘀血的消散，缓解疾病症状。

1. 治疗马的急性蹄叶炎

① 病例介绍　一匹7岁的伊犁马，因长途负重奔波且蹄部护理不当，突发急性蹄叶炎。患马表现为蹄部温热、疼痛剧烈，站立时频繁交替负重，蹄冠部明显肿胀，触诊极为敏感，不愿行走，强行驱赶时跛行严重，体温略有升高至38.8℃。

② 治疗过程　兽医首先对患马进行妥善保定，确保操作安全；接着，选取蹄头穴（位于蹄冠背侧，距蹄缘约1.5厘米处，每蹄内外侧各一穴）、缠腕穴（前肢在腕关节内侧下方约6厘米处的血管上，后肢在相应位置）等穴位。穴位处严格消毒后，用三棱针迅速点刺，刺入深度约0.2～0.3厘米，使穴位出血，每个穴位出血量控制在10～20 mL左右。随后，轻轻挤压穴位周围，促进瘀血排出。待出血自然停止后，再次消毒穴位。配合蹄部温敷、包扎，并给予适量抗炎及止痛药物。三棱针点刺穴位出血，可起到活血化瘀、通络止痛的功效，中医理论认为能使局部气血凝滞状态得以改善，热毒随血外泄；从现代医学角度看，放血能调节局部血液循环，减轻血管充血及炎症介质堆积，缓解肿胀与疼痛。经连续3天每日一次的三棱针治疗及后续综合护理，患马蹄部疼痛显著减轻，肿胀逐渐消退，1周后基本可缓慢行走，2周后恢复正常活动。

2. 治疗犬的睑腺炎

① 病情概况　一只2岁的比熊犬，眼部卫生不佳加之上火，眼睑处得了睑腺炎（俗称麦粒肿），初期眼睑缘微红、微肿，之后形成黄豆大小的硬结，伴有眼屎增多，患眼半眯，频繁眨眼，触碰眼睑患部时躲避、抗拒，有轻微痛感。

② 治疗手段　将犬保定后，选取睛明穴（位于目内眦上方约0.2厘米处的凹陷中）、太阳穴（在颞部，在眉梢与目外眦之间，向后约1寸的凹陷处）。消毒穴位皮肤，三棱针以极浅的角度轻轻刺破穴位表皮，见血珠渗出即可，每穴出血量约3～5滴。之后再涂抹适量的金霉素眼膏。睛明穴放血可清热泻火、明目消肿，太阳穴放血辅助疏风清热、调节眼部气血。从西医来讲，微量放血

能调节眼部局部免疫反应，促进炎症消退。连续治疗 4 天后，麦粒肿硬结开始变软变小，眼屎减少，1 周后麦粒肿基本消除，眼部恢复正常状态。

三、艾灸

操作技术：艾灸是用艾绒或艾条点燃后在穴位上进行熏烤的一种治疗方法。常用的艾灸方法有艾条温和灸、艾炷直接灸和间接灸等。艾条温和灸是将艾条点燃后，对准穴位，距离皮肤约 2～3 厘米进行熏烤，使穴位局部有温热感而无灼痛，每次灸 10～20 分钟，以局部皮肤红晕为度。艾炷直接灸是将艾炷直接放在穴位上点燃，根据艾炷的大小和燃烧程度分为瘢痕灸和无瘢痕灸，瘢痕灸会在穴位处留下瘢痕，一般较少使用，无瘢痕灸当艾炷燃剩 1/3～1/4 时，将艾炷移去，更换新艾炷继续施灸，一般灸 3～7 壮。间接灸是在穴位上放置姜片、蒜片、盐等间隔物后再施灸，如隔姜灸，将姜片切成约 0.2～0.3 厘米厚的薄片，中间用针穿刺数孔，放在穴位上，再将艾炷放在姜片上点燃施灸，可借助生姜的温经散寒作用，增强艾灸的效果。

临床应用：艾灸具有温通经络、散寒除湿、回阳救逆、消瘀散结等功效。在治疗动物的虚寒性疾病方面应用广泛，如风寒感冒、脾胃虚寒、肾阳不足等。对于患有慢性腹泻的动物，可在神阙、关元等穴位进行艾灸，以温补肾阳、健脾止泻。在治疗动物的风湿性关节炎、寒湿痹痛等疾病时，艾灸阿是穴（疼痛部位）及相关穴位，可驱散寒湿之邪，缓解关节疼痛、肌肉僵硬等症状。艾灸还可用于动物的保健，定期在一些保健穴位进行艾灸，可增强动物的体质，预防疾病的发生。

1. 治疗犬髋关节发育不良

① 病例详情　一只 4 岁的金毛犬，因遗传因素患髋关节发育不良，后肢无力，行走时左右摇摆，起身困难，运动后疼痛加剧，髋关节部位肌肉萎缩，X 射线图像显示髋关节间隙狭窄、关节面粗糙。

② 治疗方案　选取环跳、秩边、阳陵泉等穴位进行艾灸。环跳位于侧卧时股骨大转子最凸点与骶管裂孔连线的外 1/3 与中 1/3 交点处，以回旋灸为主，艾条距皮肤 3～4 厘米，每穴灸 15～20 分钟，以促进局部气血流通；秩边在平第四骶后孔，骶正中嵴旁开 3 寸，用温和灸激发经络、气血；阳陵泉在小腿外侧，腓骨头前下方凹陷处，结合雀啄灸，增强筋脉濡养。每周艾灸 4 次，8 周为一个疗程。治疗原理从中医层面讲，灸这些穴位可疏通经络、祛风散寒、强筋健骨，改善因发育不良致气血痹阻关节之症；从现代医学层面讲，艾

灸温热刺激使局部血管扩张，改善髋关节血液循环，缓解疼痛，减缓关节退变，刺激肌肉收缩，减缓肌肉萎缩。经两个疗程，犬后肢力量增加，行走摇摆减轻，起身较自如，肌肉萎缩得到一定控制。

2. 调理猫慢性肾衰竭

① 病例状况　一只 6 岁暹罗猫，患慢性肾衰竭，出现多饮多尿、食欲减退、体重下降、精神倦怠等症状，血检肌酐、尿素氮升高，肾脏超声显示肾脏萎缩、实质回声增强。

② 艾灸操作　选用肾俞、命门、关元俞穴位。肾俞在第二腰椎棘突旁开 1.5 寸，艾炷直接灸，每穴 3～5 壮，激发肾脏经气；命门位于第二腰椎棘突下凹陷中，隔姜灸，姜片扎孔置于穴位，艾炷放其上点燃，温补肾阳；关元俞在第五腰椎棘突旁开 1.5 寸，温和灸 10～15 分钟，助肾气固摄。每周 3 次，坚持 3 个月为一个周期。从中医角度而言，穴位艾灸可补肾固本、回阳救逆、调节脏腑机能。从西医角度看，温热刺激穴位能调节肾脏微循环，一定程度上改善肾灌注，缓解肾脏纤维化进程，减轻肾脏负担。持续治疗后，猫食欲有所恢复，饮水量、排尿量趋向正常，复查血检部分指标稳定或略降，精神状态好转，体重停止下滑。

第三节　中兽医方剂在临床治疗中的应用

一、辨证论治

八纲辨证：八纲辨证是中兽医辨证论治的基础，包括阴阳、表里、寒热、虚实。阴阳是八纲辨证的总纲，其他六纲可归纳为阴阳两方面。表里辨证可判断疾病的部位和病情的深浅，表证一般病情较轻，多为外感病的初期阶段；里证病情较重，多为脏腑气血功能失调。寒热辨证可确定疾病的性质，寒证表现为怕冷、喜暖、口淡不渴等；热证表现为发热、口渴、舌红苔黄等。虚实辨证则反映疾病的正邪盛衰情况，虚证多为正气不足，如气虚、血虚、阴虚、阳虚等；实证多为邪气亢盛，如气滞、血瘀、痰饮、食积等。通过八纲辨证，可对动物疾病有一个总体的认识，为方剂的选择和组方提供依据。

脏腑辨证：脏腑辨证是根据动物脏腑的生理功能和病理变化进行辨证。例如，心主神明、主血脉，若动物出现精神异常、心跳异常等症状，可考虑从心辨证；肺主气、司呼吸、主宣发肃降，当动物出现咳嗽、气喘、呼吸不畅等症状时，多从肺辨证；脾主运化、统血，食欲不振、消化不良、便血等症状可能与脾的功能失调有关。在辨证时，要综合考虑动物的症状、体征、病史等因素，确定病变的脏腑，然后针对相应的脏腑进行治疗。

二、方剂组成与使用

方剂组成原则：中兽医方剂的组成遵循君、臣、佐、使的原则。君药是方剂中针对主病或主证起主要治疗作用的药物，是方剂的核心。臣药是辅助君药加强治疗主病或主证的药物，或针对兼病或兼证起治疗作用的药物。佐药有佐助药，协助君、臣药加强治疗作用，或直接治疗次要兼证；还有佐制药，用以消除或减缓君、臣药的毒性或烈性；还有反佐药，是在病重邪甚，可能拒药时，配用与君药性味相反而又能在治疗中起相成作用的药物。使药有引经药，能引方中诸药以达病所；还有调和药，具有调和诸药的作用。例如，在治疗动物的肺热咳嗽方剂中，石膏可作为君药，清热泻火；知母为臣药，协助石膏清热滋阴；黄芩、桑白皮等为佐药，增强清热止咳作用，同时可制约石膏的寒性；甘草为使药，调和诸药，且能润肺止咳，还可引诸药入肺经。

方剂使用方法：中兽医方剂的使用方法有多种，包括内服、外用等。内服方剂一般根据动物的体重、病情等因素确定剂量，可将药物煎汤后灌服，也可制成散剂、丸剂、胶囊剂等方便服用的剂型。外用方剂可用于治疗动物的皮肤病、外伤等，如将药物研末后用醋、酒等调敷于患处，或煎水外洗、熏蒸等。在使用方剂时，要注意药物的配伍禁忌，如十八反、十九畏等，避免药物相互作用产生不良反应。同时，要根据动物的治疗反应，适时调整方剂的组成和剂量，以达到最佳的治疗效果。

第四节 针灸与中兽医技术在动物疼痛管理与慢性病治疗中的优势与案例分析

一、优势

整体调理：针灸与中兽医技术注重动物机体的整体调理，不仅仅是针对疼痛或疾病的症状进行治疗，还是通过调节经络、气血、脏腑功能等，从根本上改善动物的体质和内环境，提高其自身的抗病能力和适应能力。例如，在治疗动物的慢性疼痛时，针灸不仅可以缓解疼痛部位的症状，还能通过调节全身气血运行，改善相关脏腑的功能，如肝主筋、肾主骨，对于筋骨疼痛，可通过调理肝肾来促进筋骨的修复和功能恢复。

副作用小：与西药治疗相比，针灸与中兽医方剂的副作用相对较小。针灸治疗主要是通过刺激穴位来调节机体功能，一般不会引起不良反应。中兽医方剂多采用天然的中药，其毒性和副作用相对较低，且在方剂配伍时可通过君臣佐使的原则，利用药物之间的相互作用来降低毒性、增强疗效。例如，在使用一些有毒性的中药时，可通过配伍其他药物来减轻其毒性，同时不影响其治疗作用。

个性化治疗：针灸与中兽医治疗能够根据动物的个体差异进行个性化治疗。在针灸治疗中，穴位的选择和针刺手法可根据动物的病情、体质、年龄等因素进行调整。中兽医方剂则可通过辨证论治，针对不同动物的不同证型制定不同的方剂。例如，同样是关节炎，对于体质虚寒的动物和体质湿热的动物，方剂的组成和针灸穴位的选择都会有所不同，从而更精准地满足动物的治疗需求。

二、案例分析

1. 案例一：犬腰椎间盘突出症的治疗

① 案例背景　一只5岁的金毛犬，遭遇了腰椎间盘突出的困扰，这直接导致其后肢瘫痪，生活质量严重下降。

② 治疗方案　采用针灸与中药相结合的治疗手段。针灸上，选取百会、肾俞、环跳、委中、阳陵泉等穴位，运用毫针针刺，每次留针20分钟，每日进行一次针灸治疗。在中药方面，给予独活寄生汤加减方剂，以此来补肝肾、强筋骨、祛风湿。

③ 治疗过程与效果　经过一个月坚持不懈的治疗，该犬的后肢逐渐出现好转迹象，慢慢恢复了运动能力，最终能够站立起来，并且还可以缓慢行走。

④ 分析　犬腰椎间盘突出引发后肢瘫痪，从中医角度看，是因为经络、气血受阻，神经功能受损。针灸刺激百会、肾俞等穴位，能够有效促进局部气血运行，进而加快神经功能的恢复。而独活寄生汤加减方剂从整体出发，调理犬肝肾不足、风湿痹阻的体质，二者协同作用，极大地改善了犬的病情，取得了令人满意的治疗效果。

2. 案例二：猫慢性肾衰竭的治疗

① 案例背景　一只8岁的波斯猫被确诊患有慢性肾衰竭，其身体状况每

况愈下，精神萎靡，食欲不佳。经中医辨证，判断为脾肾阳虚证。

② 治疗方案　采用中药方剂与艾灸配合治疗。中药给予真武汤合四君子汤加减，目的是温肾健脾、利水消肿。艾灸则选取神阙、关元、肾俞等穴位，每周进行三次。

③ 治疗过程与效果　经过两个月的持续治疗，猫的精神状态有了明显的改善，不再萎靡不振，食欲也有所增加。从检查指标来看，血肌酐、尿素氮等指标有所下降，病情得到了有效控制。

④ 分析　猫慢性肾衰竭辨证为脾肾阳虚证，中药方剂真武汤合四君子汤加减针对其病机进行治疗，起到温肾健脾的作用。艾灸神阙、关元、肾俞等穴位，能够温补肾阳、健脾益气。通过中药与艾灸的协同作用，有效延缓了猫慢性肾衰竭的进展，显著提高了猫的生活质量。

3. 案例三：马的腰部疼痛治疗

① 案例背景　一匹 8 岁的赛马在一次激烈比赛后，出现了腰部疼痛、运动障碍的症状。经 X 射线检查，未发现明显骨折，但马表现出对腰部触摸敏感，行走时腰部僵硬，步伐不协调。

② 治疗方案　采用针灸结合中药疗法。针灸方面，选取腰部的肾俞、大肠俞、腰阳关等穴位，使用毫针针刺，采用捻转补泻手法，以激发经气、疏通经络。中药则给予独活寄生汤加减，以祛风除湿、通络止痛、补益肝肾。

③ 治疗过程与效果　在首次针灸治疗后，马的腰部肌肉紧张有所缓解。经过一个疗程（每周 2 次针灸，持续 4 周），配合中药内服，马的腰部疼痛明显减轻，运动时的灵活性逐渐恢复。在治疗后的第 6 周，马基本恢复正常运动状态，能够进行日常训练。

④ 分析　马的腰部疼痛主要是由于比赛时的剧烈运动导致经络、气血运行不畅，产生“不通则痛”的症状。针灸通过刺激穴位，调节经络、气血的运行，达到止痛的效果。肾俞、大肠俞等穴位与腰部的经络密切相关，刺激这些穴位可以改善局部血液循环，缓解肌肉痉挛。中药独活寄生汤具有扶正祛邪的作用，能够从整体上调节马的身体机能，增强体质，促进康复。

4. 案例四：犬的慢性关节炎治疗

① 案例背景　一只 10 岁的金毛猎犬患有慢性关节炎，表现为关节肿胀、疼痛，行走困难，尤其在阴雨天气症状加剧。血液检查显示炎症指标略有升高，X 射线图像显示关节间隙变窄，有骨质增生现象。

② 治疗方案　采用针灸、艾灸和中药外敷相结合的方法。针灸选取患病

关节周围的穴位，如膝关节的膝眼、足三里、阳陵泉等，针刺得气后，采用平补平泻手法。艾灸则在穴位上进行温和灸，以温通经络、散寒止痛。中药外敷采用乳香、没药、当归、川芎等药材研成细末，用醋调成糊状，敷于关节处。

③ 治疗过程与效果　经过 3 次针灸和艾灸治疗后（每周 1 次），犬的关节疼痛有所减轻，行走时的跛行情况有所改善。持续治疗 2 个月后，关节肿胀基本消退，炎症指标恢复正常。犬的活动能力明显增强，能够进行适度的户外活动。

④ 分析　犬的慢性关节炎属于中医“痹病”范畴，主要是风寒湿邪侵袭关节，导致气血痹阻。针灸能够疏通关节周围的经络、气血，调节局部的免疫功能，减轻炎症反应。艾灸的温热作用可以散寒除湿，促进局部血液循环，缓解疼痛。中药外敷的药物成分能够透过皮肤渗透到关节组织，发挥消肿止痛、活血化瘀的作用。综合运用这些中兽医技术，能够有效缓解犬的慢性关节炎症状，提高其生活质量。

参考文献

[1] 杨名赫．中兽医［M］．北京：中国农业大学出版社，2022.

[2] 陈玉库，孙维平．小动物疾病防制［M］．北京：中国农业大学出版社，2010.

[3] 刘根新．中兽医学［M］．北京：中国农业大学出版社，2018.

[4] 王志勇，宋晓贵，姚丽娟．羊病针灸疗法［J］．北方牧业，2015（5）：29.

[5] 聂立欣，谭素媚．中兽医辨证与处方［M］．北京：北京邮电大学出版社，2015.

[6] 王成，关铜．中兽医诊疗技术［M］．郑州：河南科学技术出版社，2012.

[7] 关铜．中兽医基础［M］．武汉：华中科技大学出版社，2017.

[8] 林义明．中兽医免疫［M］．成都：四川科学技术出版社，2009.

[9] 谭学诗．动物疾病诊疗［M］．太原：山西科学技术出版社，1999.

第四篇

兽医常见疾病诊疗

第十四章

传染病诊疗

在动物健康领域，传染病始终深刻影响着动物的生存质量、养殖效益和公共卫生安全。无论是常见家畜传染病，如猪瘟对养猪业造成巨大冲击的凶猛态势、禽流感在禽类群体中引发的广泛恐慌、口蹄疫致使家畜行动受限且传播迅速的棘手状况，还是常见宠物传染病，像犬瘟热给犬带来的高致死率、猫泛白细胞减少症对猫科动物健康的严重威胁，均需要我们深入探究其临床症状、诊断方法、治疗措施与防控策略，以最大程度降低其危害。而随着全球生态环境的变化与人类活动范围的不断拓展，新发传染病犹如隐匿于暗处的未知幽灵，悄然浮现，其监测与应急处置原则的建立和完善就显得尤为关键，这不仅关乎动物群体的安危，更是在动物与人的健康交互网络中构建起坚固的防线。深入理解并掌握这些知识与技能，对于兽医从业者、动物养殖者和宠物主人等各方主体，在保障动物健康、维护行业稳定与公共卫生安全方面具有不可替代的重要意义。

第一节　常见畜禽传染病

猪病

一、猪瘟

1. 诊断方法

猪瘟的诊断可采用多种方法。临床诊断中，若观察到猪只体温升高至40～42℃，呈稽留热，精神沉郁，食欲减退或废绝，眼结膜发炎，有脓性分泌物等症状，可初步怀疑为该病。实验室诊断常用酶联免疫吸附试验（ELISA）

检测猪瘟病毒抗体或抗原，聚合酶链反应检测病毒核酸，这两种方法具有较高的敏感性和特异性。此外，还可进行病毒分离鉴定，将病料接种于易感细胞或实验动物，观察细胞病变或动物发病情况。

2. 临床症状

病猪初期体温升高，可达41℃左右，精神委顿，被毛粗乱，寒战，喜卧，行走时步态不稳。随后出现食欲减退或废绝，饮水增多，眼结膜潮红、有脓性分泌物，先便秘后腹泻，粪便带有黏液或血液。部分病猪在耳部、腹部、四肢内侧等皮肤出现紫绀或出血斑点，指压不褪色。公猪可出现包皮积尿，用手挤压有浑浊恶臭的液体流出。慢性型猪瘟症状相对较轻，病程较长，表现为消瘦、贫血、生长发育迟缓等。

3. 治疗措施

目前尚无特效治疗药物。发病早期可使用干扰素、免疫球蛋白等生物制品进行辅助治疗，同时采用对症治疗，如使用退烧药缓解高热症状，用抗生素防止继发感染等，但总体治疗效果有限。

4. 防控策略

预防为主，通过疫苗接种建立免疫屏障，如使用猪瘟兔化弱毒疫苗对仔猪和种猪进行免疫接种。加强养殖场的生物安全管理，严格执行消毒制度，限制人员、车辆和动物的流动，防止病毒传入。一旦发现疫情，立即隔离病猪，对病死猪进行无害化处理，对养殖场进行全面消毒，对受威胁猪群进行紧急免疫接种。

二、非洲猪瘟

1. 临床症状

① 最急性型　猪只突然死亡，无明显前期症状。这种情况通常发生在非洲猪瘟强毒株感染时，猪只可能在感染后1～2天内死亡，病死率极高。

② 急性型　体温升高，可达42℃左右。病猪精神萎靡，被毛粗乱，呼吸困难，咳嗽；还会出现皮肤红斑，尤其是在耳部、腹部和四肢内侧。有的病猪会出现呕吐、腹泻，粪便带血。受孕母猪可能发生流产。

③ 亚急性型　症状较急性型稍轻，体温一般在39.5～40.5℃之间。病猪表现为消瘦、虚弱，可能出现呼吸道和消化道症状，病程持续数周，病死率相

对较低。

④ 慢性型 主要表现为消瘦、生长迟缓，伴有间歇性发热、呼吸道症状和皮肤病变等，病程可能长达数月。

2. 诊断方法

① 临床诊断 观察猪只的临床症状是初步诊断的一种方式。非洲猪瘟的临床症状多样，发病初期可能出现发热，体温可高达40～42℃，持续时间约4～7天。病猪可能会表现出精神沉郁、厌食、身体虚弱，还可能出现皮肤发绀，特别是耳部、四肢和腹部等部位。观察猪的粪便和呕吐情况，部分病猪会有腹泻或呕吐的症状，粪便的性状可能改变。

② 实验室诊断 病毒检测是确诊的关键。可以采集病猪的血液、脾脏、淋巴结、扁桃体等组织样本。常用的检测方法有荧光定量PCR检测，它能够快速、准确地检测出非洲猪瘟病毒的核酸。病毒分离鉴定也是一种方法，不过这种方法相对复杂且耗时较长。通过将采集的样本接种到合适的细胞系中，观察细胞病变效应，再进一步鉴定病毒。

3. 防控策略

① 生物安全措施 猪场要建立严格的隔离设施，限制外来人员和车辆进入。进入猪场的人员和车辆必须进行彻底的消毒，包括人员更换工作服、鞋套，车辆喷雾消毒等措施。加强饲料和饮水的安全管理，确保来源可靠，防止病毒通过饲料和饮水传播。

② 监测和检测 定期对猪群进行疫病监测，包括抗体检测和抗原检测。一旦发现可疑病例，立即进行隔离并进一步检测以确诊。

③ 扑杀和无害化处理 一旦确诊为非洲猪瘟，要立即对感染猪只和同群猪只进行扑杀，并采用无害化处理方式，如焚烧、深埋等，防止病毒扩散。

④ 疫苗接种（目前暂无完全有效的商业化疫苗） 虽然目前没有完全有效的商业化疫苗，但相关科研工作正在积极开展，未来有望通过疫苗接种来预防非洲猪瘟。

三、猪繁殖与呼吸综合征

1. 临床症状

① 母猪 繁殖障碍是主要症状。在受孕后期，母猪会出现流产，早产率可能增加，产出死胎、木乃伊胎或者弱仔。部分母猪产后无乳，出现发情间隔

延长、返情率增加等情况。

有的母猪还会出现轻微的呼吸道症状，如咳嗽、打喷嚏等。

② 仔猪　出生后仔猪表现为呼吸困难，有的会呈腹式呼吸，呼吸急促。仔猪活力差，吮乳能力下降，死亡率较高，尤其是在出生后1～3周内。仔猪可能会出现消瘦、被毛粗乱等症状，部分仔猪会出现腹泻，导致生长发育迟缓。

③ 育肥猪　主要表现为呼吸道症状，咳嗽、气喘，体温升高。生长速度明显减慢，饲料转化率降低，使育肥周期延长。

2. 诊断方法

① 临床诊断　观察母猪的繁殖情况，如出现流产、早产、死胎、木乃伊胎等繁殖障碍症状，仔猪出现呼吸困难等呼吸症状时，可初步怀疑为猪繁殖与呼吸综合征。查看猪群的精神状态，病猪往往精神沉郁、嗜睡，有的会出现体温升高，可达40～41℃左右。

② 实验室诊断　血清学检测是常用的方法，如酶联免疫吸附试验，通过检测猪血清中的抗体来判断猪是否感染了该病毒。这种方法可以检测出猪群的感染率。

病毒分离鉴定也很重要。采集病猪的肺脏、淋巴结、扁桃体等组织样本，接种到特定的细胞培养物中，如肺泡巨噬细胞（PAM），如果出现细胞病变，再通过免疫荧光、PCR等方法进一步鉴定是否为猪繁殖与呼吸综合征病毒。

分子生物学检测技术，例如RT-PCR（反转录-聚合酶链反应）可以快速、准确地检测病毒核酸，能在感染早期就发现病毒。

3. 防控策略

① 加强饲养管理　提供良好的猪舍环境，保持适宜的温度、湿度和通风条件。合理的饲养密度可以减少猪只之间的接触和应激。

保证猪群的营养均衡，提高猪只的免疫力。提供清洁的饮水和优质的饲料，定期对饲料和饮水进行检测。

② 生物安全措施　严格控制人员和车辆进出猪场，进入猪场的人员和车辆必须进行消毒。对新引进的猪只进行隔离检疫，至少观察4～6周，确保没有携带病毒后再合群。

定期对猪舍、养殖设备等进行消毒，选择合适的消毒剂，如过氧乙酸、氢氧化钠等。

③ 疫苗接种　有多种疫苗可供选择，包括灭活疫苗和弱毒疫苗。根据猪

群的实际情况，如健康状况、感染风险等，合理选择疫苗进行接种，以提高猪群的抵抗力。

四、猪伪狂犬病

1. 临床症状

① 仔猪症状　出生后感染的仔猪病死率极高，多在 3～5 日龄死亡。有明显的神经症状，如尖叫、抽搐、口吐白沫等，同时还会出现腹泻、呕吐、体温升高，最后因呼吸衰竭而死亡。

② 育肥猪症状　体温升高，可达 41℃左右，精神不佳，采食量下降。有呼吸道症状，咳嗽、气喘，个别猪有皮肤瘙痒、磨蹭墙壁的行为。

③ 繁殖母猪症状　受孕母猪主要是繁殖障碍。受孕初期感染可能导致胚胎死亡被吸收，中后期则出现流产、死胎、木乃伊胎。产后母猪可能出现无乳、少乳的情况。

2. 诊断方法

① 临床综合诊断　观察猪的行为表现。仔猪发病初期会有精神沉郁、发热（41～42℃）的症状，随后出现神经症状，如全身颤抖、共济失调，严重的会倒地抽搐、四肢划动呈游泳状。育肥猪常见呼吸道症状，如咳嗽、打喷嚏，部分猪也有发热和精神萎靡。繁殖母猪表现为繁殖障碍，如流产、死胎、木乃伊胎等。

② 实验室诊断

血清学检测：常用酶联免疫吸附试验。通过检测猪血清中的抗体来判断感染情况。如猪感染后 7～10 天左右抗体水平会升高。

病毒分离与鉴定：采集病死猪的脑、扁桃体等组织样本，接种到猪肾细胞（PK-15）等敏感细胞上。若出现细胞病变，再用免疫荧光抗体试验等方法进行病毒鉴定。

分子生物学检测：聚合酶链反应可快速检测病毒核酸，能在感染早期检测到病毒，具有高灵敏度和特异性。

3. 防控策略

① 疫苗接种　基因缺失疫苗是常用的疫苗，如 Bartha-K61 株疫苗。仔猪出生后 1～3 日龄滴鼻，每头仔猪 1 头份；30～35 日龄肌内注射 1 头份；后备母猪配种前 1 个月肌内注射 1 头份，产前 1 个月加强免疫 1 头份；经产母猪产

前1个月免疫1头份。

② 生物安全措施 执行严格的人员、车辆进出消毒制度。人员进入猪场前要更换工作服、鞋，并经过消毒通道。车辆用戊二醛等消毒剂彻底喷雾消毒。对猪舍、养殖环境定期用氢氧化钠等进行消毒。

③ 猪群管理 建立健康的猪群，引进种猪要严格检测，确保猪伪狂犬病毒为阴性。对猪群定期进行抗体监测，发现阳性猪及时隔离淘汰，逐步净化猪群。

五、猪流行性腹泻病

1. 临床症状

① 哺乳仔猪 症状最为严重，病死率较高。通常在出生后1～3天内发病，先出现呕吐，随后腹泻，粪便呈水样，呈黄色或灰白色。仔猪会因严重脱水而消瘦，皮肤失去弹性，眼窝凹陷，四肢无力，最终可能在2～7天内死亡。

② 保育猪和育肥猪 主要表现为水样腹泻，腹泻次数较多，有时可达10次/天左右。病猪精神沉郁，食欲减退，生长速度减慢。部分猪可能会出现短暂的发热，体温可达40～40.5℃。

③ 母猪 母猪一般症状较轻，主要表现为厌食、腹泻，有时也会出现呕吐。腹泻持续时间通常为3～7天，严重时可能会影响母猪的繁殖性能，如导致母猪乳汁分泌减少。

2. 诊断方法

① 临床诊断 观察猪的粪便情况。病猪通常会出现水样腹泻，粪便呈灰色或黄色，有时带有未消化的凝乳块。病猪还会有呕吐症状，尤其在哺乳仔猪中较为常见。

注意猪的精神状态和食欲。感染猪流行性腹泻病的猪精神萎靡，扎堆，不愿活动，采食量明显下降，尤其是仔猪，可能会出现不吃奶的情况。

② 实验室诊断

病毒检测：通过采集病猪的粪便、小肠内容物等样本，利用酶联免疫吸附试验检测猪流行性腹泻病毒（PEDV）抗原。也可以采用聚合酶链反应技术检测病毒核酸，这种方法灵敏度高，能够快速准确地诊断病毒感染。

血清学检测：检测猪血清中的抗体，常用的方法是间接ELISA。在猪感染病毒一段时间后，血清中会出现相应抗体，通过检测抗体水平可以辅助诊断。

3. 防控策略

① 疫苗接种　常用疫苗有猪流行性腹泻-猪传染性胃肠炎二联灭活疫苗。母猪在产前 40 天和产前 20 天各免疫 1 次，每次肌内注射 4 mL，能有效提高母源抗体水平，保护仔猪。仔猪可以在 10～15 日龄进行免疫，肌内注射 1 mL。

② 生物安全措施　加强猪场的消毒工作，使用过氧乙酸、氢氧化钠等消毒剂对猪舍、用具等进行定期消毒。严格限制外来人员和车辆进入猪场，如有必要进入，必须进行彻底消毒。

③ 饲养管理　保持猪舍的清洁干燥，合理控制猪舍的温度和湿度。对于发病猪群，要及时隔离病猪，防止疾病传播。同时，为病猪提供充足的清洁饮水，在饮水中添加口服补液盐，防止脱水。对病死猪要进行无害化处理，避免污染环境。

六、猪大肠杆菌病

1. 临床症状

① 仔猪黄痢　最急性型的仔猪在出生后 12 小时内就发病，没有明显症状突然死亡。急性型的 1～3 日龄仔猪表现为腹泻，粪便呈黄色水样，含有小气泡，肛门松弛，病猪迅速消瘦、脱水，皮肤皱缩，最终衰竭死亡，病死率可达 90%左右。

② 仔猪白痢　病猪主要症状是腹泻，粪便呈灰白色、糊状或浆糊状，有腥臭味。病猪体温一般正常或稍高，精神不振，食欲减退，逐渐消瘦。病程一般为 2～3 天，长的可达 1 周左右，病死率相对较低。

③ 仔猪水肿病　主要发生于断奶前后的仔猪。病猪突然发病，出现眼睑、头部、颈部甚至全身水肿，指压水肿部位有凹陷。病猪精神沉郁，共济失调，行走不稳，倒地后四肢划动，呈游泳状。严重的病猪会出现惊厥、抽搐等症状，最后因呼吸衰竭而死亡。

2. 诊断方法

① 临床诊断　观察仔猪的腹泻情况。仔猪黄痢主要发生于 1～3 日龄仔猪，粪便呈黄色浆糊状或水样，含有凝乳块。仔猪白痢多发生于 10～30 日龄仔猪，粪便为灰白色、糊状或浆糊状。仔猪水肿病主要发生于断奶前后的仔猪，病猪出现眼睑、头部、颈部甚至全身水肿。

观察病猪的精神状态。患大肠杆菌病的仔猪一般精神沉郁，不愿活动，常扎堆。

② 实验室诊断

细菌分离鉴定：采集病猪的粪便、肠道内容物或病变组织，在麦康凯琼脂培养基等选择性培养基上培养。如果出现粉红色菌落（大肠杆菌在麦康凯培养基上的典型特征），再通过生化试验进一步鉴定，如检测其对乳糖、蔗糖等的发酵情况。

血清型鉴定：利用血清学方法鉴定大肠杆菌的血清型，因为不同血清型的致病性和抗原性不同，这对于准确诊断和针对性防控很重要。

3. 防控策略

① 疫苗接种　有大肠杆菌 K88、K99 双价基因工程苗。受孕母猪产前 15～30 天免疫 1 次，肌内注射 2 mL，可使仔猪通过初乳获得母源抗体，对仔猪起到保护作用。

② 生物安全措施　加强产房和保育舍的消毒，常用消毒剂如碘伏、戊二醛等。保持猪舍的清洁卫生，定期清理粪便和污水。严格控制人员和车辆进出，减少病原菌的传入。

③ 饲养管理　保证母猪营养均衡，提高母乳质量。仔猪要尽早吃到初乳，以增强免疫力。合理控制猪舍的温度、湿度和通风，为仔猪提供良好的生长环境。对发病的仔猪要及时隔离并治疗，防止疾病传播。

七、猪链球菌病

1. 临床症状

① 败血症型　最为严重，病猪高热稽留，全身症状明显，黏膜潮红、发绀，共济失调，随后出现抽搐、昏迷，多在发病后 1～3 天死亡，病死率高达 80%～90%。

② 脑膜炎型　多见于仔猪，表现为神经症状，体温升高，尖叫、抽搐、转圈、倒地四肢划动，部分猪眼球震颤、斜视，病程稍长，若治疗不及时多数预后不良。

③ 关节炎型　多由前两型转归而来，关节肿大、疼痛，跛行，严重时关节腔积液、化脓，病猪生长缓慢，饲料利用率降低，长期卧地。

④ 淋巴结脓肿型　颌下、咽部、颈部等部位淋巴结肿大，触之坚硬、有热痛，之后化脓变软，破溃流出脓汁，全身症状较轻，病程数周，可自愈但影

响生长。

2. 诊断方法

① 临床诊断 观察病猪症状，急性型常突然发病，体温升至41～43℃，精神萎靡、食欲废绝，流鼻液、呼吸困难，部分猪出现跛行、关节肿大，耳尖、腹下、四肢末端等部位发绀；慢性型则表现为关节炎、心内膜炎、化脓性淋巴结炎等，关节肿大变形，活动受限，体表淋巴结化脓破溃。

② 实验室诊断 采集病死猪的肝、脾、淋巴结、心血、关节液等病料，涂片染色后镜检，可见革兰氏阳性球菌呈链状排列。也可将病料接种于血液琼脂平板，37℃培养24小时左右，观察菌落形态，猪链球菌在血平板上形成灰白色、表面光滑、边缘整齐、直径1～2mm的小菌落，多数菌株有溶血现象。还可利用PCR等分子生物学技术检测猪链球菌特异性基因，以精准确定血清型。

3. 防控策略

① 疫苗接种 猪链球菌病二价灭活疫苗，用于预防猪链球菌2型和7型感染，仔猪18～21日龄首免，肌内注射2 mL；35～42日龄二免，注射3 mL。母猪配种前1个月免疫1次，产前1个月加强免疫，剂量均为3 mL，能有效保护母猪及仔猪。

② 生物安全措施 严格猪场消毒，定期交替使用过氧乙酸、氢氧化钠等消毒剂对猪舍、用具等进行消毒。实行全进全出制度，减少猪群转群应激及病原体的积累。外来猪只隔离观察30天以上，确认健康方可混群。

③ 饲养管理 保证饲料营养全面、新鲜无霉变，提供清洁的饮水。合理控制饲养密度，保持猪舍良好通风与适宜的温湿度，增强猪群的抵抗力。对病猪及时隔离治疗，防止疾病扩散，对病死猪无害化处理，严禁随意丢弃或售卖。

八、副猪嗜血杆菌病

1. 临床症状

① 多发性浆膜炎 主要侵害胸腔、腹腔和心包腔，引发纤维素性胸膜炎、腹膜炎和心包炎。病猪胸腔积液增多，呼吸时痛苦呻吟；腹腔脏器粘连，有纤维素性渗出物覆盖，导致腹痛、消化不良；心包腔内积液致使心脏功能受影响，出现心率加快、心音减弱等症状。

② 关节炎　多发生于四肢关节，关节肿大、发热、疼痛，初期触摸柔软有波动感，后期因纤维组织增生而变硬；病猪行走困难，不愿站立，严重时长期卧地不起，因采食受限而逐渐消瘦。

③ 呼吸道症状　常伴有咳嗽、打喷嚏、流鼻涕等，病情加重时呼吸急促、喘鸣，呈典型的腹式呼吸，肺部听诊有啰音，尤其在运动或应激后呼吸道症状加剧。

2. 诊断方法

① 临床诊断　观察病猪表现，急性感染时体温升高至 40～41℃，精神沉郁、食欲不振，呼吸急促，呈腹式呼吸，有的猪关节肿胀、跛行，体表皮肤发红或苍白，耳尖发绀。慢性阶段猪生长缓慢、消瘦、被毛粗乱、关节变形僵硬、活动能力差。

② 实验室诊断　采集病死猪的肺脏、胸腔积液、关节液、心包液及肝脏、脾脏等组织样本。涂片经革兰氏染色后镜检，可见革兰氏阴性短小杆菌，多呈单个、成双或短链状排列。将病料接种于巧克力琼脂培养基，在含 5%～10% 二氧化碳的环境中，37℃培养 24～48 小时，可见针尖大小、无色透明、不溶血的菌落。还可采用 PCR 技术检测副猪嗜血杆菌特异性基因片段，快速精准确定病原体及其血清型。血清学检测，如 ELISA 方法，可检测猪群血清抗体水平，用于流行病学调查及辅助诊断。

3. 防控策略

① 疫苗接种　市场上有副猪嗜血杆菌多价灭活疫苗，如含血清型 1、4、5、13 等常见致病型的多价苗。仔猪在 10～14 日龄首免，肌内注射 1mL；28～35 日龄二免，注射 2mL。母猪产前 4～6 周免疫一次，每头注射 2～3mL，可有效提高母源抗体水平，保护仔猪早期免受感染。种公猪每半年免疫一次，剂量同母猪，维持其健康状态，防止经精液传播病原体。

② 生物安全管理　严格猪场门禁制度，人员、车辆进出彻底消毒；猪舍定期清扫、冲洗后，用戊二醛、过氧乙酸等消毒剂交替喷雾消毒，每周至少 2～3 次。实行分批次、全进全出的饲养模式，批次间隔期空栏，彻底清洗消毒。

③ 饲养管理　保证饲料营养均衡，富含蛋白质、维生素和矿物质，增强猪只体质。控制好猪舍温湿度，冬季保暖、夏季防暑，维持良好通风，降低氨气等有害气体浓度，减少应激因素，避免猪群免疫力下降引发疾病。对病猪及时隔离治疗，选用敏感抗菌药物如头孢噻呋、氟苯尼考等，防止病情扩散，对

病死猪进行严格无害化处理。

九、猪支原体感染

1. 临床症状

① 呼吸道症状　猪支原体感染最突出的是呼吸道表现。发病初期，病猪轻微咳嗽，多在清晨、采食或剧烈运动后发作，声音短而清脆。随着病情加重，咳嗽愈发频繁、剧烈，呈连续干咳，严重时可导致呼吸困难，呈腹式呼吸，即腹部起伏明显，有的猪甚至会张口喘气，肋骨间隙随呼吸起伏。听诊肺部有啰音，尤其在肺脏的心叶、尖叶及中间叶病变区域明显。

② 生长发育迟缓　患病猪采食量下降，由于呼吸功能受影响，身体长期处于应激与缺氧状态，营养消耗用于维持呼吸等基本生理功能，则用于生长的能量、养分不足，导致生长缓慢、消瘦。同批猪群中患病个体体型明显偏小，出栏时间延长，饲料转化率大幅降低，给养殖效益带来严重冲击。

③ 其他并发症状　部分病情严重、病程久的猪只，易继发细菌感染，如巴氏杆菌、胸膜肺炎放线杆菌等，出现高热，体温达 40～41.5℃，耳部、腹部皮肤发绀，精神极度萎靡，最终可能因心肺功能衰竭或败血症而死亡；母猪感染还可能致使繁殖性能下降，如流产、产弱仔等。

2. 诊断方法

① 临床诊断　依据典型呼吸道症状，如持续性干咳、腹式呼吸和生长不良状况，结合发病猪群年龄（多集中在保育猪与生长育肥猪阶段）、饲养环境（通风不良、饲养密度大时高发）做初步诊断。若猪群陆续出现相似的呼吸道症状，应高度怀疑为支原体感染。

② 实验室诊断　采集病猪鼻腔拭子、气管或肺部渗出物、血液等样本。涂片镜检，支原体呈多形性，常见球状、杆状或丝状，革兰氏染色呈阴性；血清学检测常用 ELISA 方法，检测血清中支原体特异性抗体，感染一段时间后抗体水平显著上升；PCR 技术能精准扩增支原体特异性基因片段，灵敏度高，发病早期即可检测到病原体核酸，哪怕是隐性感染猪也能有效检出，有利于早期防控。

3. 防控策略

① 疫苗接种　猪肺炎支原体灭活疫苗是常用疫苗种类，国内如猪支原体肺炎灭活疫苗（P-5722-3 株），仔猪一般在 7～10 日龄首免，肌内注射 1～

2mL；21～28日龄二免，注射量2～3mL。种猪每年普免2～3次，每次3～4mL，可有效刺激机体产生免疫保护，降低发病率与感染严重程度，减少肺部病变。进口的有勃林格殷格翰的猪支原体肺炎灭活疫苗（RM48株），免疫程序类似，保护效果良好，在全球广泛应用。

② 饲养管理　合理调控饲养密度，保育猪每栏饲养头数依栏舍面积适度安排，避免拥挤；加强通风换气，确保猪舍内氨气浓度不超20mL/1000L，硫化氢浓度低于10mL/1000L，维持空气清新；定期更换垫料，保持干燥温暖环境，减少应激因素，如避免频繁转群、温度骤变等，以增强猪只抵抗力。

③ 生物安全　严格执行猪场分区管理，生活区、生产区隔离；外来车辆、人员入场严格消毒，人员洗澡更衣换鞋，车辆喷雾、火焰消毒；新引进猪只隔离观察至少3周，检测无支原体感染再合群；一旦发病，及时将病猪隔离治疗，彻底消毒污染栏舍，防止病原体扩散。

十、猪圆环病毒病

1. 临床症状

① 仔猪阶段　多系统衰竭综合征常见于保育仔猪，病猪精神沉郁、食欲不振，渐进性消瘦，被毛粗乱无光泽，皮肤苍白，生长迟缓甚至停滞，出现呼吸困难，呈腹式呼吸；有的仔猪会有腹泻症状，排出黄色糊状粪便，夹杂未消化的饲料颗粒。体表淋巴结肿大，尤其是腹股沟淋巴结，触感坚硬、肿大明显，可达到正常的2～3倍。

② 育肥猪阶段　部分育肥猪感染后，皮肤上形成暗红色或紫红色的圆形、不规则形丘疹，中央逐渐变黑，随后结痂，若多个疹块融合，可覆盖大面积皮肤，形似豹纹，即“猪皮炎肾病综合征”，病猪体温略有升高，可达40～41℃，采食减少，生长速度放缓，屠宰后可见肾脏肿大、苍白，表面有白色坏死点，皮质部有出血点。

③ 繁殖障碍　母猪感染后，可致流产、死胎、木乃伊胎，产弱仔比例增加，新生仔猪活力差，吮乳无力，易夭折；配种后返情率升高，妊娠期延长或缩短，严重影响猪场的繁殖效率。

2. 诊断方法

① 临床诊断　依据不同阶段猪群呈现的典型症状，如仔猪消瘦、多系统症状，育肥猪皮肤病变，母猪繁殖异常等综合判断，同时结合猪群近期应激因素，像转群、免疫、饲料更换等情况做初步排查，若有群发趋势且符合猪圆环

病毒感染特征，需进一步在实验室确诊。

② 实验室诊断　采集病猪的血液、脾脏、淋巴结等组织样本。通过酶联免疫吸附试验（ELISA）检测血清中猪圆环病毒抗体，感染后一定时间抗体水平升高，但要注意与疫苗免疫抗体相区分；聚合酶链式反应技术可扩增病毒核酸，精准检测病毒，发病早期病毒血症阶段即可查出，灵敏度高；免疫组化法用于检测组织中的病毒抗原，观察病毒在组织细胞内的分布定位，利于了解病变机理，对病死猪剖检后病变器官检测准确性高。

3. 防控策略

① 疫苗接种　猪圆环病毒 2 型合成肽疫苗，安全性好，免疫原性强，仔猪在 14～21 日龄首免，肌内注射 1mL；间隔 2～3 周进行二免，剂量与第一次相同。猪圆环病毒 2 型灭活疫苗（LG 株），免疫效果稳定，种猪配种前 1 个月免疫 2mL，产前 1 个月加强免疫 2mL，每年普免 2～3 次；仔猪按常规免疫程序，可有效防控病毒感染，降低发病率与临床症状严重程度。

② 饲养管理　保证饲料营养全面均衡，依据猪不同生长阶段调配精准配方，满足蛋白质、维生素、矿物质需求；减少应激，避免饲养密度过大，保持合理光照与通风，夏季防暑降温，冬季防寒保暖；仔猪早期断奶要循序渐进，做好过渡护理，维持良好的体况。

③ 生物安全　严格猪场分区，生产区、生活区严格分开；人员进出洗手、换工作服和鞋套，经消毒通道入场；车辆进出全面清洗、喷雾消毒；定期监测猪群抗体水平，及时淘汰隐性感染带毒的猪；对病死猪无害化处理，防止病毒散播，阻断传播途径，维持猪群健康。

禽病

一、禽流感

1. 临床症状

高致病性禽流感发病急，死亡快，病禽表现为极度沉郁，闭眼昏睡，头颈部水肿，鸡冠和肉髯肿胀、发绀、坏死，脚鳞出血，呼吸困难，常伴有啰音，腹泻，粪便呈黄绿色。低致病性禽流感症状相对较轻，主要表现为呼吸道症状，如咳嗽、打喷嚏、呼吸啰音等，产蛋量下降，蛋壳质量变差，有软壳蛋、畸形蛋等。

2. 诊断方法

临床诊断依据禽类突然发病，体温升高，精神沉郁，食欲减退或废绝，羽毛松乱，鸡冠和肉髯发绀、肿胀，头面部水肿，呼吸困难，咳嗽，打喷嚏，产蛋量急剧下降等症状。实验室诊断可采集病禽的呼吸道、消化道分泌物或组织样本，进行禽流感病毒的分离培养、血清学检测（如血凝抑制试验、ELISA等）和分子生物学检测（如RT-PCR）。

3. 治疗措施

对于高致病性禽流感，一旦确诊，应立即扑杀病禽和同群禽，进行无害化处理，不允许治疗。对于低致病性禽流感，可在严格隔离的条件下，使用抗病毒药物（如金刚烷胺、利巴韦林等，但需注意药物残留问题）进行治疗，同时使用抗生素预防继发感染，加强饲养管理，提高禽群的抵抗力。

4. 防控策略

加强禽类养殖场的生物安全措施，包括禽舍的消毒、人员和车辆的消毒与隔离、饲料和饮水的安全管理等。定期对禽群进行禽流感疫苗免疫接种，根据当地流行毒株选择合适的疫苗。建立疫情监测体系，及时发现和报告疫情。一旦发生疫情，迅速启动应急预案，采取封锁、扑杀、消毒、无害化处理等综合防控措施，防止疫情扩散。

二、新城疫

1. 临床症状

① 典型症状　病鸡精神极度萎靡，缩颈闭眼，羽毛蓬松杂乱，双翅下垂，鸡冠和肉髯呈暗红色或紫黑色，肿胀且质地变硬，触之温热。嗉囊积液，充满酸臭液体，倒提病鸡时，常从口角流出大量酸臭黏液。呼吸困难，伸颈张口呼吸，发出“咕噜”声，咳嗽气喘，有时可见甩头动作，试图甩出气管内堵塞物。排黄绿色或黄白色稀粪，粪便中常带有黏液，有时混有血液。产蛋鸡产蛋量急剧下降，软壳蛋、畸形蛋增多，蛋壳颜色变浅。

② 非典型症状　在免疫鸡群或感染低毒力毒株鸡群中，症状相对轻微。鸡群采食量轻微下降，生长缓慢，有轻微呼吸道症状，如偶尔咳嗽、打喷嚏等。产蛋鸡出现一过性产蛋率降低，蛋品质变差，蛋清稀薄，蛋黄颜色变浅，部分鸡有轻微腹泻症状，这些情况易被忽视，但若继发其他细菌感染，病情会迅速加重。

2. 诊断方法

① 临床诊断　依据典型临床症状，如急性发病、高死亡率、呼吸道及消化道严重病变等综合判断。观察鸡群整体状态，有无精神、采食、产蛋异常，结合病鸡个体鸡冠色泽、呼吸及粪便表现初步推测，但非典型病例易误诊，需借助实验室手段。

② 实验室诊断　采集病死鸡气管、肺脏、脾脏、腺胃、肠道等组织，通过病毒分离鉴定，接种鸡胚尿囊腔，观察鸡胚死亡及病变情况，收获尿囊液检测血凝性，若血凝试验阳性且能被新城疫标准阳性血清抑制，则可确诊；荧光定量 PCR 检测病毒核酸，敏感性高，发病早期即可精准检测病毒载量；血清学检测，如血凝抑制试验测定鸡群抗体水平，监测免疫效果及感染情况，免疫鸡群抗体滴度异常升高或参差不齐提示野毒感染或免疫失败。

3. 防控策略

① 疫苗接种　鸡新城疫活疫苗（La Sota 株），毒力较弱，安全性高，适用于雏鸡首免，7～10 日龄滴鼻、点眼免疫，每只 0.01mL；二免可在 20～25 日龄，饮水免疫，剂量按说明书适当增加。鸡新城疫灭活疫苗（A-Ⅶ株），免疫效力持久，能提供坚强保护力，种鸡开产前 2～3 周颈部皮下注射 0.5mL，产蛋中期加强免疫一次；商品蛋鸡、肉鸡可根据养殖周期在适当阶段免疫，如肉鸡 3～4 周龄免疫一次，可提升抗病力。

② 饲养管理　提供优质全价饲料，确保满足鸡群各阶段营养需求，增强体质；保持鸡舍清洁干燥，定期清扫粪便、消毒，合理通风换气，调控温湿度，减少应激因素；执行严格的全进全出制度，各批次间彻底清洗消毒鸡舍及设备，防止病原累积和交叉感染。

③ 生物安全　严格管控人员、车辆、物资流动，对外来人员、车辆进行消毒，外来人员需换衣、换鞋后入场；养殖场周边应设置隔离带，防止野鸟进入，因为野鸟是重要传染源；定期开展疫病监测，监测鸡群健康及抗体动态，一旦发现异常，及时隔离病鸡，按规定处理，防止疫情扩散。

三、马立克病

1. 临床症状

① 神经型　主要侵害外周神经，表现为运动障碍。病鸡一侧或两侧肢体出现不同程度的麻痹，常见的是坐骨神经受侵害，导致病鸡单腿或双腿不完全

或完全麻痹，步态不稳，呈劈叉姿势，即一只脚向前，一只脚向后。翅膀神经受损时，翅膀下垂，无法正常扇动。当颈部神经受损时，病鸡会出现头下垂或歪向一侧的症状。

② 内脏型　病鸡精神萎靡，食欲不振，体重逐渐减轻。内脏器官出现肿瘤是其主要特征，肿瘤可出现在肝脏、脾脏、肾脏、腺胃、心脏等多个器官上。肝脏可能肿大，表面有大小不等的灰白色结节；脾脏肿大，质地变硬；腺胃壁增厚，有时可摸到肿块。病鸡常因内脏器官功能障碍而死亡。

③ 眼型　表现为一侧或两侧眼睛失明。病鸡瞳孔缩小，边缘不整齐，呈锯齿状，晶状体可能浑浊，甚至脱位。眼睛失去正常光泽，病鸡表现出对光线反应迟钝等视力障碍症状。

④ 皮肤型　比较少见，在皮肤表面形成大小不等的肿瘤结节，这些结节多在翅膀、颈部、背部、腿部等部位的皮肤上，肿瘤呈灰白色，质地坚硬，突出于皮肤表面，后期可能会破溃、结痂。

2. 诊断方法

① 临床诊断　根据典型的临床症状，如出现神经症状、内脏器官肿瘤、眼部病变或皮肤结节等，可初步怀疑是马立克病。但临床症状可能会因病毒毒株、鸡的品种和日龄等因素而有所差异，需要结合其他方法进一步确诊。

② 实验室诊断　病理组织学检查是确诊的重要方法。采集病鸡的肿瘤组织、外周神经等样本，进行切片、染色后观察，可见典型的淋巴细胞瘤细胞。另外，还可以采用聚合酶链式反应（PCR）技术检测病毒核酸，这种方法灵敏度高，能够快速检测出马立克病毒，对于早期诊断和隐性感染的检测很有帮助。

3. 防控策略

① 疫苗接种　使用马立克病疫苗（如 CVI988 株疫苗），这是一种细胞结合性疫苗，具有良好的免疫保护效果。疫苗应在雏鸡出壳后 1 日龄内进行颈部皮下注射，每只鸡的接种剂量严格按照疫苗说明书执行，一般为 0.2mL 左右。

② 饲养管理　实行全进全出的饲养制度，在每一批鸡转出后，对鸡舍进行彻底的清洁、消毒和空舍，以减少病毒的残留和传播。提供良好的饲养环境，包括适宜的温度、湿度、通风和光照条件，合理的饲养密度，保证鸡只的营养均衡，增强鸡的体质和免疫力。

③ 生物安全措施　严格控制养殖场的人员和车辆进出，进入养殖场的人员和车辆必须经过严格的消毒。防止野鸟等外来动物进入鸡舍，因为它们可能

携带病毒。对种蛋也要进行严格的消毒处理，避免病毒垂直传播。

四、禽白血病

1. 临床症状

① 淋巴细胞性白血病　这是最常见的类型。病禽精神沉郁，食欲不振，生长迟缓，渐进性消瘦。鸡冠和肉髯苍白、皱缩。随着病情发展，可在腹部触摸到肿大的肝脏和法氏囊。肝脏肿大明显，可充满整个腹腔，质地变硬，表面有大小不等的结节。脾脏也会肿大，有时肾脏也受影响。

② 成红细胞性白血病　分为增生型和贫血型。增生型病禽表现为鸡冠、肉髯和可视黏膜呈樱桃红色，血液浓稠。贫血型则鸡冠和肉髯苍白，全身虚弱，羽毛蓬松，有贫血症状。

③ 成髓细胞性白血病　病禽精神萎靡，嗜睡，有绿色下痢，毛囊出血，血液凝固不良。

2. 诊断方法

① 临床观察　通过观察禽群的生长状况、鸡冠颜色、精神状态等初步判断。如发现禽群有消瘦、贫血、鸡冠变色等情况，可怀疑为本病。

② 病理剖检　对病死禽进行剖检，检查肝脏、脾脏、法氏囊等器官有无肿大、结节等异常情况。如肝脏有肿瘤结节等病变，可作为重要诊断依据。

③ 实验室诊断　可采用酶联免疫吸附试验检测禽白血病病毒（ALV）抗体，这是常用的血清学检测方法，能检测群体感染情况。也可以通过聚合酶链式反应检测病毒核酸来确诊，其灵敏度高，能够检测出病毒基因。

3. 防控策略

① 疫苗防控　目前没有有效预防禽白血病的商业疫苗。但在种禽净化方面，一些科研机构正在研究相关的基因工程疫苗，但尚未广泛应用。

② 种禽净化　这是防控的关键。通过检测种禽的抗原和抗体，淘汰阳性种禽，建立无禽白血病的种禽群。采用严格的检测程序，如在雏禽出壳后定期检测，在育成阶段再次检测。

③ 饲养管理　实行全进全出的饲养制度，在每批禽转出后对禽舍进行彻底清洗、消毒和空舍处理。提供良好的饲养环境，包括适宜的温度、湿度、通风和光照，合理的饲养密度，保证饲料营养全面、平衡，增强禽的免疫力。

④ 生物安全措施　严格限制外来人员和车辆进入禽场，进入的人员和车

辆必须严格消毒。防止野鸟等外来动物进入禽舍，避免引入病毒。同时，对种蛋进行严格消毒处理，防止垂直传播。

五、鸡沙门菌病

1. 临床症状

① 鸡白痢　雏鸡多在5～7日龄发病，表现为怕冷扎堆，羽毛松乱，翅膀下垂，精神萎靡，不食或少吃；排出白色糊状粪便，常黏附于肛门周围，导致排粪困难，最终因衰弱而死亡，死亡率较高。育成鸡发病时，多呈隐性感染，生长发育迟缓，鸡冠苍白，时有腹泻。成年鸡感染后通常无明显临床症状，但母鸡产蛋量下降，种蛋受精率和孵化率降低，死胚增多。

② 鸡伤寒　多见于青年鸡和成年鸡。病鸡精神沉郁，鸡冠和肉髯贫血、苍白、皱缩，体温升高至43～44℃。食欲废绝，口渴，羽毛松乱，腹泻，粪便呈黄绿色。病程一般为5～10天，死亡率因感染程度不同而异，急性暴发时死亡率可达10%～50%。

③ 鸡副伤寒　主要侵害雏鸡，症状与鸡白痢类似。病雏嗜眠呆立，垂头闭眼，羽毛松乱，两翅下垂，不愿走动，拥挤在一起。病初食欲减少，而后停食，饮水增加，出现水样下痢，肛门周围羽毛常被粪便污染，干涸后封闭肛门，导致排粪困难，最终因极度衰竭而死亡。

2. 诊断方法

① 临床诊断　依据不同日龄鸡的典型症状，如雏鸡白色糊状粪便、成年鸡产蛋异常等进行初步判断，但临床症状易与其他疾病混淆，需结合其他方法确诊。

② 细菌学检测　采集病死鸡的肝脏、脾脏、心脏、肠道等组织器官，涂片染色后镜检，若发现革兰氏阴性、两端钝圆的小杆菌可初步怀疑为本病。进一步进行细菌分离培养，接种于选择性培养基，如麦康凯琼脂、SS琼脂等，观察典型菌落形态，再通过生化试验鉴定菌种。

③ 血清学检测　常用的有凝集试验，包括全血平板凝集试验、试管凝集试验，用于检测鸡血清中的沙门菌抗体，用于群体感染情况调查。但需注意，感染初期抗体可能尚未产生，易出现假阴性结果。

3. 防控策略

① 疫苗接种　目前有鸡白痢沙门菌弱毒疫苗，如CVCC533株疫苗，适

用于雏鸡免疫，可有效降低雏鸡白痢的发病率。还有鸡伤寒沙门菌9R株弱毒疫苗，用于预防鸡伤寒，免疫后能刺激机体产生免疫力，降低发病风险。

② 种源净化 建立无沙门菌的种鸡群至关重要。定期对种鸡进行全血平板凝集试验检测，淘汰阳性鸡，确保种蛋不带菌，从源头控制疫病传播。

③ 饲养管理 加强鸡舍环境卫生管理，定期消毒，保持适宜的温度、湿度和通风条件。采用全进全出的饲养方式，每批鸡出栏后彻底清洁、消毒鸡舍，并空舍一段时间。保证饲料和饮水清洁，防止饲料霉变和水源污染。

④ 生物安全措施 严格控制人员、车辆和物资流动，进入鸡场须严格消毒。避免鸡群与野鸟、鼠类等动物接触，防止外来病原菌传入。对病死鸡及时进行无害化处理，防止病菌扩散。

六、禽大肠杆菌病

1. 临床症状

① 雏禽 急性败血症型常突然发病死亡，有的可见精神萎靡，羽毛松乱，扎堆，闭眼嗜睡，采食量锐减或废绝。部分雏禽出现脐炎，脐带红肿，愈合不良，有黏液或脓性分泌物，腹部膨大，常因败血症或卵黄吸收不良而衰竭死亡。还有的雏禽发生眼炎，眼睑肿胀，流泪，有黏性或脓性分泌物，严重时可致失明。

② 成禽 表现多样，较为常见的是气囊炎，病禽呼吸困难，有啰音，咳嗽，鸡冠发紫，气囊壁增厚、浑浊，表面有干酪样渗出物。腹膜炎时，腹部下垂，触诊有波动感，腹腔内积有大量淡黄色液体及纤维素性渗出物。产蛋禽感染则产蛋量急剧下降，蛋壳质量变差，薄壳蛋、软壳蛋增多，还可见输卵管炎，输卵管黏膜充血、出血，管腔内有蛋清样或干酪样分泌物。

2. 诊断方法

① 临床诊断 依据禽群不同生长阶段出现的典型症状初步诊断，如雏禽脐炎、成禽气囊炎伴随产蛋异常等，但仅凭症状易误诊，需结合实验室检查。

② 细菌学检查 无菌采集病死禽的心、肝、脾、肺、气囊、输卵管等病变组织，涂片、革兰氏染色后镜检，可见革兰氏阴性、两端钝圆的短杆菌。同时进行细菌分离培养，接种于麦康凯琼脂、伊红美蓝琼脂等培养基，典型菌落呈红色或黑色金属光泽，再经生化试验鉴定大肠杆菌的血清型，因其致病性与血清型密切相关。

③ 血清学检测 如凝集试验，可检测禽群血清中大肠杆菌抗体水平，了

解感染情况，但抗体产生需一定时间，感染初期可能呈阴性，多用于流行病学调查辅助诊断。

3. 防控策略

① 疫苗接种　常用的有大肠杆菌多价灭活疫苗，是由当地流行的优势血清型菌株制备而成，针对性强，免疫种禽能有效提高母源抗体水平，保护雏禽早期免受感染；还有禽大肠杆菌自家苗，从发病禽场分离致病菌株，经灭活制成，免疫原性良好，能精准防控本场特定血清型大肠杆菌病。

② 饲养管理　保持禽舍清洁干燥，合理通风换气，控制饲养密度，避免氨气等有害气体积聚。提供优质全价饲料，确保营养均衡，增强禽体抵抗力；定期清理料槽和饮水器，防止饲料和饮水被污染。

③ 生物安全　严格执行养殖场门禁制度，人员、车辆、设备进出要全面消毒，禽舍定期带禽消毒。做好灭鼠、灭蚊蝇工作，防止外来动物携带病菌传入禽群，病死禽务必进行无害化处理，杜绝疫病扩散。

④ 药物预防　在疫病高发期或应激状态下，选用敏感抗菌药物拌料或饮水预防，如氟苯尼考、新霉素等，但避免长期单一用药，以防耐药菌株产生，可定期进行药敏试验指导药物选择。

七、球虫病

1. 临床症状

① 急性型　多见于雏鸡。病鸡精神沉郁，羽毛蓬松杂乱，缩颈呆立，闭眼嗜睡，鸡冠和肉髯苍白。食欲严重减退甚至废绝，饮水量大增，嗉囊积液。初期粪便呈咖啡色，随后转为血便，泄殖腔周围羽毛被血便污染，常因严重贫血、脱水和自体中毒，在发病后数天内迅速死亡。

② 慢性型　常见于日龄较大或耐过急性感染的鸡。病鸡表现为间歇性下痢，粪便中含未消化饲料，有时可见少量血液。病鸡逐渐消瘦，生长发育迟缓，体重增长缓慢，产蛋鸡产蛋量下降，蛋壳质量变差，畸形蛋增多，鸡冠苍白、萎缩，抵抗力降低，易继发其他疾病。

2. 诊断方法

① 临床观察　依据鸡群典型症状，如雏鸡血便、精神萎靡及生长停滞等表现进行初步判断，但类似症状可能由其他肠道疾病引发，需进一步检查以确诊。

② 粪便检查 采集新鲜粪便，采用饱和盐水漂浮法或直接涂片法，镜检有无球虫卵囊。球虫卵囊呈圆形或椭圆形，不同种类大小、颜色有差异，如柔嫩艾美耳球虫卵囊呈淡绿色，毒害艾美耳球虫卵囊为褐色等，依此可初步鉴别球虫种类及感染程度。

③ 剖检病变 病死鸡剖检可见肠道病变，盲肠球虫病（柔嫩艾美耳球虫所致）时盲肠显著肿大，肠壁增厚，黏膜出血、坏死，内有凝血块或豆腐渣样物质；小肠球虫病（毒害艾美耳球虫等引起）则小肠肠管扩张，黏膜有出血点、坏死灶，浆膜面可见灰白色斑点，结合病变部位与特征可辅助诊断。

3. 防控策略

① 疫苗接种

活疫苗：如早熟弱毒苗，针对柔嫩艾美耳球虫等常见致病种，经特殊致弱处理，免疫鸡只后能刺激机体产生一定免疫力，模拟自然感染过程，使鸡在低致病力刺激下获得免疫保护；还有三价或四价活疫苗，涵盖多种流行优势球虫株，能提供较全面的免疫防护，适用于不同地区复杂的球虫流行情况。

基因工程疫苗：利用基因重组技术生产特定抗原蛋白疫苗，安全性高，免疫原性良好，可有效避免传统疫苗潜在毒力返强问题，例如某些重组亚单位疫苗，聚焦球虫关键保护性抗原，诱导鸡体产生特异性免疫应答。

② 饲养管理 保持鸡舍干燥、通风良好，合理控制饲养密度，减少鸡只与粪便接触的机会。定期清扫鸡舍，勤换垫料，及时清理粪便并堆积发酵处理，利用生物热杀灭卵囊，防止球虫孢子化扩散。

③ 药物防控 在饲料或饮水中定期添加预防性药物，如地克珠利、磺胺类药物等，注意穿梭用药或轮换用药，防止耐药性产生，治疗时依据病情及药敏试验结果选用高敏药物，足量、足疗程给药，迅速控制球虫感染，同时用药后适当补充维生素 K、维生素 A 等，以缓解肠道损伤，促进机体恢复。

八、鸡传染性支气管炎

1. 临床症状

① 呼吸型 病鸡初期精神不振，食欲减退，羽毛松乱，扎堆。随后出现明显呼吸道症状，咳嗽、喷嚏频发，气管啰音清晰可闻，严重时张口喘气，伸颈呼吸，眼睛流泪、肿胀，鼻腔有分泌物，眶下窦肿胀。雏鸡感染后生长发育受阻，若并发其他细菌感染，死亡率会升高；产蛋鸡产蛋量急剧下降，蛋壳颜色变浅、变薄，蛋清稀薄，软壳蛋、畸形蛋增多。

② 肾型　多见于雏鸡，发病初期有轻微呼吸道表现，很快转为精神沉郁，饮水剧增，排水样白色稀便，鸡爪干瘪脱水。肾脏肿大苍白，肾小管和输尿管因尿酸盐沉积扩张，呈花斑状外观，严重时造成肾衰竭，导致死亡率高。

③ 腺胃型　病鸡生长缓慢，消瘦，羽毛粗乱无光泽。腺胃显著肿大，质地变硬，腺胃黏膜出血、溃疡，乳头肿胀、出血或凹陷，有时可见脓性分泌物，饲料转化率大幅降低，最终衰竭死亡。

2. 诊断方法

① 临床诊断　依据鸡群典型症状，如不同类型对应呼吸异常、肾脏病变或腺胃变化，结合发病日龄、流行特点初步判断，但易与新城疫、支原体感染等混淆，需进一步鉴别。

② 病理剖检　仔细观察病变，呼吸型重点看气管、支气管是否黏膜充血、黏液增多，以及气囊是否浑浊；肾型留意肾脏尿酸盐是否沉积及肾脏是否肿大；腺胃型着重检查腺胃形态、黏膜状态，综合特征辅助诊断，不过相似病变在其他疫病中也可能存在。

③ 实验室检测　采集病鸡气管、肾脏、腺胃等组织或分泌物，通过 RT-PCR 检测病毒核酸，精准确定病毒存在及基因型别；也可进行病毒分离鉴定，将病料接种鸡胚或细胞培养，观察细胞病变、血凝特性等，但耗时较长；血清学方法如 ELISA 检测抗体滴度变化，可辅助判断感染情况及免疫效果，不过在感染初期抗体可能未升高，存在局限性。

3. 防控策略

① 疫苗接种

活疫苗：H120 株疫苗，毒力较弱，安全性高，适用于雏鸡首免，刺激产生基础免疫力，保护呼吸道免受早期感染；H52 株毒力稍强，用于加强免疫，一般在鸡生长后期接种，能巩固免疫效果，拓宽免疫谱应对野外强毒攻击。

灭活疫苗：采用本地流行毒株或经典毒株制备，免疫后抗体产生平稳、持续时间长，常用于种鸡免疫，提高母源抗体水平，为雏鸡提供早期被动保护，同时降低产蛋鸡产蛋期感染发病风险。

② 饲养管理　严格执行全进全出制度，空舍期彻底清洁、消毒鸡舍，用福尔马林熏蒸等方法杀灭残留病毒。合理调控鸡舍温度、湿度、通风，保持良好的饲养环境，降低应激，增强鸡群抵抗力。

③ 生物安全措施　养殖场周边设隔离带，严格对人员、车辆及物资进出进行消毒，防止病毒传入。定期开展鸡群健康监测，一旦发现疫情，迅速隔离

病鸡，对污染区域加强消毒，对病死鸡进行无害化处理，防止疫情扩散蔓延。

九、鸡支原体感染

1. 临床症状

① 呼吸道症状　病鸡初期流浆液性或黏液性鼻液，鼻孔周围常被分泌物污染，频频摇头，欲甩出堵塞鼻孔的黏液。随后出现咳嗽，起初为单声干咳，之后发展为连续咳嗽，尤其在清晨、采食或驱赶时更为明显。严重时气管啰音清晰可闻，呼吸时有“呼噜”声响，部分鸡只因呼吸困难而伸颈张口喘气，鸡冠和肉髯发绀，生长发育明显受阻，饲料转化率降低。

② 眼部症状　一侧或两侧眼睛发炎，眼睑肿胀，流泪增多，眼内蓄积大量渗出物，起初呈清亮浆液状，之后逐渐变为黏性或脓性，致使眼睑粘连，若不及时处理，角膜混浊，甚至失明，严重影响采食与活动，淘汰率升高。

③ 关节症状　部分慢性感染鸡只关节肿大，触摸有热感，跛行，不愿站立或行走，常单腿独立或蹲伏，关节腔内有淡黄色黏稠渗出液，病程久者关节周围组织增生、变形，造成永久性运动障碍，肉质下降，经济损失严重。

2. 诊断方法

① 临床观察　依据典型呼吸道、眼部及关节症状进行初步判断，但这些症状与传染性支气管炎、新城疫等呼吸道疫病有相似处，需综合分析。例如，鸡支原体感染的呼吸道症状持续时间较长，且无明显神经症状，可借此与新城疫初步区分。

② 病理剖检　可见鼻腔、气管、支气管黏膜充血、水肿，管腔内有黏液性或脓性渗出物；气囊浑浊、增厚，表面有灰白色结节或干酪样物附着，严重时气囊与胸腹腔脏器粘连；关节腔积液，滑膜充血、增厚，关节软骨有不同程度损伤，此病变特征有助于进一步怀疑支原体感染，但确诊仍需实验室辅助诊断。

③ 实验室诊断　采集病鸡气管拭子、气囊渗出物、关节液等样本，进行支原体分离培养，观察菌落形态、生化特性鉴定，但培养周期长（一般 3～7 天）且要求条件苛刻；血清学方法如平板凝集试验操作简便、快速，可大规模筛查鸡群抗体水平，但不能区分野毒感染与疫苗免疫；PCR 技术能特异性扩增支原体核酸片段，灵敏度高、检测快速，可精准确诊感染情况。

3. 防控策略

① 疫苗接种

弱毒疫苗：如 F 株疫苗，毒力较弱，免疫原性良好，可刺激机体产生黏膜免疫与细胞免疫，适用于早期免疫，能有效降低呼吸道排毒，减少发病概率，一般在雏鸡 5～15 日龄滴鼻或点眼免疫。

灭活疫苗：采用当地优势流行毒株制备，安全性高，免疫后抗体产生持久，多用于种鸡免疫，提高母源抗体水平，为雏鸡提供早期保护，通常在种鸡开产前 2～3 周肌内注射。

② 饲养管理　保证鸡舍适宜的温、湿度与通风，合理控制饲养密度，减少氨气、硫化氢等有害气体刺激，降低呼吸道黏膜应激损伤，增强鸡体抵抗力；饲料营养全价平衡，确保蛋白质、维生素、矿物质充足供应，维持鸡群良好健康状态。

③ 生物安全　养殖场选址应远离交通要道、屠宰场等污染区域，严格管控人员、车辆及物资流动，入场严格消毒；定期监测鸡群健康，一旦发病，立即隔离病鸡，对污染场地、设备进行全面消毒，对病死鸡进行无害化处理，防止疫情扩散。

第二节　常见宠物传染病

一、犬瘟热

1. 临床症状

① 初期症状　患犬通常表现为精神沉郁、厌食，眼、鼻出现水样分泌物，体温升高至 39.5～41℃，持续 1～3 天后体温下降，维持在正常体温范围 1～2 天，之后体温再次升高，呈典型的双相热型。同时，可能会出现咳嗽、打喷嚏等呼吸道症状。

② 中期症状　随着病情发展，呼吸道症状加剧，出现脓性鼻液和眼眵，呼吸音粗厉，有的患犬会出现呕吐、腹泻等胃肠道症状。在眼部，可出现角膜炎、结膜炎，严重时会导致角膜溃疡，眼睛半睁半闭，有大量脓性分泌物粘连。

③ 后期症状　病情进一步恶化，患犬会出现神经症状。例如，肌肉抽搐、共济失调，有的犬会出现口吐白沫、转圈、癫痫发作等症状。部分患犬脚垫会

增厚、变硬，皮肤出现丘疹、脓疱等。

2. 诊断方法

① 临床症状观察　根据双相热、呼吸道症状、胃肠道症状和神经症状等典型表现进行初步诊断，但这些症状可能与其他疾病有相似之处，需要进一步检测。

② 病毒检测　可以采用犬瘟热病毒抗原检测试纸，通过采集眼、鼻、口等部位的分泌物或血液进行检测。若试纸出现阳性条带，则提示可能感染犬瘟热病毒。此外，还可以用荧光抗体技术检测病毒抗原，这种方法敏感性和特异性较高。

③ 血液检查　血常规检查中，白细胞总数可能会减少，淋巴细胞减少较为明显；血清生化检查可能会发现某些指标异常，如白蛋白降低等，这些有助于辅助诊断。

3. 防控策略

① 疫苗接种

国产疫苗：如中牧实业股份有限公司的犬瘟热单苗，幼犬在 6～8 周龄时开始接种，间隔 2～3 周进行第二次接种，之后每年加强免疫一次。

进口疫苗：英特威的犬二联苗（犬瘟热、犬细小病毒病），幼犬一般在 6 周龄左右开始接种，按照疫苗说明书进行 3 针接种，每针间隔 3～4 周，成年犬每年加强一针。

② 饲养管理　保持犬舍清洁、干燥和通风良好。定期对犬舍、用具等进行消毒。新引进的犬只需要隔离观察 2～3 周，确认健康后再合群饲养。

③ 隔离与治疗　发现病犬应立即隔离，防止病毒传播。目前没有特效的治疗药物，主要是对症治疗。针对呼吸道症状，可使用止咳化痰药；对于神经症状，使用抗癫痫药物控制抽搐。同时进行营养支持，维持水、电解质平衡，增强机体抵抗力。

二、犬细小病毒病

1. 临床症状

① 肠炎型　这是较为常见的类型。病犬初期表现为精神沉郁、厌食，随后出现发热，体温可达 40～41℃。最典型的症状是呕吐和腹泻，呕吐物初期为未消化的食物和白色泡沫，之后可能带有黄绿色胆汁。腹泻开始时粪便呈糊

状，随着病情发展，变为水样或番茄酱样血便，带有腥臭味。病犬会迅速脱水，皮肤弹性降低，眼球下陷，鼻镜干燥，体重明显减轻。由于严重的胃肠道症状，病犬会出现腹痛，表现为弓背、腹部蜷缩。病情严重时，可能会出现休克甚至死亡。

② 心肌炎型　多见于4～6周龄的幼犬。一般没有明显的先兆症状，或仅表现为轻度腹泻。幼犬可能突然出现呼吸困难、可视黏膜苍白或发绀，听诊可发现心内杂音。幼犬往往因为急性心力衰竭而突然死亡。

2. 诊断方法

① 临床症状观察　根据病犬出现呕吐、腹泻（尤其是血便）和精神沉郁等典型症状，可以初步怀疑为犬细小病毒感染。但这些症状也可能与其他胃肠道疾病相混淆，需要进一步检查。

② 试纸检测　使用犬细小病毒抗原检测试纸是一种简便快速的方法。采集病犬的粪便，按照试纸说明书进行操作，如果试纸上出现阳性条带，基本可以确诊。这种方法特异性较高，但也有一定的假阳性或假阴性概率。

③ 血液检查　血常规检查可以发现白细胞数量显著减少，尤其是淋巴细胞明显减少。这有助于与其他可能引起胃肠道症状的疾病进行区分，因为一些细菌感染等可能会出现白细胞升高的情况。

3. 防控策略

① 疫苗接种

国产疫苗：如吉林五星等品牌的犬细小病毒单苗，免疫效果较好。幼犬一般在6～8周龄时开始首次接种，间隔2～3周进行第二次接种，之后每年加强免疫一次。

进口疫苗：辉瑞卫佳捌等多联疫苗，包含犬细小病毒抗原成分。幼犬在6周龄左右开始接种，按照疫苗说明书的程序进行免疫，通常需要接种3针，每针间隔3～4周，成年犬每年加强一针。

② 饲养管理　保持犬舍清洁卫生，定期消毒。犬的食物和饮水要保持清洁新鲜，避免让犬接触患病动物或其排泄物。

③ 隔离与治疗　一旦发现病犬，应立即隔离，防止病毒传播。在治疗方面，主要是对症治疗，包括止吐、止泻、补液，纠正脱水和电解质紊乱，防止继发感染等。如使用止吐药（如胃复安）、止泻药（如蒙脱石散），通过静脉输液补充葡萄糖、生理盐水和电解质等。

三、猫泛白细胞减少症

1. 临床症状

① 急性型　病猫通常会突然发病。病初体温升高，可达 40℃以上，精神极度沉郁，厌食，频繁呕吐，呕吐物多为未消化的食物或黄绿色黏液；随后出现腹泻，粪便呈水样或带血，有难闻的气味。病猫迅速脱水、消瘦，一般在 2～5 天内死亡。

② 亚急性型　较为常见。病猫体温升高，在 40℃左右波动，精神不振、嗜睡，食欲减退；出现呕吐和腹泻症状，但相对急性型程度稍轻。有的猫会出现口腔、鼻腔黏膜发炎、溃疡等症状。病程一般在 7～10 天左右，如能挺过则有康复可能。

2. 诊断方法

① 临床症状分析　根据典型的发热、呕吐、腹泻等症状可初步怀疑为本病，但这些症状也可能与其他疾病相似，需要进一步检查来确诊。

② 血液检查　血常规检查是重要的诊断手段。病猫的白细胞数明显减少，尤其是淋巴细胞。白细胞数通常会降至每立方毫米 5000 以下，严重时可能低于 2000，这是本病的一个重要特征。

③ 病毒检测　可以采用猫泛白细胞减少症病毒抗原检测试纸，通过采集粪便、口腔或鼻腔分泌物来检测病毒抗原。也可以使用聚合酶链式反应技术检测病毒核酸，这种方法的敏感性和特异性较高，能够准确地诊断是否感染病毒。

3. 防控策略

① 疫苗接种　妙三多疫苗是一种常用的猫三联疫苗，可预防猫泛白细胞减少症、猫疱疹病毒Ⅰ型感染和猫杯状病毒感染。幼猫在 8 周龄左右开始接种第一针，间隔 3～4 周接种第二针，12 周龄左右接种第三针。成年猫每年加强免疫一针。

② 饲养管理　保持猫生活环境的清洁卫生，定期消毒猫窝、食具等。提供营养均衡的食物，增强猫的体质。避免猫接触感染源，引入新猫时要隔离观察至少 1～2 周。

③ 隔离与治疗　发现病猫要及时隔离，防止病毒传播给其他健康猫。治疗主要是对症支持治疗，包括止吐、止泻，补充水分和电解质，维持酸碱平

衡，使用抗生素防止继发感染等。同时，可以给予免疫增强剂，帮助病猫提高免疫力，促进康复。

四、狂犬病

1. 临床症状

① 犬的症状

前驱期：通常持续1～2天，犬表现出性情改变，如原本温顺变得烦躁不安、易激怒，或原本活泼变得精神沉郁、喜躲暗处；对主人呼唤反应迟钝，食欲异常，可能出现异食癖，还常有低热。

兴奋期：持续2～4天，犬极度兴奋，狂躁不安，四处奔走、嚎叫，攻击性极强，对人畜无差别攻击，咬合力大增，且唾液分泌量大幅增多，呈白色泡沫状从口角流出。犬还会出现吞咽困难，见水或听到流水声等刺激时，会出现咽喉部肌肉痉挛，即恐水症状。

麻痹期：持续1～2天，病犬逐渐安静，肌肉松弛，下颌下垂，舌脱出口外，流涎不止，最终因呼吸、循环衰竭而死亡。

② 猫的症状　与犬相似，但猫发病初期可能更隐蔽，常躲在安静角落，对主人躲避、抗拒接触。兴奋期时叫声异常，频繁抓挠、攻击周围物体，行动癫狂，同样有恐水表现，后期进入麻痹状态，迅速衰竭。

2. 诊断方法

① 临床诊断　依据典型的行为改变及恐水、狂躁等症状可初步怀疑为本病，但要注意与犬瘟热、中毒等引发神经症状的疾病相区分。

② 实验室诊断

荧光抗体检测：取病犬猫大脑海马角、小脑、延脑等部位组织制成涂片或冰冻切片，用荧光标记的狂犬病病毒抗体染色，在荧光显微镜下观察，若发现特异性荧光，可确诊。

酶联免疫吸附试验：检测脑组织或唾液中的狂犬病病毒抗原，具有较高灵敏度和特异性，操作相对简便，适用于批量检测。

病毒分离：采集病犬猫脑组织，接种于敏感细胞（如小鼠神经母细胞瘤细胞）进行培养，观察细胞病变，再用特异性抗体鉴定病毒，但耗时较长。

3. 防控策略

① 疫苗接种

犬：国产犬五联苗、八联苗，可预防狂犬病及犬瘟热、细小病毒病等多种犬类疫病；进口的如卫佳捌、英特威六联苗等，免疫程序一般为幼犬 6～8 周龄首免，间隔 2～4 周进行二免、三免，之后每年加强免疫一次。

猫：妙三多疫苗可预防猫泛白细胞减少症、猫疱疹病毒病、猫杯状病毒病，同时搭配狂犬病单苗，幼猫 8 周龄左右开始接种，间隔 3～4 周打后续针次，成年猫每年加强一次。

② 管理措施　加强流浪犬猫管控，收容、绝育、免疫，减少传染源。家养犬猫应避免接触野生动物，外出佩戴牵引绳，防止咬伤他人或被其他发病动物攻击。

③ 暴露后处置　人被犬猫咬伤、抓伤后，立即用肥皂水和流动清水交替冲洗伤口至少 15 分钟，随后尽快前往医院注射狂犬病免疫球蛋白和狂犬病疫苗，按疗程足量接种，降低感染风险。对发病动物要及时扑杀、无害化处理，防止病毒扩散。

五、猫杯状病毒病

1. 临床症状

① 口腔症状　病猫初期口腔黏膜潮红、肿胀，随后出现口腔溃疡，多集中在舌、腭、唇内侧及齿龈处，溃疡面大小不一，小的如针尖，大的可达数毫米，致使病猫进食困难，常因疼痛抗拒触碰口腔，流口水增多，口水呈清亮或微带血色，采食时叫声凄惨。

② 呼吸道症状　约半数感染猫会有呼吸道表现，轻度感染时出现打喷嚏、流鼻涕，鼻涕起初为浆液性，后转为黏液脓性；严重时咳嗽频繁，呼吸急促，类似人类哮喘发作时的喘息声，甚至呼吸音明显增强，可闻及啰音，这是病毒侵袭呼吸道黏膜，引发炎症水肿，气道狭窄所致。

③ 全身症状　病猫精神欠佳，嗜睡懒动，对平时喜爱的玩具、逗猫棒等失去兴趣，常蜷缩于角落。病猫体温升高，一般维持在 39.8～40.5℃左右，发热可持续 2～5 天，其间食欲锐减，体重随之下降，若为幼猫感染，生长发育可能受阻，体质变得虚弱，易继发其他细菌感染。

2. 诊断方法

① 临床观察　兽医依据病猫典型的口腔、呼吸道症状初步判断，如口腔溃疡、喷嚏咳嗽等，但部分症状与猫鼻支等疾病相似，需进一步鉴别。

② 实验室检查

病毒分离培养：采集病猫口鼻分泌物、眼结膜拭子或病变组织，接种于特定细胞系（如猫肾细胞）培养，观察细胞病变效应，若出现细胞圆缩、融合、脱落等典型病变，提示有病毒存在，但该方法耗时久，需专业细胞培养实验室，一般用于科研或疑难病例确诊。

荧光定量 PCR：可检测样本中病毒核酸，精准度高，能快速定量病毒载量，发病早期即可检测到微量病毒基因片段，广泛用于临床诊断，指导治疗方案的制定。

血清学检测：通过 ELISA 等方法检测猫血清中杯状病毒特异性抗体，若 IgM 抗体阳性，表明近期感染；IgG 抗体滴度升高四倍及以上，提示处于感染活跃期或既往感染史，可辅助判断感染阶段。

3. 防控策略

① 疫苗接种　现有妙三多疫苗，是猫三联疫苗，其中包含预防猫杯状病毒病的成分，能刺激机体产生中和抗体。幼猫 8 周龄开始首免，间隔 3～4 周进行二免、三免；成年猫每年定期加强免疫一针，接种疫苗可显著降低发病率及减轻感染后的症状，但不能确保 100%免疫，因病毒血清型多样，疫苗难以覆盖所有型别。

② 饲养管理　新猫入户前须隔离观察至少 1～2 周，确认无病毒携带方可混养，防止病毒传入。定期清洁消毒猫的生活环境，猫窝、食具用宠物专用消毒剂浸泡、清洗后暴晒，环境用含氯消毒剂喷雾消毒，每周 2～3 次，降低环境病毒载量。保证猫营养均衡，喂食优质猫粮，适量补充维生素 C、B 族维生素等，增强抵抗力，减少应激，避免频繁换粮、长途运输、环境嘈杂等应激因素。

③ 隔离治疗　一旦发病，立即隔离病猫，单独安置于温暖、安静、通风处，提供柔软易消化食物及充足清洁饮水，对口腔溃疡涂抹碘甘油促进愈合，呼吸道症状严重时可雾化吸入支气管扩张剂缓解喘息，使用抗生素预防继发细菌感染，精心护理促进康复，防止病毒扩散至健康猫群。

六、猫传染性腹膜炎

1. 临床症状

① 渗出型（湿性）　患猫腹部明显膨大，触摸有波动感，这是由于腹腔内积聚大量富含蛋白质的渗出液，可达数百毫升。病猫精神萎靡，食欲不振，体重逐渐减轻，常呈蜷缩姿势，不愿活动。可能伴有呼吸困难，尤其在大量腹腔积液压迫胸腔脏器时，呼吸急促、浅表，甚至张口呼吸。部分猫还会出现发

热，体温维持在39.5～40.5℃左右。

② 非渗出型（干性）。主要表现为器官的肉芽肿病变。眼部受累常见，可见眼前房炎症，如角膜水肿、虹膜变色、瞳孔形状不规则，眼前房内有纤维蛋白凝块或积血，严重影响视力，患猫可能出现斜视、失明等情况。中枢神经系统受侵时，病猫会有共济失调症状，走路摇晃、易摔倒，肢体麻痹，甚至出现癫痫发作，抽搐、口吐白沫等症状。此外，还可能在肠系膜、肝脏、肾脏等内脏器官形成结节，影响器官功能，进而导致消化紊乱、呕吐、腹泻或排尿异常等症状。

2. 诊断方法

① 临床检查 通过触诊感知腹部积液情况，观察猫的体态、精神、眼部及神经症状等初步判断，但这些表现缺乏特异性，易与其他疾病混淆。

② 实验室检查

血常规：通常可见淋巴细胞减少、中性粒细胞增多，若伴有贫血，红细胞、血红蛋白数值下降。但血常规不能确诊，仅作辅助参考。

血清生化：球蛋白显著升高，白球比（白蛋白与球蛋白比值）倒置，因机体免疫反应强烈促使球蛋白大量生成；部分猫肝肾功能指标异常，如谷丙转氨酶、肌酐轻度升高，反映器官受影响的程度。

渗出液分析：针对湿性病例，穿刺抽取腹腔积液，腹腔积液多呈黄色、黏稠，蛋白含量高，有核细胞数增多，以巨噬细胞为主，李凡他试验阳性。

免疫组化及PCR检测：采集病变组织或体液样本，免疫组化检测病毒抗原，PCR扩增猫传染性腹膜炎病毒核酸片段，二者特异性、灵敏性高，但操作要求精细，对设备和人员技术有一定要求，是确诊的关键手段。

3. 防控策略

① 疫苗接种 目前有辉瑞公司的猫传染性腹膜炎疫苗，属于重组疫苗，可刺激机体产生针对病毒关键蛋白的抗体。建议幼猫16周龄以上接种，首免后间隔3～4周进行加强免疫，之后每年加强一次；成年猫按免疫程序接种，能降低感染发病风险，但不能完全杜绝感染，因为病毒的变异性较强。

② 饲养管理 保持猫生活环境清洁、干燥、通风良好，定期消毒猫窝、猫砂盆及玩具等，可用含氯消毒剂或紫外线照射消毒，每周至少1～2次。减少猫应激，避免频繁更换环境、过度惊吓或与陌生动物接触，应激会降低猫免疫力并诱发疾病。控制猫群密度，避免过度拥挤，防止病毒快速传播。

③ 早诊早治 一旦发现猫出现疑似症状，立即送医检查诊断，确诊后若

条件允许，采用支持疗法，如输入白蛋白纠正低蛋白血症，使用免疫抑制剂（如 GS-441524 等新型药物）抑制病毒复制、减轻免疫反应，搭配营养补充，对症处理发热、呕吐、脱水等症状，延长病猫生存时间、提高生活质量。

七、犬冠状病毒感染

1. 临床症状

① 犬　幼犬感染后的症状通常较为严重。初期多表现为精神沉郁、厌食，原本活泼好动的幼犬变得嗜睡、不愿玩耍，对喜爱的玩具或食物毫无兴趣。随后迅速出现呕吐症状，频繁呕吐，初期呕吐物多为未消化的食物，之后可能变为白色泡沫状黏液或黄色胆汁样物质。紧接着发生腹泻，粪便呈粥样或水样，颜色从黄绿色至橙色不等，部分幼犬粪便中带有黏液或血液。脱水情况发展很快，眼窝深陷、皮肤弹性降低，若不及时治疗，可因严重脱水、电解质紊乱和酸碱失衡在数天内死亡。

成年犬症状相对较轻，可能仅出现轻微的腹泻，粪便不成形，持续 2～3 天，或伴有短暂的呕吐，精神状态和食欲受影响较小，多数能在一周内自行恢复，但也有少数体质较弱或感染严重毒株的成年犬会发展为重症。

② 猫　感染猫冠状病毒的猫，部分呈隐性感染，无明显外在症状。有症状表现的猫，初期常见精神萎靡，对主人呼唤的回应减少，嗜睡且蜷缩在角落。接着出现消化系统症状，以呕吐较为常见，频率不定，多在进食后不久发生。腹泻时粪便形态多样，可为软便、稀便，严重时呈水样，颜色可能变浅或夹杂深色黏膜碎片。体重逐渐减轻，因胃肠功能紊乱，营养吸收受阻，若发展为猫传染性腹膜炎，还会伴有发热、黄疸、腹腔积液积聚、呼吸困难等复杂且严重的全身性症状。

2. 诊断方法

① 临床诊断　依据典型的呕吐、腹泻等胃肠道症状可初步怀疑为本病，但需结合流行病史，如周边犬猫有无群发类似病症，因该病常呈群发态势，尤其在犬猫聚集场所，如宠物店、养殖场等。

② 实验室诊断　病毒抗原检测：采集病犬猫粪便样本，采用胶体金免疫层析试纸条检测，操作简便快捷，数分钟内即可出结果，若试纸条显示特定条带，则提示存在冠状病毒抗原。

反转录-聚合酶链式反应（RT-PCR）：灵敏度和特异性高，能检测出粪便、肠黏膜等样本中的病毒核酸，精准确定病毒感染情况，不过对实验设备及技术人员要求较高，常用于精准确诊及科研。

血清学检测：通过ELISA方法检测血清中冠状病毒特异性抗体，可辅助判断感染阶段，如IgM抗体升高提示近期感染，IgG抗体则反映既往感染史及免疫状态，但无法区分疫苗免疫与自然感染产生的抗体。

3. 防控策略

① 疫苗接种　目前国内有犬冠状病毒-犬细小病毒二联灭活疫苗，能同时针对这两种常见且危害较大的肠道病毒提供免疫保护；国外有宠必威@伏免康（Nobivac @ DHPPi）等多联苗，除预防冠状病毒、细小病毒外，还涵盖犬瘟热、副流感等多种疫病，幼犬一般6～8周龄开始首免，间隔2～3周进行二免、三免，成年犬每年加强免疫一次。

② 管理措施　加强犬猫饲养环境卫生管理，定期消毒犬舍、猫窝及食具玩具，采用含氯消毒剂或过氧乙酸等高效消毒剂，每周至少消毒2～3次；新引入犬猫需隔离观察2～3周，确认健康且无携带病毒后再合群饲养；减少犬猫应激，避免频繁更换环境、饮食等，增强机体抵抗力。

③ 治疗措施　对发病犬猫，及时隔离，纠正脱水和电解质紊乱是关键，通过静脉输注平衡液补充水分及钾、钠等电解质；止吐止泻，可选用如甲氧氯普胺、蒙脱石散等药物缓解症状；给予易消化、高营养食物，如肠道处方罐头，少量多次喂食，辅助肠道黏膜修复，促进康复，同时密切监测病情变化，防止继发其他病原体感染。

八、犬传染性肝炎

1. 临床症状

① 最急性型　多见于幼犬，常突然发病，病犬体温急剧升高至41℃及以上，精神极度萎靡，迅速出现昏迷，常在数小时内死亡，往往来不及呈现更多典型症状，致死率极高。

② 急性型　患犬体温升高，可达40～41℃，持续1～6天。精神沉郁，原本活泼的狗狗变得慵懒，对呼唤无反应，喜卧于阴暗角落。食欲减退甚至废绝，对平日钟爱的食物毫无兴趣。眼结膜充血、水肿，部分犬可见角膜混浊，即“蓝眼”症状，这是由于病毒感染引发角膜水肿及炎症渗出所致，严重时可致视力下降或失明。口腔黏膜、齿龈出血、溃疡，致使病犬口臭明显，吞咽困难，流涎增多。随后多出现呕吐、腹泻，粪便起初为糊状，后续可呈水样并夹杂血液，腹部触诊时有不同程度的疼痛感。病程通常持续1～2周，若治疗不

及时，死亡率较高。

③ 亚临床型 症状轻微，常不易察觉，可能仅表现为短暂发热、轻度食欲减退，短时间内可自行恢复，但此类患犬仍具传染性，是病毒潜在传播源。

2. 诊断方法

① 临床诊断 依据典型的发热、“蓝眼”、消化道及口腔症状等综合判断，但因部分症状与其他疫病有相似之处，仅凭临床表征易误诊，需结合实验室手段确诊。

② 实验室诊断

病毒分离鉴定：采集病犬血液、肝脏、脾脏、肾脏等组织样本，接种于适宜细胞培养物，观察细胞病变效应，如出现细胞圆缩、脱落等典型病变，再经特异性免疫荧光染色或中和试验鉴定病毒，此方法精准，但耗时较长、操作复杂，对实验室条件要求高。

血清学检测：常用 ELISA 法检测血清中犬传染性肝炎病毒特异性抗体，若 IgM 抗体升高，提示近期感染；若 IgG 抗体滴度呈 4 倍及以上增长，结合临床症状也可确诊。此方法快速，可批量检测，适用于疫病流行调查及辅助临床诊断。

PCR 检测：提取病料核酸，用特异性引物扩增病毒基因片段，灵敏性高，能在感染早期从血液、分泌物等样本中检测到微量病毒核酸，利于及时确诊、尽早防控。

3. 防控策略

① 疫苗接种 国内常用犬五联苗，可预防犬瘟热、犬细小病毒病、犬传染性肝炎、犬副流感和狂犬病，幼犬在 6～8 周龄首免，间隔 2～3 周进行二免、三免，之后每年加强免疫一次；进口的如英特威犬二联苗（预防犬瘟热和犬传染性肝炎）、卫佳捌疫苗，除防控肝炎外，还针对多种病原体，免疫程序与国产五联苗类似，能为犬提供高效保护。

② 管理措施 定期对犬舍、用具进行消毒，采用过氧乙酸、戊二醛等消毒剂，每周消毒 2～3 次，杀灭环境中的病毒；新犬入群前先隔离观察 2～3 周，确保无病后方可合群；避免犬与来历不明的动物接触，降低感染风险。

③ 治疗措施 发病早期及时使用抗病毒药物，如利巴韦林，以抑制病毒复制；针对发热症状可用退烧药，如柴胡注射液；眼部病变可滴用抗病毒眼药水、人工泪液，缓解角膜症状；补充体液、电解质纠正脱水与酸碱失衡，可静脉输注复方氯化钠溶液；给予营养支持，如喂食营养膏、易消化的罐头，提升

机体抵抗力，促进康复，同时防止继发感染其他细菌或病毒。

第三节　新发传染病的监测与应急处置原则

一、新发传染病的监测

建立完善的动物疫病监测网络，包括养殖场、动物诊疗机构、动物检疫站等监测点，定期采集动物样本进行检测，如血液、粪便、组织等，检测项目涵盖常见病原体检测和未知病原体筛查等内容。利用先进的分子生物学技术，如宏基因组学技术，对样本中的所有核酸进行测序分析，以发现新的病毒或细菌等病原体。加强对动物异常发病情况的监测，如动物群体中出现不明原因的高死亡率、特殊临床症状等情况，及时进行调查和采样检测。同时，加强与国际动物卫生组织和其他国家的信息交流与合作，及时了解全球新发传染病的动态，以便在国内及时开展有针对性的监测工作。

二、应急处置原则

一旦监测到新发传染病或疑似新发传染病，应立即启动应急处置预案。首先进行疫情报告，按照规定的程序和渠道向上级动物防疫监督机构和兽医主管部门报告疫情信息，确保信息及时、准确。迅速开展流行病学调查，追溯传染源，调查传播途径和易感动物群体，确定疫情的范围和严重程度。对发病动物和同群动物进行隔离观察，防止疫情扩散。根据病原体的特点和疫情情况，制定科学合理的防控措施，如扑杀、消毒、免疫接种和药物治疗等。同时，加强对疫情处置人员的防护，避免人员感染。在应急处置过程中，及时向社会公众发布疫情信息和防控进展情况，消除公众恐慌心理，引导公众正确对待疫情，配合防控工作的开展。

参考文献

[1] 文翼平，谢跃．兽医传染病与寄生虫病学［M］．成都：西南交通大学出版社，2024.

[2] 土茂森，郭健，逯春香．兽医传染病学研究［M］．银川：宁夏人民出版社，2020.

[3] 狄兆全．牛羊病临床诊疗［M］．贵阳：贵州科技出版社，2019.

[4]　梁学勇．动物传染病诊断与防治［M］．2 版．重庆：重庆大学出版社，2012.
[5]　单虎．兽医传染病学［M］．北京：中国农业大学出版社，2017.
[6]　吴清民．兽医传染病学［M］．北京：中国农业大学出版社，2002.
[7]　贺宋文，何德肆．宠物疾病诊疗技术［M］．重庆：重庆大学出版社，2008.

第十五章

寄生虫病诊疗

在兽医医疗领域，寄生虫病犹如隐匿的威胁，悄然侵蚀着动物的健康与活力。寄生于动物体内的蛔虫、绦虫、球虫等，在消化系统或其他内脏器官中肆虐，抢夺营养、引发病变；附着于动物体表的跳蚤、蜱虫、螨虫等体外寄生虫，带来瘙痒、皮肤损伤以及传播各类疾病的风险。它们都给动物的健康造成了极大危害。寄生虫病的诊疗之道，涵盖精准的诊断方法、有效的治疗手段和全面的预防策略，对于维护动物健康、提升养殖效益和保障公共卫生安全意义非凡。开展寄生虫病的流行病学调查，剖析其传播规律与流行因素，进而制定综合防控措施，是我们在这场与寄生虫病对抗的战役中构筑坚固防线、实现可持续防治的关键所在，值得兽医从业者、动物养殖者和相关科研人员深入钻研与不懈努力。

第一节　体内寄生虫病诊疗

一、蛔虫病

诊断：在临床症状上，感染蛔虫的动物可能出现消瘦、食欲不振、呕吐、腹泻、腹部膨大等症状。严重时可导致肠梗阻、肠穿孔等并发症。粪便检查是常用的诊断方法，采用饱和盐水漂浮法或直接涂片法，在显微镜下可观察到蛔虫卵，其形态多为椭圆形，卵壳厚，表面有凹凸不平的蛋白质膜。此外，也可通过超声检查等影像学手段辅助诊断，在肠道内发现蛔虫的虫体影像。

治疗：常用的驱虫药物有阿苯达唑、依维菌素等。阿苯达唑可抑制蛔虫对葡萄糖的摄取，导致虫体糖原耗竭而死亡。一般根据动物体重确定合适的剂量，口服给药。依维菌素则通过干扰蛔虫的神经肌肉传递，使虫体麻痹而排出体外。治疗后需观察动物的症状改善情况，并在一定时间后复查粪便，确保蛔虫被彻底清除。

预防：定期驱虫是关键预防措施，一般幼龄动物每 2～3 个月驱虫一次，成年动物每半年至一年驱虫一次。保持动物生活环境的清洁卫生，及时清理粪便，对粪便进行堆肥处理，利用发酵产生的高温杀死蛔虫卵。加强饲料和饮水管理，防止饲料和饮水被蛔虫卵污染。

二、绦虫病

诊断：动物感染绦虫后，可能出现消化不良、腹痛、腹泻、贫血等症状。在粪便中有时可发现白色、扁平、分节的绦虫节片，形似米粒或面条。粪便检查可采用沉淀法或饱和盐水漂浮法查找绦虫卵，绦虫卵呈圆形或椭圆形，有卵盖，内含六钩蚴。部分绦虫病还可通过血清学检测方法辅助诊断，检测动物体内针对绦虫的特异性抗体。

治疗：吡喹酮是治疗绦虫病的常用药物，它能使绦虫肌肉发生强直性收缩，产生痉挛性麻痹，从而将虫体从肠壁上脱落并随粪便排出。用药剂量根据动物种类和体重计算，一般采用口服给药。氯硝柳胺也可用于绦虫病治疗，它可抑制绦虫线粒体的氧化磷酸化过程，使虫体死亡。治疗后同样要观察动物症状的变化和复查粪便，以确保绦虫被彻底清除。

预防：避免动物食用未煮熟的含有绦虫幼虫的中间宿主肉品，如犬猫避免食用生的或未煮熟的鱼、肉等。定期对动物进行驱虫，尤其是处于绦虫流行地区或有接触中间宿主风险的动物。加强环境卫生管理，减少中间宿主（如跳蚤、老鼠等）的滋生，切断绦虫的传播途径。

三、球虫病

诊断：球虫病主要侵害动物的肠道或肝脏等器官，临床症状表现为腹泻、便血、消瘦、精神沉郁等，严重时可导致死亡。诊断主要依靠粪便检查，采用饱和盐水漂浮法或蔗糖溶液漂浮法，在显微镜下可观察到球虫卵囊，卵囊呈圆形或椭圆形，不同种类的球虫其卵囊大小、形态和颜色略有差异。对于肠道球虫病，还可通过肠道黏膜刮取物检查，发现球虫的各发育阶段的虫体。

治疗：常用的抗球虫药物有磺胺类药物（如磺胺六甲氧嘧啶）、地克珠利、托曲珠利等。磺胺类药物通过抑制球虫的叶酸代谢而发挥作用，一般采用拌料或饮水给药，需连续用药一段时间，以确保彻底杀灭球虫。地克珠利和托曲珠利属于高效、低毒的抗球虫药，能干扰球虫的细胞内细胞器功能，抑制虫体发育。治疗过程中要密切关注动物对药物的不良反应，如磺胺类药物可能导致结晶尿，需保证充足的饮水供应。

预防：保持动物生活环境干燥、清洁，定期清理粪便并进行消毒处理，可采用火焰或化学消毒剂（如戊二醛）对地面和笼具等进行消毒。对于易感染球虫病的动物群体（如幼龄动物），可在饲料或饮水中添加预防性抗球虫药物，但要注意药物的使用剂量和疗程，避免药物残留和耐药性产生。

第二节　体外寄生虫病防治

一、跳蚤防治

防治技术：物理防治可采用跳蚤梳定期为动物梳理毛发，去除跳蚤成虫及其卵。环境防治至关重要，对动物生活的场所进行彻底清洁，包括清扫地面、擦拭家具、清洗宠物用品等，然后使用杀虫剂对环境进行喷洒处理，如拟除虫菊酯类杀虫剂，可有效杀死跳蚤及其幼虫。同时，要注意处理动物经常活动的室外环境，如花园、草坪等。

药物选择：外用药物如福来恩（主要成分非泼罗尼和甲氧普烯），可直接滴涂于动物皮肤表面，通过皮脂腺吸收后分布于全身，对跳蚤成虫、幼虫和卵均有杀灭作用，且持效期较长。除虫菊酯类喷雾也可用于动物体表跳蚤的防治，但需注意避免喷入动物眼睛和口腔。口服药物如尼可信，主要成分阿福拉纳，能快速杀死跳蚤，可在数小时内见效，方便喂食，适用于对局部用药有抗拒的动物。

二、蜱虫防治

防治技术：人工检查与去除是发现蜱虫后的首要措施，使用镊子等工具尽可能贴近皮肤夹住蜱虫头部，缓慢而稳定地向上提拉，确保将蜱虫完整取出，避免蜱虫口器残留于动物皮肤内引起感染。环境处理方面，对动物活动区域的草丛、灌木等进行清理和修剪，减少蜱虫的栖息场所。可使用杀蜱虫剂对环境进行处理，如有机磷类杀虫剂，但使用时要严格按照说明书操作，防止对动物和环境造成污染。

药物选择：含有氟虫腈、吡虫啉等成分的外用驱虫药对蜱虫有较好的防治效果。例如，拜宠爽可在动物体表形成保护膜，蜱虫接触后会被麻痹并死亡。定期使用此类药物可有效预防蜱虫叮咬和感染。对于经常在蜱虫流行地区活动的动物，可在户外活动前提前使用药物进行防护，活动后及时检查并去除可能附着在动物身上的蜱虫。

三、螨虫防治

防治技术：对于疥螨、耳螨等螨虫病，首先要对患病动物进行隔离治疗，防止将螨虫传播给其他动物。可以对动物体表患部进行清洁和消毒，如用温和的药用洗发水清洗皮肤，然后擦干。对于耳螨，可使用专门的耳螨清洁液清洗耳道，去除耳垢和螨虫。环境消毒同样重要，应对动物的窝垫、玩具等进行彻底清洗和消毒，可采用高温蒸煮或紫外线照射等方法。

药物选择：依维菌素是治疗螨虫病的常用药物，可通过注射、口服或外用等方式给药，它能干扰螨虫的神经传导，导致螨虫死亡。对于局部螨虫感染，可使用含有甲硝唑、茶树油等成分的药膏或喷雾进行局部涂抹，能消炎、杀菌和杀螨。在治疗过程中，要根据螨虫的种类和感染程度选择合适的药物和治疗方案，治疗周期一般较长，需持续用药直至螨虫被彻底清除，同时要注意观察动物对药物的反应，如依维菌素可能导致某些品种动物出现过敏反应等。

第三节　寄生虫病的流行病学调查与综合防控措施

一、流行病学调查

流行因素调查：调查寄生虫病的流行因素，包括地理环境因素，如不同地区的气候、土壤条件等可能影响寄生虫的生存和传播。例如，温暖潮湿的地区更适宜某些体外寄生虫和肠道寄生虫的繁殖。动物养殖模式和管理方式也是重要因素，高密度养殖、卫生条件差的养殖场更容易发生寄生虫病传播。此外，动物的品种、年龄、性别和免疫状态等个体因素对寄生虫的易感性也有影响，例如，幼龄动物和免疫功能低下的动物通常更容易感染寄生虫病。

传播途径调查：确定寄生虫病的传播途径是流行病学调查的关键内容之一。对于体内寄生虫，如蛔虫、绦虫等，主要通过粪-口途径传播，即动物会因误食被寄生虫卵污染的食物、饮水或土壤而感染。球虫病则主要通过摄入被球虫卵囊污染的饲料或饮水传播。体外寄生虫如跳蚤、蜱虫等主要通过直接接触感染动物或其生活环境而传播，螨虫还可通过母体垂直传播给幼仔。通过详细调查传播途径，可以有针对性地制定阻断传播的防控措施。

二、综合防控措施

管理措施：加强动物饲养管理，提供营养均衡的饲料，增强动物的抵抗力。合理规划养殖密度，保证动物有足够的生活空间，减少应激因素。建立健全动物健康档案，定期对动物进行健康检查，包括寄生虫检测，以便及时发现和处理寄生虫病。

生物安全措施：严格执行养殖场的门禁制度，限制外来人员、车辆和动物随意进入，防止寄生虫传入。对进入养殖场的人员和物资进行严格消毒，如更换工作服、鞋套，对车辆进行喷雾消毒等。对动物的粪便进行无害化处理，可采用沼气池发酵、堆肥处理等方式，杀死其中的寄生虫卵和幼虫。

药物防控与监测：根据寄生虫病的流行特点和季节规律，制定合理的药物预防和治疗方案。定期对动物进行驱虫，并在驱虫后进行效果监测，如检查粪便中寄生虫卵的转阴率等。同时，要关注药物的耐药性问题，定期更换不同种类的驱虫药物，避免长期使用单一药物导致寄生虫产生耐药性。通过综合运用管理、生物安全、药物防控与监测等多方面措施，构建全面有效的寄生虫病防控体系，保障动物健康和养殖效益。

参考文献

[1] 文翼平，谢跃．兽医传染病与寄生虫病学［M］．成都：西南交通大学出版社，2024.

[2] 狄兆全．牛羊病临床诊疗［M］．贵阳：贵州科技出版社，2019.

[3] 李国清．兽医寄生虫学［M］．北京：中国农业大学出版社，2015.

[4] 聂奎．动物寄生虫病诊断与防治［M］．重庆：重庆大学出版社，2013.

[5] 贺宋文，何德肆．宠物疾病诊疗技术［M］．重庆：重庆大学出版社，2008.

[6] 陈航．牛羊常见寄生虫病的诊疗及防治方法［J］．畜牧兽医科技信息，2024（10）：114-116.

第十六章

内科疾病诊疗

在兽医临床医疗的广阔领域中，内科疾病犹如错综复杂的谜题，持续考验着兽医从业者的专业素养和智慧。消化系统作为动物摄取营养、维持生命活动的关键枢纽，若出现胃炎、肠炎、胰腺炎、肝炎等疾病，常以食欲减退、呕吐、腹泻、腹痛等症状示人。这些疾病不仅影响动物的营养摄入与生长发育，若得不到及时精准的诊疗，还可能引发严重的全身性并发症。呼吸系统如同动物机体的换气引擎，肺炎、支气管炎、哮喘等呼吸系统疾病的来袭，会导致咳嗽、呼吸困难、呼吸急促等症状，极大地干扰动物的正常呼吸功能，威胁其生命健康。因此，对其诊疗要点的准确把握与管理措施的妥善施行意义重大。而心血管系统作为动物体内血液循环的动力源泉与运输网络，关乎动物机体各个器官的血液灌注与功能维持。心脏病、心律失常、高血压等心血管疾病的出现，往往会引发心悸、乏力、运动不耐受等症状。因此，深入探究其诊断技术与治疗进展，是保障动物心血管健康的核心所在。对这些内科疾病诊疗知识的深入研究与系统掌握，对于提升兽医临床诊疗水平、改善动物生活质量和推动兽医学科学发展具有不可替代的关键作用。

第一节　消化系统疾病的临床诊断和治疗方法

一、胃炎

临床诊断：动物患胃炎常表现出食欲减退、呕吐、腹痛、精神沉郁等症状。触诊胃部时，动物可能有疼痛反应。通过血液学检查，可能发现白细胞计数升高，尤其是中性粒细胞增多，这提示炎症反应。胃镜检查是较为直观、准确的诊断方法，能够直接观察胃黏膜的充血、水肿、糜烂、溃疡等病变情况，并可取病变组织进行病理检查，明确病变性质。此外，还可进行胃液分析，检测胃液的酸碱度、胃蛋白酶活性等指标，以辅助诊断胃炎的类型和程度。

治疗方法：治疗首先需禁食 12～24 小时，让胃得到休息，之后给予易消化、刺激性小的食物，如米汤、鸡肉粥等，采用少食多餐的方式喂食。药物治疗方面，使用抑制胃酸分泌的药物，如奥美拉唑、雷尼替丁等，以减少胃酸对胃黏膜的刺激。胃黏膜保护剂，如硫糖铝、枸橼酸铋钾等，可在胃黏膜表面形成保护膜，促进胃黏膜修复。对于有呕吐症状的动物，可使用止吐药，如甲氧氯普胺、昂丹司琼等，缓解呕吐症状，以防止脱水和电解质紊乱。若存在幽门螺杆菌感染（在部分动物中也可检测到），可采用联合抗菌治疗方案，如阿莫西林、克拉霉素等抗生素与质子泵抑制剂联合使用。

二、肠炎

临床诊断：临床症状主要有腹泻、腹痛、便血、发热、食欲不振等。粪便性状可因病因不同而有所差异，如细菌性肠炎可能出现黏液脓血便，而病毒性肠炎多为水样便。血液检查可见白细胞增多或减少，这取决于感染类型和严重程度。粪便常规检查可发现红细胞、白细胞、寄生虫卵或幼虫等，有助于确定病因。对于一些慢性或疑难病例，可进行肠道组织活检，通过病理检查明确肠道黏膜的炎症类型、病变深度，以及是否存在肿瘤等其他病变。

治疗方法：治疗原则是控制感染、止泻、纠正脱水和电解质紊乱、调节肠道菌群。针对感染源，若为细菌感染，根据药敏试验结果选择合适的抗生素，如庆大霉素、头孢菌素等；若为病毒感染，主要采用对症治疗和支持治疗，如使用干扰素、免疫球蛋白等生物制品提高动物的抵抗力。止泻药物可选用蒙脱石散，它能吸附肠道内的毒素和病菌，保护肠黏膜。补充水分和电解质可通过口服补液盐或静脉输液的方式，维持动物体内的水盐平衡。益生菌制剂，如双歧杆菌、嗜酸乳杆菌等，可调节肠道菌群，促进肠道功能恢复。

三、胰腺炎

临床诊断：急性胰腺炎的动物通常表现为剧烈腹痛、呕吐、发热、精神沉郁、弓背收腹等症状。血清淀粉酶和脂肪酶活性显著升高是重要的诊断指标，但需注意其他疾病也可能导致这两项指标升高，所以需综合判断。腹部超声检查可发现胰腺肿大、回声改变、周围组织渗出等异常情况。CT 或 MRI 检查能更清晰地显示胰腺的病变细节，对于诊断和评估病情严重程度有重要价值。

此外，还可检测血液中的钙离子浓度、血糖水平等指标，因为胰腺炎可能导致低钙血症和血糖异常。

治疗方法：治疗重点在于抑制胰腺分泌、止痛、纠正内环境紊乱、防止并发症。禁食禁水是关键措施之一，减少食物和胃酸对胰腺的刺激，一般禁食3～5天，之后根据动物的恢复情况逐渐恢复饮食。使用生长抑素或其类似物（如奥曲肽），可抑制胰腺的外分泌功能。止痛药物可选用布托啡诺、芬太尼等强效镇痛药，以缓解动物的疼痛症状。积极补充液体，纠正脱水、电解质紊乱和酸碱失衡，维持循环稳定。对于出现并发症（如胰腺脓肿、假性囊肿）的动物，可能需要手术治疗或介入治疗。

四、肝炎

临床诊断：动物肝炎可表现为精神沉郁、食欲不振、黄疸（皮肤、黏膜、巩膜发黄）、呕吐、腹泻等症状。血液生化检查显示肝功能指标异常，如谷丙转氨酶（ALT）、谷草转氨酶（AST）、胆红素（直接胆红素和间接胆红素）升高，白蛋白降低等。凝血功能检查可能发现凝血酶原时间延长，这反映了肝脏合成凝血因子的功能受损。肝脏超声检查可观察肝脏的大小、形态、质地、血管分布等情况，判断是否存在肝脏肿大、萎缩、结节或囊肿等病变。必要时可进行肝脏组织活检，通过病理检查明确肝炎的病因（如病毒性、细菌性、中毒性、自身免疫性等）、炎症程度和病理类型。

治疗方法：针对病因治疗是关键。对于病毒性肝炎，目前尚无特效治疗药物，主要采用支持治疗和对症治疗，如使用保肝药物（如甘草酸制剂、水飞蓟素等）保护肝细胞，促进肝细胞修复。细菌性肝炎则需根据药敏试验选择敏感抗生素进行治疗。中毒性肝炎要立即停止接触毒物，并采用相应的解毒措施，如使用特效解毒剂（有机磷中毒用解磷定）或进行催吐、洗胃、导泻等清除毒物的处理。自身免疫性肝炎可使用免疫抑制剂，如糖皮质激素等，但需密切监测药物的不良反应。同时，给予营养支持，保证动物摄入足够的蛋白质、碳水化合物、维生素和矿物质等营养物质，促进肝脏的恢复。

第二节 呼吸系统疾病的诊疗要点与管理措施

一、肺炎

诊疗要点：临床症状包括发热、咳嗽、呼吸困难、呼吸急促、鼻翼扇动、肺部听诊有啰音等。X射线检查是诊断肺炎的重要手段，可发现肺部有片状、斑片状浸润阴影，或实变影，可伴有胸腔积液等表现。CT检查能更清晰地显示肺部病变的细节，如病变的分布、范围、形态，以及与周围组织的关系，对于鉴别不同类型的肺炎（如细菌性肺炎、病毒性肺炎、支原体肺炎等）有一定帮助。血液学检查可发现白细胞计数升高或降低、中性粒细胞比例增加或淋巴细胞比例改变等，反映了机体的炎症反应和免疫状态。痰液或支气管肺泡灌洗液检查可进行细菌培养、病毒检测、支原体检测等，以确定病原体，以便进行针对性治疗。

管理措施：治疗上首先要根据病原体选择合适的抗菌、抗病毒或抗支原体药物。例如，细菌性肺炎常用头孢菌素、阿莫西林克拉维酸钾等抗生素；病毒性肺炎可使用干扰素、利巴韦林等抗病毒药物（需注意利巴韦林在动物中的使用限制）；支原体肺炎可选用阿奇霉素、多西环素等药物。同时，给予止咳祛痰药物，如氨溴索、氯化铵等，促进痰液排出，减轻咳嗽症状。对呼吸困难的动物可给予吸氧治疗，以改善呼吸功能。对于病情严重的动物，可能需要住院治疗，进行静脉输液，补充营养和水分，维持水盐平衡，密切监测生命体征和病情变化，及时调整治疗方案。在管理方面，保持动物生活环境温暖、安静、通风良好，避免烟雾、灰尘等刺激性物质，减少应激因素，有助于动物的恢复。

二、支气管炎

诊疗要点：动物支气管炎主要表现为咳嗽，初为干咳，后转为湿咳，伴有咳痰，有时可出现低热、食欲不振等症状。听诊时可闻及支气管呼吸音增强、干性啰音或湿性啰音。X射线检查可发现支气管纹理增粗、紊乱，但一般无明显的肺部实变影。血液学检查可能有白细胞轻度升高或正常，以淋巴细胞或单核细胞增多为主（在病毒感染或慢性支气管炎时）。通过支气管镜检查可直接观察支气管黏膜的炎症情况，如充血、水肿、分泌物增多等，并可取支气管分泌物进行病原体检测和细胞学检查，有助于明确病因和诊断。

管理措施：治疗以止咳、祛痰、平喘、抗感染为主。止咳药物可选用右美沙芬等，抑制咳嗽中枢，减轻咳嗽症状。祛痰药物（如愈创甘油醚）可稀释痰液，促进痰液排出。对于有喘息症状的动物，可使用支气管扩张剂，如氨茶碱、沙丁胺醇等，以缓解支气管痉挛，改善通气功能。若存在感染，根据病原体选择合适的药物进行治疗，如细菌感染时使用抗生素，病毒感染时采用对症治疗和支持治疗。加强动物的饲养管理，保持环境清洁卫生，避免寒冷、潮湿等不良环境刺激，提高动物的抵抗力。可给予营养丰富、易消化的食物，保证动物摄入足够的能量和营养物质，促进康复。

三、哮喘

诊疗要点：哮喘动物通常表现为反复发作的喘息、呼吸困难、咳嗽、胸闷等症状，发作时可闻及哮鸣音。过敏原检测对于确定哮喘的病因非常重要，常见的过敏原包括花粉、尘螨、霉菌、动物毛发等，可通过皮肤试验或血清特异性 IgE 检测等方法进行检测。肺功能检查可评估动物的通气功能，如用力肺活量（FVC）、第一秒用力呼气量（FEV_1）等指标下降，FEV_1/FVC 比值降低等，反映支气管痉挛和气流受限情况。胸部 X 射线检查可排除其他肺部疾病，有时可发现肺部有过度充气的表现。在发作期，血液学检查可能显示嗜酸性粒细胞增多，反映过敏反应状态。

管理措施：治疗的核心是控制哮喘发作、预防复发。急性发作期可使用支气管扩张剂，如沙丁胺醇雾化吸入，以迅速缓解支气管痉挛，改善通气。糖皮质激素，如雾化吸入布地奈德或口服泼尼松龙等，可减轻气道炎症，控制哮喘症状。对于慢性哮喘动物，需长期使用控制药物，如吸入性糖皮质激素与长效支气管扩张剂的联合制剂，定期使用，预防哮喘发作。同时，要尽量避免动物接触已知的过敏原，保持室内清洁卫生、空气清新，定期清洗动物的窝垫、玩具等物品，减少过敏原的存在。在饮食方面，可考虑给予低敏食物，对于一些严重哮喘且药物治疗效果不佳的动物，可考虑进行免疫治疗，如过敏原特异性免疫治疗，但需在专业兽医的指导下进行。

第三节　心血管系统疾病的诊断与治疗进展

一、心脏病

诊断：动物心脏病的常见症状包括心悸、呼吸困难、运动不耐受、咳嗽、晕厥等。听诊可闻及心脏杂音、心律不齐等异常心音。心电图（ECG）检查可发现心律失常，如早搏、心动过速、心动过缓、心房颤动等，还可检测到心肌缺血、心肌梗死等引起的 ST 段改变和 T 波异常。超声心动图（UCG）是诊断心脏病的重要工具，可清晰显示心脏的结构和功能，如心脏的大小、形态、室壁厚度、瓣膜的形态和功能、心腔的大小和血流动力学情况等，有助于确定心脏病的类型（如先天性心脏病、心肌病、瓣膜病等）和判断其严重程度。此外，血液学检查可检测心肌损伤标志物，如肌钙蛋白Ⅰ(cTnⅠ)、肌酸激酶同工酶（CK-MB）等，这些指标会在心肌损伤时升高，辅助诊断心肌病变。

治疗进展：治疗方案根据心脏病的类型和严重程度而定。对于先天性心脏病，部分轻症病例可通过药物治疗控制症状，如使用利尿剂（如呋塞米）减轻心脏负荷，使用血管扩张剂（如硝酸甘油）改善心脏血液循环，使用地高辛等强心药物增强心肌收缩力。对于一些严重的先天性心脏病，如法洛四联症等，可能需要手术治疗，如心脏修补术、瓣膜置换术等，但手术风险较高，需要专业的心脏外科团队和设备。心肌病的治疗主要是针对心肌病变进行治疗，如扩张型心肌病可使用血管紧张素转换酶抑制剂（ACEI）如贝那普利、β-受体阻滞剂如美托洛尔等药物，改善心肌重构，延缓病情进展；肥厚型心肌病可使用β-受体阻滞剂、钙通道阻滞剂等药物，减轻心肌肥厚，改善心脏舒张功能。瓣膜病在早期可通过药物治疗控制症状，当瓣膜病变严重影响心脏功能时，也可考虑手术治疗，如瓣膜置换术或瓣膜修复术。近年来，随着基因治疗和干细胞治疗等新兴技术的研究不断深入，有望为一些难治性心脏病提供新的治疗途径，但目前仍处于实验研究阶段。

二、心律失常

诊断：动物心律失常可表现为心悸、脉搏异常、虚弱、晕厥等症状。心电图是诊断心律失常的金标准，可准确识别各种心律失常类型，如房性早搏、室性早搏、房室传导阻滞、心房扑动、心房颤动等。通过长时间的心电监测，如Holter监测（动态心电图监测），可发现短暂发作的心律失常，对于一些间歇性发作的心律失常诊断具有重要意义。此外，还可结合心脏超声检查，评估心脏的结构和功能，因为心脏结构异常往往是导致心律失常的重要原因之一，如心肌梗死、心肌病、瓣膜病等可引起各种心律失常。

治疗进展：治疗心律失常的目的是恢复正常的心律，改善心脏功能，减少心律失常引起的并发症。对于一些轻度的心律失常，如偶发的早搏，如果没有明显的症状，可暂不治疗，定期观察。对于有症状的心律失常，药物治疗是常用的方法。如治疗室性早搏可使用利多卡因、胺碘酮等抗心律失常药物；治疗房性心律失常可使用普罗帕酮、索他洛尔等药物。但药物治疗可能存在一定的不良反应，如胺碘酮可能导致甲状腺功能异常、肺纤维化等，因此需要密切监测。近年来，心脏电复律技术不断发展，对于一些严重的心律失常，如心房颤动、室性心动过速等，可采用体外电复律或体内植入式心脏除颤器（ICD）等方法，快速恢复正常心律。此外，导管消融术也逐渐应用于动物心律失常的治疗，通过导管将射频能量或冷冻能量传递到心脏特定部位，破坏异常的电传导通路，达到根治心律失常的目的，但该技术对设备和技术要求较高，目前在动物中的应用还相对较少。

三、高血压

诊断：动物高血压通常没有特异性症状，部分动物可能出现视力下降、眼底病变（如视网膜出血、渗出、水肿等）、鼻出血、头痛（难以察觉）、心脏肥大等表现。测量血压是诊断高血压的关键，常用的测量方法包括间接测量法（如多普勒超声血压测量、示波法血压测量等）和直接测量法（需动脉插管，一般用于实验研究或重症监护）。在诊断高血压时，需要排除其他可能导致血压升高的因素，如疼痛、应激、肾脏疾病、内分泌疾病等，因此需要进行全面的检查，包括血液生化检查（如肾功能、电解质、甲状腺功能等）、尿液检查（检测蛋白尿等）、心脏超声检查（评估心脏结构和功能）等。

治疗进展：治疗目标是将血压控制在正常范围内，减少高血压对靶器官（如心脏、大脑、肾脏、眼睛等）的损害。生活方式干预是基础，包括控制体重、适当运动、低盐饮食、减少应激等。药物治疗方面，常用的降压药物有血管紧张素转换酶抑制剂（ACEI）、血管紧张素Ⅱ受体阻滞剂（ARB）、钙通道阻滞剂（CCB）、利尿剂等。例如，贝那普利（属于ACEI）可抑制血管紧张素转换酶，减少血管紧张素Ⅱ的生成，从而降低血压；氯沙坦（属于ARB）通过阻断血管紧张素Ⅱ与受体的结合，发挥降压作用；氨氯地平（属于CCB）可阻止钙离子进入血管平滑肌细胞，使血管扩张，从而降低血压；呋塞米（属于利尿剂）通过促进尿液排出，减少血容量，从而降低血压。在治疗过程中，需要根据动物的具体情况选择合适的药物和剂量，并定期监测血压，以调整治疗方案。对于一些继发性高血压，如由肾脏疾病或内分泌疾病引起的高血压，需要积极治疗原发病，才能有效控制血压。

第四节　泌尿系统疾病的临床处理与预防策略

在兽医临床的复杂体系中，泌尿系统、内分泌系统和营养代谢性疾病均是影响动物健康的关键因素。泌尿系统是动物机体排泄代谢废物、维持水电解质平衡与内环境稳定的重要途径。肾炎、膀胱炎、尿结石等疾病的出现，会导致动物排尿异常、疼痛，甚至肾衰竭等严重后果，因此，深入探究其临床处理手段与预防策略，对于维护泌尿系统功能、保障动物生命质量至关重要。内分泌系统犹如动物体内的化学信使网络，糖尿病、甲状腺疾病等内分泌紊乱状况一旦发生，会引发机体代谢失衡、生长发育异常、多器官功能障碍等一系列问题，精准的诊断与科学合理的长期治疗方案是恢复内分泌稳态、促进动物健康的核心环节。而营养代谢性疾病则与动物的饮食摄入、营养物质消化吸收及利用密切相关，维生素缺乏症、矿物质代谢紊乱等疾病会在动物的生长、繁殖、免疫等多方面表现出不良影响，及时准确地识别并采用有效的纠正方法，是确保动物获得充足且均衡的营养、维持正常生理功能的关键所在。对这些疾病的深入研究与妥善应对，对于提升兽医临床诊疗水平、促进动物福利和推动动物健康养殖具有极为重要的意义。

一、肾炎

临床处理：动物肾炎常表现出精神沉郁、食欲减退、体温升高、尿量减少或增多、尿液成分改变（如蛋白尿、血尿、管型尿等）、水肿（眼睑、四肢、腹部等部位）等症状。诊断主要依靠临床症状、血液学检查（如血常规、肾功能检查，可发现血肌酐、尿素氮升高，贫血等）、尿液检查（尿常规、尿蛋白定量、尿沉渣镜检等）和肾脏超声检查（可观察肾脏大小、形态、回声等变化）。治疗上，首先应让动物休息，减少活动量，避免加重肾脏负担。饮食管理方面，给予优质低蛋白、低盐、高热量的食物，以减轻肾脏的代谢压力，如处方粮。根据病情选用药物治疗，如使用糖皮质激素（如泼尼松）抑制免疫炎症反应，但需注意其副作用；使用血管紧张素转换酶抑制剂（如贝那普利）或血管紧张素Ⅱ受体拮抗剂（如氯沙坦），可降低肾小球内压，减少蛋白尿，延缓肾功能的恶化；对于有感染迹象的动物，根据药敏试验选择合适的抗生素进行抗感染治疗，同时要注意避免使用肾毒性药物。定期监测肾功能、尿常规等指标，评估治疗效果，调整治疗方案。

预防策略：加强动物的日常饲养管理，提供清洁卫生的饮水，防止动物接触有毒有害物质（如某些植物、化学毒物等），避免感染，如定期进行疫苗接种预防传染病，因为某些传染病可能继发肾炎。对于有肾脏疾病家族史的动物品种，更要注重定期体检，以便早期发现潜在问题并进行干预。

二、膀胱炎

临床处理：膀胱炎的动物通常有尿频、尿急、尿痛、血尿、尿液浑浊、有异味等症状。通过尿液检查可发现大量白细胞、红细胞、细菌等，细菌培养及药敏试验有助于确定病原体及选择敏感抗生素。触诊膀胱时动物可能有疼痛反应，膀胱超声检查可观察膀胱壁厚度、有无结石或其他异常。治疗主要是使用抗生素进行抗感染治疗，根据药敏结果选择合适的药物，如阿莫西林克拉维酸钾、呋喃妥因等，确保足够的疗程，一般为 7～14 天，以彻底清除感染。同时，给予对症治疗，如使用尿痛缓解剂（如非那吡啶）减轻动物排尿疼痛症状，增加动物的饮水量，促进尿液排出，起到膀胱冲洗的作用。对于反复发生膀胱炎的动物，需进一步检查是否存在潜在病因，如膀胱结石、尿道畸形、内分泌紊乱（如糖尿病导致的易感染体质）等，并进行针对性处理。

预防策略：保持动物生活环境的清洁干燥，定期清理猫砂盆或犬舍。鼓励动物多饮水，可通过提供新鲜干净的饮水、湿粮等方式增加水分摄入，降低尿液浓度，减少细菌滋生的机会。对于雌性动物，在发情期及产后要特别注意卫生护理，防止细菌感染。

三、尿结石

临床处理：尿结石的症状取决于结石的大小、位置和是否引起尿路梗阻。小的结石可能无明显症状，或仅引起轻微血尿、尿频等；大的结石引起梗阻时，可导致动物出现排尿困难、尿闭、腹痛、呕吐等严重症状，甚至引发肾衰竭。诊断主要依靠 X 射线检查、超声检查、尿路造影等影像学手段确定结石的位置、大小、数量和形状。对于较小的结石，可采用保守治疗，如通过饮食调整（根据结石成分选择相应的处方粮，针对草酸钙结石可采用低钙、低草酸的食物，针对鸟粪石结石可采用酸化尿液的食物）、增加饮水量、使用药物（如枸橼酸钾，可溶解某些类型的结石）等措施促进结石排出。对于较大的结石或引起严重梗阻、保守治疗无效的情况，则需进行手术治疗，如采用膀胱切开取石术、尿道切开取石术，或采用激光碎石、超声碎石等微创技术，解除尿路梗阻，取出结石。术后要加强护理，预防感染，调整饮食结构，防止结石复发。

预防策略：根据动物的品种、年龄、性别、饮食习惯等因素，制定个性化的预防方案。定期进行尿液检查和超声检查，监测尿液成分和尿路情况。对于易患结石的动物，如某些品种的猫（如波斯猫易患草酸钙结石）、小型犬（如迷你雪纳瑞易患鸟粪石结石)，可长期食用预防结石的处方粮。控制动物饮食中矿物质的含量，避免过量摄入钙、磷、镁等矿物质。增加动物的运动量，促进新陈代谢，减少结石形成的风险。

第五节 内分泌系统疾病的诊断与长期治疗方案

一、糖尿病

诊断：动物糖尿病的典型症状包括多饮、多食、多尿、体重减轻（“三多一少”)，但部分动物可能仅表现出其中的部分症状或症状不典型。血液检查可发现血糖明显升高，空腹血糖常高于正常范围（犬一般高于 120mg/dL，猫一般高于 150mg/dL)，同时可能伴有糖化血红蛋白升高，该指标能反映一段时间内的平均血糖水平。尿液检查可检测到尿糖阳性，还可能出现酮体阳性(在糖尿病酮症酸中毒时)。此外，还可进行葡萄糖耐量试验，进一步评估动物的胰岛素分泌功能和血糖调节能力，但该试验在临床应用相对较少，因为糖尿病的诊断主要依据血糖和尿糖水平。

长期治疗方案：治疗的关键是控制血糖水平，改善动物的生活质量，延长其寿命。饮食管理是基础，采用高纤维、低碳水化合物、适量蛋白质的糖尿病处方粮，有助于控制血糖的波动。胰岛素治疗是主要的治疗手段，根据动物的体重、血糖水平、病情严重程度等因素，选择合适的胰岛素类型（如重组人胰岛素、猪胰岛素等）和剂量，一般通过皮下注射给药，每天 1～2 次。在开始胰岛素治疗后，需要定期监测血糖，调整胰岛素剂量，使血糖维持在相对合理的范围（如犬空腹血糖控制在 80～150mg/dL，猫空腹血糖控制在 100～200mg/dL)。同时，要注意监测动物的体重、食欲、精神状态等，预防和处理胰岛素治疗可能出现的并发症，如低血糖（表现为虚弱、震颤、抽搐、昏迷等，一旦发现需立即给予葡萄糖纠正)、胰岛素抵抗等。此外，定期进行身体检查，包括眼科检查（糖尿病可导致白内障、视网膜病变等眼部并发症)、肾功能检查等，以便及时发现和处理其他相关疾病。

二、甲状腺疾病

诊断：甲状腺功能亢进在猫中较为常见，表现为体重减轻、食欲亢进、多动、烦躁不安、心率加快、呕吐、腹泻等症状。甲状腺功能减退在犬中较为多见，症状包括嗜睡、精神沉郁、食欲不振、体重增加、脱毛、皮肤干燥、畏寒、心率减慢等。诊断主要依靠血液检查，检测甲状腺激素水平，如甲状腺素（T4）、三碘甲状腺原氨酸（T3）、促甲状腺激素（TSH）等。在甲状腺功能亢进时，T4、T3 水平升高，TSH 水平降低；在甲状腺功能减退时，T4、T3 水平降低，TSH 水平升高（但在某些继发性甲状腺功能减退病例中，TSH 水平可能正常）。此外，可结合甲状腺超声检查，观察甲状腺的大小、形态、回声等情况，判断是否存在甲状腺肿、结节等病变。对于一些疑难病例，还可进行甲状腺放射性核素扫描或甲状腺细针抽吸活检，以进一步明确诊断。

长期治疗方案：对于猫甲状腺功能亢进，治疗方法包括药物治疗、放射性碘治疗和手术治疗。药物治疗常用甲巯咪唑，通过抑制甲状腺激素的合成来降低甲状腺功能，需根据甲状腺激素水平调整剂量，定期监测血常规、肝功能等指标，因为甲巯咪唑可能导致白细胞减少、肝损伤等不良反应。放射性碘治疗是一种较为有效的治疗方法，通过给予放射性碘，破坏过度活跃的甲状腺组织，但该方法需要专门的设备和资质，且治疗后动物需要隔离一段时间。手术治疗即切除部分或全部甲状腺组织，但手术风险较高，可能导致甲状旁腺功能减退等并发症。对于犬甲状腺功能减退，一般采用甲状腺激素替代治疗，如给予左甲状腺素钠，需终身服药，根据动物的体重、临床症状和甲状腺激素水平调整剂量，定期复查甲状腺功能，确保激素水平维持在正常范围，同时观察动物的临床症状改善情况，如体重、精神状态、毛发质量等。

第六节　营养代谢性疾病的识别与纠正方法

一、维生素缺乏症

识别：不同维生素缺乏会导致不同的症状。例如，维生素 A 缺乏可引起动物视力下降、夜盲症、角膜干燥、皮肤角化过度、生长发育迟缓等；维生素 D 缺乏会导致钙磷代谢紊乱，出现佝偻病（常见于幼年动物）或骨软化症（常见于成年动物），表现为骨骼变形、跛行、易骨折等；B 族维生素缺乏较为复杂，如维生素 B_1 缺乏可导致神经炎，动物出现共济失调、肌肉震颤、抽搐等症状，维生素 B_2 缺乏可引起口角炎、唇炎、结膜炎、皮肤炎等，维生素 B_{12} 缺乏可导致贫血、神经症状、生长发育障碍等；维生素 C 缺乏在某些动物（如灵长类、豚鼠等）身上可引起坏血病，表现为牙龈出血、关节肿胀、皮肤瘀斑等。通过观察动物的临床症状、饮食情况，以及结合血液学检查（如检测某些维生素的血清水平）、组织病理学检查（如观察缺乏维生素相关组织的病理变化）等方法，可识别维生素缺乏症。

纠正方法：针对不同的维生素缺乏症，采用相应的补充方法。对于饮食性维生素缺乏，应调整饮食结构，提供富含相应维生素的食物，如动物肝脏富含维生素A、维生素D，谷物、肉类、蔬菜等富含B族维生素，新鲜水果富含维生素C。对于严重缺乏或因吸收障碍等原因导致的维生素缺乏，可采用维生素制剂进行补充，如口服或注射维生素A制剂治疗维生素A缺乏症，肌内注射维生素D制剂治疗维生素D缺乏症，口服或注射B族维生素复合制剂治疗B族维生素缺乏症，口服或静脉注射维生素C制剂治疗维生素C缺乏症。在补充维生素的过程中，要注意适量，避免过量补充导致维生素中毒，同时要查找导致维生素缺乏的原因，如饲料质量问题、消化系统疾病影响维生素吸收等，并进行相应处理，以防止维生素缺乏症再次发生。

二、矿物质代谢紊乱

识别：矿物质代谢紊乱也有多种表现。在钙代谢紊乱中，低钙血症可导致动物出现抽搐、痉挛、心律失常等症状，常见于产后母畜（如母犬产后低钙血症，表现为不安、气喘、流涎、肌肉震颤、抽搐等）；高钙血症可引起多饮、多尿、食欲不振、精神沉郁、便秘、肾功能损害等症状，多见于某些肿瘤性疾病（如甲状旁腺肿瘤导致甲状旁腺素分泌过多，促进钙从骨骼释放到血液中）或维生素D中毒等情况。在磷代谢紊乱方面，低磷血症可导致动物食欲不振、生长发育迟缓、贫血、骨骼软化等；高磷血症常与肾功能衰竭有关，可引起继发性甲状旁腺功能亢进，进一步加重钙磷代谢紊乱。通过血液生化检查（检测血钙、血磷、甲状旁腺激素等水平）、尿液检查（观察尿钙、尿磷排泄情况），以及结合动物的临床症状、病史等可识别矿物质代谢紊乱。

纠正方法：对于低钙血症，可静脉缓慢注射钙剂（如葡萄糖酸钙）进行紧急治疗，缓解抽搐症状，之后可口服钙剂补充，同时要查找病因，如调整饮食中钙的含量、治疗甲状旁腺功能减退等。对于高钙血症，治疗主要是针对病因，如手术切除甲状旁腺肿瘤、停止使用过量的维生素D等，同时可采用水化疗法（大量输液促进钙的排泄）、使用降钙素（抑制破骨细胞活性，减少钙从骨骼释放）、使用糖皮质激素（抑制肠道对钙的吸收）等方法降低血钙水平。对于磷代谢紊乱，低磷血症可通过口服磷酸盐补充剂纠正，高磷血症在治疗肾功能衰竭的基础上，可采用低磷饮食、使用磷结合剂（如碳酸钙，在肠道内与磷结合，减少磷的吸收）等方法降低血磷水平。在纠正矿物质代谢紊乱的过程中，要密切监测血液中矿物质水平的变化，根据变化调整治疗方案，以恢复矿物质的正常代谢平衡。

参考文献

[1]　唐兆新．兽医内科学实验教程［M］．2版．北京：中国农业大学出版社，2020.

[2]　迟兰，王兵，李春雨．动物疾病防治［M］．北京：北京工业大学出版社，2022.

[3]　舒鸣．动物内科病［M］．咸阳：西北农林科技大学出版社，2020.

[4]　苏鹏，陈秀，张瑞珍．新编内科疾病诊疗［M］．长春：吉林科学技术出版社，2023.

[5]　刘宗平，赵宝玉．兽医内科学［M］．北京：中国农业出版社，2021.

[6]　中国畜牧兽医学会兽医内科与临床诊疗学分会．兽医内科与临床诊疗学研究（2012—2014）［M］．北京：中国农业科学技术出版社，2014.

第十七章

外科疾病诊疗

在兽医临床实践中，外科疾病的诊疗占据着极为重要的地位。无论是因意外事故引发的创伤与损伤，像骨折致使骨骼结构破坏、脱位造成关节错位、软组织损伤带来局部组织的破损与功能障碍，其急救处理的及时性和后续治疗的精准性直接关系到动物肢体功能的恢复与生活质量；或是外科感染中脓肿的局部炎症聚集、蜂窝织炎的广泛组织蔓延、败血症的全身性严重感染，准确的诊断与有效的抗感染策略是控制病情发展、挽救动物生命的关键；又或是肿瘤疾病里良性肿瘤的局部占位性影响与恶性肿瘤的侵袭性威胁，完善的诊断方法、适宜的手术治疗及综合治疗方案的制定对于提高肿瘤治愈率、延长动物生存期意义重大；还是外科畸形与先天性疾病如脐疝、隐睾等所导致的解剖结构异常，矫正手术的成功施行与术后护理的妥善到位是保障动物正常生理功能与健康成长的核心要素。深入探究外科疾病诊疗的各个环节，对于提升兽医外科技术水平、保障动物健康福祉具有不可替代的作用。

第一节　创伤与损伤诊疗

一、骨折

急救处理：当发现动物骨折时，首先要确保现场安全，避免动物受到进一步伤害。对于开放性骨折，需用无菌纱布或干净的毛巾覆盖伤口，防止污染，尽量减少骨折断端的移动，可就地取材，如用木板、树枝等制作简易夹板进行临时固定，固定范围应包括骨折部位上下关节。若动物有大量出血，应在伤口上方适当位置压迫止血。迅速将动物转移至附近的兽医医疗机构，在搬运过程中要保持骨折部位的相对稳定。

后续治疗：到医院后，通过X射线检查确定骨折的类型（如横断骨折、斜形骨折、粉碎性骨折等）、位置和严重程度。对于简单骨折，可采用外固定方法，如使用石膏绷带、高分子绷带等进行固定，固定时间根据骨折愈合情况而定，一般需要数周甚至数月，其间需定期进行X射线检查，观察骨折愈合进度，同时配合使用促进骨折愈合的药物，如骨肽注射液等，以及适当的营养支持，保证动物摄入足够的钙、磷等矿物质和蛋白质。对于复杂骨折或开放性骨折，可能需要进行内固定手术，如采用接骨板、髓内针、螺钉等固定器材将骨折断端固定，术后需要进行抗感染治疗，防止伤口感染，加强护理，限制动物活动，以促进骨折愈合。

二、脱位

急救处理：脱位发生后，应尽快使动物保持安静，避免其挣扎而加重损伤。对于关节脱位，可尝试进行简单的复位操作，但需具备一定的专业知识和经验。若复位不成功，不要强行复位，以免造成更严重的损伤。用绷带或三角巾等将脱位关节固定在相对舒适的位置，减少关节活动，然后尽快送往兽医处。

后续治疗：兽医会通过触诊、X射线检查等确定脱位的关节、方向和程度。对于新鲜脱位且无严重并发症的情况，可在麻醉下进行手法复位，复位后使用绷带、夹板或支具等进行固定，固定时间一般为2～3周，其间让动物适当休息，避免剧烈运动，可配合物理治疗，如热敷、按摩等，以促进关节功能恢复。对于陈旧性脱位或伴有骨折、韧带撕裂等复杂情况的，可能需要进行手术切开复位，并修复受损的组织，术后同样需要进行固定、抗感染治疗和康复训练，以恢复关节的正常功能。

三、软组织损伤

急救处理：软组织损伤包括擦伤、挫伤、撕裂伤等。对于擦伤，用生理盐水冲洗伤口，去除表面的污垢和异物，然后用碘伏消毒，保持伤口清洁干燥。挫伤可在受伤部位进行冷敷，以减少出血和肿胀，冷敷时间一般为15～20分钟，每隔2～3小时进行一次。撕裂伤若伤口较小且浅，可按擦伤处理；若伤口较大、较深或有活动性出血，应用无菌纱布按压止血，并尽快送往兽医处，途中持续按压止血。

后续治疗：兽医会对伤口进行进一步处理，如清创缝合（对于较深、较大的伤口），术后定期换药，观察伤口愈合情况，防止感染。对于软组织损伤引起的肿胀和疼痛，可采用药物治疗，如使用非甾体类抗炎药（如布洛芬、卡洛芬等）减轻炎症和疼痛，也可使用活血化瘀的中药制剂促进肿胀消退。同时，根据损伤的严重程度，适当限制动物的活动，给予营养丰富的食物，促进组织修复。

第二节　外科感染诊疗

一、脓肿

诊断：动物脓肿通常表现为局部肿胀、发热、疼痛、波动感明显，触诊时动物有躲避反应。穿刺可抽出脓液，对脓液进行细菌培养和药敏试验有助于确定病原体和选择敏感抗生素。此外，血液学检查可发现白细胞计数升高，尤其是中性粒细胞增多，可反映机体的炎症反应。

抗感染治疗策略：治疗脓肿首先要切开引流，排出脓液，切口应足够大，以保证脓液能充分排出，同时要注意避免损伤周围的重要组织和血管。用生理盐水或抗菌溶液（如双氧水、碘伏等）冲洗脓腔，清除坏死组织和残留脓液。根据药敏试验结果选择合适的抗生素进行全身治疗，一般需持续用药 7～10 天，以确保感染彻底清除。在治疗过程中，要保持伤口清洁，定期换药，观察伤口愈合情况，防止再次感染。

二、蜂窝织炎

诊断：蜂窝织炎表现为局部皮肤红肿、发热、疼痛、质地变硬，边界不清，病变可迅速蔓延。动物常伴有发热、精神沉郁、食欲不振等全身症状。血液学检查可见白细胞显著升高、中性粒细胞比例增加、C 反应蛋白升高等炎症指标异常。从病变组织取样进行细菌培养和药敏试验，可明确病原菌。

抗感染治疗策略：早期、足量、足疗程使用抗生素是治疗蜂窝织炎的关键。一般先根据经验选择广谱抗生素，如头孢菌素类、青霉素类等，待药敏试验结果出来后再调整为敏感抗生素。同时，对局部病变部位进行热敷、理疗等，促进炎症消散和吸收。若有脓肿形成，需及时切开引流。对于病情严重、伴有全身败血症倾向的动物，可能需要住院治疗，进行静脉输液，补充营养和水分，维持水盐平衡，密切监测生命体征和病情变化，及时调整治疗方案。

三、败血症

诊断：败血症是全身性严重感染，动物表现为高热、寒战、精神极度沉郁、食欲不振、呕吐、腹泻、呼吸困难、皮肤黏膜瘀点瘀斑等症状。血液学检查显示白细胞显著升高或降低，中性粒细胞核左移，血小板减少，血培养可检出病原菌，同时可伴有肝肾功能异常、凝血功能障碍等多器官功能损害的表现。

抗感染治疗策略：立即进行血培养后，根据经验选用强效、广谱抗生素进行“重拳出击”式的治疗，如碳青霉烯类抗生素等，待血培养结果回报后调整为敏感抗生素。积极治疗原发病灶，如处理伤口感染、脓肿引流等。进行支持治疗，包括静脉输液补充营养、电解质和水分，纠正酸碱失衡，使用血管活性药物维持血压稳定，输注新鲜血液制品纠正凝血功能障碍等。同时，要密切监测动物的生命体征、血常规、肝肾功能、凝血功能等指标，根据病情变化及时调整治疗方案，全力挽救动物生命。

第三节　肿瘤疾病诊疗

一、诊断方法

对于肿瘤疾病，首先通过触诊可初步判断肿瘤的位置、大小、质地、边界、活动度等情况。影像学检查是重要的诊断手段，X射线可用于检查骨骼肿瘤或肺部转移灶；超声检查可清晰显示肿瘤的形态、大小、内部结构，以及与周围组织的关系，对于腹腔、胸腔内肿瘤的诊断有很大帮助；CT和MRI检查能更精确地显示肿瘤的细节，如肿瘤的浸润范围、与血管神经的关系等，对于肿瘤的分期和手术方案的制定具有重要意义。细胞学检查可通过细针抽吸肿瘤组织，制成涂片后在显微镜下观察细胞形态，初步判断肿瘤的性质（良性或恶性），但细胞学检查有一定的局限性，可能无法准确判断肿瘤的类型。组织病理学检查是肿瘤诊断的金标准，通过手术切除或活检获取肿瘤组织，进行石蜡切片、染色后在显微镜下观察，可明确肿瘤的组织来源、类型、分化程度、有无转移等，为制定治疗方案提供最准确的依据。此外，对于某些肿瘤，还可进行免疫组化检查，进一步确定肿瘤细胞的特异性标志物，以辅助诊断和判断预后。

二、手术治疗

对于良性肿瘤，手术切除是主要的治疗方法，手术原则是完整切除肿瘤组织，尽量保留周围正常组织，减少手术创伤。例如，脂肪瘤、纤维瘤等，若肿瘤较小且位置表浅，可在局部麻醉下进行切除；若肿瘤较大或位置较深，可能需要全身麻醉和更复杂的手术操作。对于恶性肿瘤，手术切除范围应更广泛，包括肿瘤组织及其周围一定范围的正常组织，同时要进行区域淋巴结清扫，以降低肿瘤复发和转移的风险。例如，乳腺癌手术可能需要切除乳腺组织、周围部分肌肉组织和腋窝淋巴结等。但手术治疗并非适用于所有恶性肿瘤，对于一些晚期肿瘤或动物身体状况较差无法耐受手术的情况，可能需要综合考虑其他治疗方法。手术前后要进行必要的准备和护理，如术前进行全面的身体检查、纠正贫血和营养不良等，术后进行抗感染治疗、伤口护理、营养支持等，促进动物恢复。

三、综合治疗方案

除手术治疗外，恶性肿瘤的综合治疗还包括化疗、放疗、免疫治疗等。化疗是使用化学药物抑制或杀死肿瘤细胞的治疗方法，常用的化疗药物有环磷酰胺、阿霉素、顺铂等，可通过静脉注射、口服或局部灌注等方式给药。化疗方案需根据肿瘤的类型、分期、动物的身体状况等因素制定，一般采用多药联合化疗，以提高疗效、减少耐药性的产生。但化疗会有一定的副作用，如骨髓抑制、胃肠道反应、肝肾功能损害等，在化疗过程中需要密切监测动物的血常规、肝肾功能等指标，给予相应的支持治疗。放疗是利用高能射线杀死肿瘤细胞，对于一些局部肿瘤或手术后残留的肿瘤组织有较好的治疗效果，如鼻腔肿瘤、脑部肿瘤等。放疗可单独进行，也可与手术、化疗联合应用，但放疗也会引起局部组织损伤、放射性皮炎、骨髓抑制等不良反应。免疫治疗是近年来肿瘤治疗的新领域，通过激活动物自身的免疫系统来对抗肿瘤细胞，如使用免疫检查点抑制剂等药物，但目前在兽医临床应用相对较少，仍处于研究和探索阶段。综合治疗方案的制定需要多学科协作，根据动物的具体情况权衡各种治疗方法的利弊，以达到最佳的治疗效果。

第四节　外科畸形与先天性疾病诊疗

一、脐疝

矫正手术：脐疝是指腹腔内容物通过脐部的薄弱缺损突出到皮下形成的疝。手术矫正时，动物需全身麻醉，在脐疝部位做一适当大小的切口，小心分离疝囊，将疝内容物还纳回腹腔，检查疝内容物有无缺血、坏死等情况，若有则需进行相应处理。然后切除多余的疝囊组织，缝合疝环，一般采用重叠缝合或荷包缝合等方法，加强脐部的腹壁强度，防止疝复发。对于较大的脐疝或疝内容物与疝囊粘连严重的情况，手术难度会增加，需要更精细的操作。

术后护理：术后要密切观察动物的精神状态、食欲、体温等情况，防止感染。保持手术切口清洁干燥，定期换药，一般术后7～10天拆线。限制动物活动，尤其是剧烈的跳跃、奔跑等，避免腹压增加导致疝复发，可使用腹带适当包扎腹部，给予营养丰富、易消化的食物，促进伤口愈合和身体恢复。

二、隐睾

矫正手术：隐睾是指一侧或双侧睾丸未下降至阴囊内。手术治疗的目的是找到隐睾并牵引至阴囊内固定。对于腹腔内隐睾，手术难度较大，需要打开腹腔寻找睾丸，找到后将睾丸及其精索进行适当游离，通过腹股沟管将睾丸牵引至阴囊内，然后将睾丸固定在阴囊肉膜上，防止睾丸回缩。对于腹股沟管内隐睾，手术相对简单一些，可在腹股沟区做切口，找到隐睾后进行牵引固定。手术过程中要注意避免损伤精索血管和输精管，同时要检查对侧睾丸是否正常。

术后护理：术后观察动物有无阴囊血肿、感染等并发症，若有应及时处理。保持阴囊清洁干燥，可适当托起阴囊，减轻肿胀。限制动物活动1～2周，给予抗生素预防感染，定期复查，观察睾丸位置是否正常，有无萎缩等情况，确保手术效果。

参考文献

[1]　彭广能，钟志军．兽医外科与外科手术学［M］．2版．北京：中国农业大学出版社，2022．

[2] 胡在钜．兽医临床诊疗技术［M］．2版．北京：中国农业出版社，2024.
[3] 郭昌明，张志刚．兽医临床治疗学［M］．北京：中国农业出版社，2022.
[4] 吴敏秋．动物外科与产科［M］．北京：中国农业出版社，2018.
[5] 张涛．兽医临床诊疗技术［M］．银川：宁夏人民出版社，2014.
[6] 羊建平，王宝杰．宠物外科与产科［M］．北京：中国农业出版社，2016.
[7] 何德肆，扶庆．动物外科与产科疾病［M］．重庆：重庆大学出版社，2007.

第十八章

产科与繁殖疾病诊疗

在兽医临床的重要分支——产科与繁殖领域，相关疾病的诊疗对于动物种群的繁衍与健康起着极为关键的作用。母畜的妊娠阶段犹如生命孕育的神秘旅程，精准的妊娠诊断方法与科学合理的孕期管理是确保母畜顺利妊娠、胎儿健康发育的基石。当分娩的关键时刻来临，严密的过程监控与恰当的助产技术能够有效保障母畜与新生幼畜的生命安全，减少分娩并发症的发生。而产后时期，母畜身体虚弱且面临诸多潜在风险，产后疾病如产后感染、子宫复旧不全等的防治措施是否得力，直接影响着母畜生殖健康的恢复与后续繁殖能力。公畜作为繁殖过程中的重要参与者，其繁殖障碍问题如睾丸炎、附睾炎、不育症等的准确诊断与有效治疗，对于提高繁殖效率、优化种群质量意义重大。此外，动物人工授精与胚胎移植技术作为现代畜牧繁殖领域的重要手段，其临床应用与操作要点的深入掌握，不仅有助于推动优良品种的快速扩繁，还为动物繁殖科学的发展开辟了新的途径。深入探究产科与繁殖疾病诊疗的各个环节，对于提升兽医在该领域的专业水平、促进动物养殖产业的可持续发展，以及维护动物福利具有不可替代的价值。

第一节　母畜妊娠诊断方法与孕期管理

一、妊娠诊断方法

外部观察法：对于一些家畜品种，母畜妊娠后可能出现食欲增加、体重逐渐上升、毛色光亮、性情变得温顺等变化。在妊娠中后期，母畜的腹部会逐渐膨大，乳房也开始发育，乳头增大变粗。例如，母牛在妊娠 5～6 个月后，右侧腹围明显增大，可通过观察这些外部特征初步判断母畜是否妊娠，但这种方法准确性相对较低，尤其是在妊娠早期。

直肠检查法：这是一种常用且较为准确的妊娠诊断方法，适用于牛、马等大家畜。检查时，兽医将手伸入母畜直肠内，通过触摸子宫角、子宫体、卵巢等生殖器官的形态、大小、质地和位置变化来判断妊娠情况。在妊娠早期，子宫角变得柔软、对称且有弹性，随着妊娠进展，子宫角逐渐增大、下沉，子宫中动脉开始出现特异的妊娠脉搏。熟练的兽医可在母牛妊娠 30～40 天、母马妊娠 40～50 天通过直肠检查做出较为准确的诊断，但该方法需要一定的经验和技巧，操作不当可能对母畜造成损伤。

超声诊断法：超声诊断具有安全、快速、准确等优点，可分为 A 型、B 型和多普勒超声等类型。B 型超声应用最为广泛，能直观地显示子宫和胎儿的图像，在妊娠早期即可检测到子宫内的孕囊、胎芽和胎心搏动。一般来说，母牛妊娠 25～30 天、母猪妊娠 18～21 天、母羊妊娠 20～25 天即可通过超声诊断确定妊娠。多普勒超声则可检测到胎儿的血流信号，进一步评估胎儿的发育状况。

血液学检查法：通过检测母畜血液中的某些激素或生化指标来判断是否妊娠。例如，在母畜妊娠后，血液中的孕酮水平会升高，可在配种后的一定时间（如牛配种后 21 天左右、猪配种后 19～21 天）采集血液检测孕酮含量，若孕酮值高于一定阈值，则提示妊娠可能性较大。此外，还可检测妊娠相关蛋白，如牛的妊娠特异性蛋白 B（PSPB），其在妊娠早期即可在血液中检测到，且随着妊娠进展，浓度逐渐升高。

二、孕期管理

营养管理：母畜在孕期需要充足且均衡的营养来满足自身和胎儿的生长发育需求。在妊娠前期，应保证饲料的质量和适口性，提供适量的蛋白质、碳水化合物、脂肪、维生素和矿物质等营养物质。例如，对于妊娠母猪，要注意补充叶酸、维生素 E 等，有助于胎儿的神经管发育和提高繁殖性能。妊娠后期，随着胎儿生长速度加快，母畜对营养的需求显著增加，尤其是能量和蛋白质。此时应逐渐增加饲料的供给量，但要避免过度饲喂导致母畜肥胖，影响分娩和产后恢复。同时，要注意钙、磷等矿物质的补充，防止母畜因缺钙而发生产后瘫痪等问题。

环境管理：为母畜提供安静、清洁、舒适的生活环境。保持圈舍温度适宜，夏季注意防暑降温，可采用通风、遮阳、喷淋等措施；冬季注意保暖防寒，增加垫料、封闭圈舍等。圈舍应保持干燥，定期清理粪便和尿液，避免因潮湿滋生细菌和寄生虫。合理的饲养密度也很重要，避免母畜过于拥挤，减少应激因素。此外，要提供充足的清洁饮水，保证母畜随时能够饮用。

运动管理：适当的运动有助于母畜维持良好的体况和肌肉力量，有利于分娩。在孕期，可根据母畜的品种和身体状况，安排适量的运动，如放牧、驱赶运动等。但要避免母畜剧烈运动和过度劳累，尤其是在妊娠后期，防止流产或早产。例如，妊娠母牛每天可进行1～2小时的缓慢驱赶运动或放牧运动。

第二节　分娩过程的监控与助产技术

一、分娩过程的监控

分娩预兆观察：母畜在分娩前通常会出现一系列预兆。例如，乳房开始膨大，乳头充满乳汁，有些母畜在分娩前数天甚至数周就可挤出少量清亮或微带黄色的初乳。外阴部逐渐肿胀、松弛，黏膜潮红，有黏液流出。骨盆韧带松弛，尾根两侧凹陷，臀部肌肉也有塌陷现象。母畜表现出不安、频繁起卧、食欲减退、回顾腹部等行为变化。通过仔细观察这些分娩预兆，可以大致预测分娩时间，提前做好准备工作。

分娩阶段监测：分娩过程一般可分为开口期、胎儿产出期和胎衣排出期。在开口期，子宫开始有规律地收缩，阵缩时间较短，间歇时间较长，母畜表现为轻微腹痛、不安，此时应密切观察母畜的状态和子宫收缩情况。胎儿产出期，子宫收缩加强，阵缩和间歇时间逐渐缩短，母畜努责明显，开始产出胎儿。在此期间，要观察胎儿的胎位、胎势是否正常，以及胎儿的产出进度。如果发现胎儿胎位不正（如横位、臀位等）或产出困难，应及时采取助产措施。胎衣排出期，胎儿产出后，胎衣一般在数小时内（牛2～8小时、马1～1.5小时、猪1～3小时）完整排出。若超过规定时间胎衣仍未排出，则可能存在胎衣不下的情况，需要进行处理。

二、助产技术

顺产助产：当母畜分娩过程正常时，助产人员主要是在旁边观察，做好辅助工作。在胎儿头部露出阴门时，可适当用手护住胎儿头部，防止胎儿产出过快导致头部损伤。随着胎儿的逐渐产出，可顺势协助胎儿的身体娩出，但不要强行牵拉胎儿。胎儿产出后，立即清除其口鼻中的黏液，防止窒息，然后用消毒后的毛巾或纱布擦干胎儿身体，处理脐带。如果脐带未自然断裂，可在距离胎儿腹部 3～5 厘米处用消毒剪刀剪断，断端用碘酊消毒。

难产助产：如果发现母畜难产，首先要迅速判断难产的原因，如胎位不正、胎儿过大、产道狭窄等。对于胎位不正的情况，如胎儿横位，可尝试将胎儿推回子宫内，然后矫正胎位，使其变为正常胎位后再协助产出；对于胎儿过大导致的难产，可在产道内涂抹润滑剂，如凡士林，然后缓慢牵拉胎儿，必要时可采用产科器械（如产科绳、产科钩等）进行助产，但要注意操作的安全性，避免损伤产道和胎儿；对于产道狭窄的难产，如果是轻度狭窄，可通过扩张产道（如用手指或器械缓慢扩张）后助产，如果狭窄严重，可能需要进行剖宫产手术。在难产助产过程中，要密切关注母畜的状态，必要时进行补液、强心等支持治疗，以保证母畜的生命安全。

第三节　产后疾病的防治措施

一、产后感染

诊断：母畜产后感染可表现为发热、食欲不振、精神沉郁、恶露异常（量多、有异味、颜色异常等）、乳房肿胀、疼痛、乳汁变化等症状。通过血液学检查可发现白细胞计数升高、中性粒细胞比例增加等炎症指标异常。对恶露进行细菌培养和药敏试验可确定病原体，常见的病原体有大肠杆菌、链球菌、葡萄球菌等。

防治措施：预防产后感染首先要做好产房的清洁消毒工作，在母畜分娩前对产床、周围环境进行彻底消毒。助产过程中要严格遵守无菌操作原则，减少细菌侵入的机会。产后及时清理母畜的外阴部和后躯，保持清洁。一旦发生产后感染，应立即使用抗生素进行治疗，根据药敏试验结果选择敏感抗生素，如青霉素类、头孢菌素类等，全身用药的同时可配合局部治疗，如对子宫进行冲洗（用生理盐水或含有抗生素的溶液）后注入抗生素栓剂，对于乳房感染，可在挤奶后对乳房进行热敷、按摩，并涂抹抗生素软膏。此外，要加强母畜的营养支持，提高其抵抗力，促进身体恢复。

二、子宫复旧不全

诊断：子宫复旧不全表现为产后恶露持续时间延长（正常牛产后恶露一般

在10～14天排净，马为7～10天，猪为3～5天)，恶露量多且有异味，子宫体积较大、质地较软，有时可从阴道排出残留的胎膜或胎盘碎片。通过超声检查可观察子宫的大小、形态和内部回声，判断子宫复旧情况。

防治措施：预防措施包括促进母畜产后子宫收缩，可在产后注射催产素或前列腺素类似物，促进恶露排出和子宫收缩。加强产后护理，保证母畜有充足的休息和营养。对于子宫复旧不全的治疗，可采用子宫冲洗的方法，用生理盐水或含有抗生素、宫缩剂的溶液冲洗子宫，清除子宫内的残留物质，然后注入宫缩剂（如缩宫素）和抗生素（如土霉素）。同时，可给予中药制剂，如生化汤等，促进子宫血液循环和组织修复。在治疗过程中，要定期复查超声，观察子宫复旧进展情况。

第四节　公畜繁殖障碍的诊断与治疗

一、睾丸炎和附睾炎

诊断：公畜患睾丸炎或附睾炎时，可出现阴囊红肿、发热、疼痛，睾丸或附睾肿大、质地变硬，动物行走时后肢外展，动物不愿配种等症状。触诊时可感觉到睾丸或附睾的疼痛和异常变化。血液学检查可发现白细胞升高，尤其是中性粒细胞增多。超声检查可清晰显示睾丸和附睾的结构变化，如睾丸回声不均匀、附睾肿大等，有助于诊断和判断病情严重程度。

治疗：治疗首先要消除炎症，可使用抗生素进行全身治疗，根据药敏试验选择合适的抗生素，如头孢曲松、恩诺沙星等。同时，对阴囊进行局部冷敷，减轻疼痛和肿胀，在炎症后期可改为热敷，促进炎症消散。对于病情严重、药物治疗无效的病例，可能需要考虑手术切除病变的睾丸或附睾，但手术会影响公畜的繁殖能力，需谨慎评估。此外，要查找病因，如是否存在外伤、感染蔓延（如由尿道炎、前列腺炎等引起）等，并进行相应处理，防止复发。

二、不育症

诊断：公畜不育症的原因较为复杂，可能包括精液品质异常（如精子活力低、精子密度低、精子畸形率高)、生殖器官发育异常（如隐睾、睾丸发育不全等)、内分泌失调（如雄激素分泌不足)、免疫因素（如精子凝集抗体)、感染因素（如睾丸炎、附睾炎、精囊炎等)，以及环境和营养因素等。诊断时需要进行全面的检查，包括精液检查（分析精子的数量、活力、形态、顶体完整性等）、生殖器官检查（触诊、超声检查等）、血液内分泌检查（检测雄激素、促性腺激素等水平）、免疫学检查（检测精子抗体等）和病史调查（了解饲养管理、配种情况等），综合判断不育的原因。

治疗：针对不同的病因采取相应的治疗措施。对于精液品质异常，如果是营养因素导致的，可调整公畜的饲料配方，补充维生素（如维生素A、维生素E、维生素C等）、矿物质（如锌、硒等）等营养物质，以提高精子质量；如果是感染因素引起的，使用抗生素治疗感染后，观察精液品质是否改善。对于生殖器官发育异常，如隐睾，可进行手术治疗，将隐睾牵引至阴囊内，但手术效果因个体差异而异。内分泌失调可通过补充相应的激素进行调节，如雄激素不足可补充睾酮。免疫因素导致的不育症较难治疗，可尝试使用免疫抑制剂，但效果不确定。在治疗过程中，要定期复查精液品质和相关指标，评估治疗效果。

第五节 动物人工授精与胚胎移植技术的临床应用与操作要点

一、人工授精技术

临床应用：动物人工授精技术在畜牧生产中应用广泛，具有提高优良种公畜利用率、减少疾病传播、克服公母畜体型差异配种困难等优点。例如，在奶牛养殖中，通过人工授精可以将优秀种公牛的优良基因快速传播到整个牛群，提高牛群的整体生产性能（如产奶量、乳脂率等）。在猪的养殖中，人工授精也可用于不同猪场之间的配种，实现品种改良和遗传资源的交流。

操作要点：首先要做好种公畜的采精准备，包括对公畜的调教、采精器械的消毒等。采精时采用合适的采精方法，如假阴道法（适用于牛、马等）、手握法（适用于猪、犬等），采集到的精液要迅速进行品质检查，包括精子活力、密度、形态等指标的检测。然后对精液进行稀释，根据需要选择合适的稀释液，稀释液的作用是延长精子的存活时间、提供营养物质和保护精子免受低温打击等。稀释后的精液要进行分装、标记，一般保存在低温（如4～5 ℃）或冷冻（−196 ℃液氮中）状态下。在输精时，要准确确定母畜的输精时间，一般根据母畜的发情周期、排卵时间等确定，如母牛可在发情开始后12～24小时时输精，母猪可在发情后18～36小时时输精。输精时采用专用的输精器械，将精液缓慢注入母畜的生殖道内（如子宫颈深部或子宫内），输精后要做好记录，包括输精时间、精液来源、母畜信息等。

二、胚胎移植技术

临床应用：胚胎移植技术可用于快速扩繁优良母畜，加速育种进程，保存珍稀动物遗传资源等。例如，在肉牛育种中，可以将优秀母牛的胚胎移植到普通母牛体内，使其代孕生产，提高优秀母牛的繁殖效率。在濒危动物保护方面，可将濒危动物的胚胎移植到同种或近缘种的代孕母体中，增加其种群数量。

操作要点：供体母畜要选择繁殖性能良好、遗传品质优秀的个体，在其发情周期的适当时间进行超数排卵处理，一般采用促性腺激素（如促卵泡素、促黄体素等）进行处理，使卵巢排出多个卵子。然后进行配种或人工授精，配种后一定时间（如牛 6～8 天、羊 5～7 天）采集胚胎，可采用手术法或非手术法（适用于牛等大家畜）采集。采集到的胚胎要进行质量鉴定，选择发育正常的胚胎进行移植。受体母畜要选择健康、繁殖性能正常、与供体母畜发情同步的个体，将鉴定好的胚胎移植到受体母畜的生殖道内（如子宫角），移植后要对受体母畜进行观察和护理，确保其正常妊娠和分娩。在整个胚胎移植过程中，要严格遵守无菌操作原则，防止感染和胚胎损失。

参考文献

[1] 余四九．兽医产科学 精简版［M］．2 版．北京：中国农业出版社，2022.
[2] 郑继昌，凌丁．动物外产科技术［M］．3 版．北京：化学工业出版社，2022.
[3] 吕永智．动物外科与产科［M］．重庆：重庆大学出版社，2019.
[4] 刘谢荣．动物产科病及护理［M］．北京：科学出版社，2020.
[5] 吴敏秋．动物外科与产科［M］．北京：中国农业出版社，2018.
[6] 舒鸣，王建敏．兽医临床诊疗技术［M］．南昌：江西高校出版社，2018.
[7] 赵兴绪．兽医产科学［M］．5 版．北京：中国农业出版社，2017.

第五篇

动物急救与护理

第十九章

动物急救技术

在兽医临床工作中，动物急救技术在动物面临各种突发且危及生命的紧急状况时，承载着抢夺生机的重大使命。无论是心脏骤停瞬间精准高效施行的心肺复苏术，或是在休克悄然来袭时对其敏锐识别并妥善处理的智慧与果敢，又或是在中毒这一隐匿而凶险的危机面前准确把握急救原则并巧妙运用特效解毒剂的专业素养，还是在中暑、溺水、电击伤等意外事故猝然发生后迅速且得当的急救应对举措，每一项动物急救技术都凝聚着兽医科学的精髓与对动物生命的敬重呵护。深入探究动物急救技术的奥秘与实操要点，不仅是兽医从业者在紧急时刻展现专业能力与担当的必然要求，更是为动物健康保驾护航、促进人与动物和谐共生的现实担当，其重要性不言而喻，值得我们去研习、去精进。

第一节　心肺复苏术的操作流程与要点

心肺复苏术（CPR）是在动物心脏骤停时恢复其血液循环和呼吸功能的关键技术。其操作流程首先是快速评估动物的意识和呼吸，通过轻拍、呼喊和观察胸廓起伏等方式判断。若确定心脏骤停，应立即将动物置于坚硬、平坦的表面，进行胸外按压。对于犬猫等小型动物，按压位置通常在胸部右侧，约为胸腔直径的 1/3～1/2 处，按压频率每分钟约 100～120 次，按压深度约为胸廓厚度的 1/3～1/2。在进行胸外按压的同时，要配合人工呼吸，每按压 30 次进行 2 次人工呼吸。人工呼吸时要确保气道通畅，可采用将动物头部后仰、下颌上提的方法，然后用嘴或呼吸面罩对动物口鼻吹气，使胸廓有明显起伏。操作过程中要持续进行，直到动物恢复自主呼吸和心跳，或者确定动物已经死亡。并且在实施过程中，要尽量减少按压中断的时间，以保证复苏效果。

第二节 休克的识别与急救处理

一、休克的识别

休克是机体遭受强烈的致病因素侵袭后，由于有效循环血量锐减，组织血流灌注广泛、持续、显著减少，致全身微循环功能不良，生命重要器官严重障碍的综合征。其主要表现为精神沉郁或极度兴奋，可视黏膜苍白或发绀，毛细血管再充盈时间延长，脉搏细弱、快速，血压下降，尿量减少甚至无尿等。不同类型的休克还有其特殊表现，如失血性休克有明显的失血迹象，如外伤出血、内出血等；过敏性休克常伴有皮肤瘙痒、荨麻疹、呼吸困难、呕吐、腹泻等过敏症状，且发病迅速。

二、急救处理

对于失血性休克，首要任务是尽快止血，可采用压迫止血、包扎止血、结扎血管等方法，减少血液的进一步流失。同时快速建立静脉通道，输入适量的晶体液（如乳酸林格氏液）和胶体液（如羟乙基淀粉）以扩充血容量，改善微循环灌注。对于过敏性休克，应立即停止接触过敏原，皮下或静脉注射肾上腺素，这是治疗过敏性休克的关键药物，可缓解支气管痉挛、升高血压等。随后可根据动物的症状给予抗组胺药物（如苯海拉明）、糖皮质激素（如地塞米松）等，以减轻过敏反应，同时进行吸氧、保持呼吸道通畅等支持治疗措施，密切监测动物的生命体征，如心率、呼吸、血压、体温等，根据病情变化及时调整治疗方案。

第三节 中毒的急救原则与特效解毒剂应用

一、中毒的急救原则

当发现动物中毒时，首先要尽快使动物脱离中毒环境，防止继续摄入毒物。例如，若为吸入性中毒，应立即将动物转移到通风良好的地方；若为经口中毒，在未发生呕吐的情况下，可尝试催吐，但要注意某些毒物（如强酸、强碱）禁用催吐。然后尽快进行洗胃，可使用适量的温水或专用的洗胃溶液，以清除胃内尚未吸收的毒物。同时，要给予口服活性炭，活性炭能够吸附多种毒物，减少毒物的吸收。此外，要促进毒物的排泄，可通过静脉输液、利尿等方法，加速毒物排出体外。

二、特效解毒剂应用

对于有机磷中毒，常用的特效解毒剂是阿托品和解磷定。阿托品能对抗有机磷中毒引起的M胆碱样症状，如瞳孔缩小、流涎、呼吸困难等，应根据动物的中毒程度合理使用剂量，达到阿托品化（瞳孔散大、口腔干燥、心率加快等）。解磷定则能恢复胆碱酯酶的活性，与阿托品联合使用可显著提高疗效。对于鼠药中毒，如抗凝血类鼠药中毒，可使用维生素 K_1 作为特效解毒剂，通过肌内注射或静脉注射的方式，以对抗鼠药导致的凝血功能障碍，同时配合输血等治疗措施，纠正贫血和凝血异常，在治疗过程中要密切监测动物的凝血指标，如凝血酶原时间、活化部分凝血活酶时间等，确保治疗效果。

第四节　中暑、溺水、电击伤等意外事故的急救措施

一、中暑的急救措施

当动物中暑时，应立即将其转移到阴凉、通风的地方，解开颈部、胸部等部位的束缚物，以利于散热。用湿毛巾或冰袋敷在动物的头部、颈部、腹股沟等大血管分布区域，进行物理降温。同时，可以用风扇吹拂动物身体，加速空气流动，促进散热。给予适量的清凉饮水，但要避免一次性大量饮水导致呕吐。若动物中暑症状严重，出现昏迷、抽搐等情况，应及时送往宠物医院，在途中继续进行降温处理，并监测动物的生命体征，如体温、心率、呼吸等。

二、溺水的急救措施

发现溺水动物后，要迅速将其从水中捞出，清除口腔和鼻腔内的异物，如泥沙、水草等，保持呼吸道通畅。然后将动物头部下垂，按压腹部，进行倒水动作，尽量排出呼吸道和胃内的积水。若动物呼吸微弱或停止，应立即进行人工呼吸和胸外按压，操作方法同心肺复苏术，同时尽快送往医院进行进一步的

治疗，包括吸氧、纠正电解质紊乱、预防感染等，密切观察动物的神经系统症状，如意识状态、反射等，以便及时发现和处理可能出现的并发症。

三、电击伤的急救措施

在动物遭受电击伤后，首先要确保自身安全，切断电源，避免再次触电。然后迅速检查动物的生命体征，如呼吸、心跳等。若动物呼吸、心跳停止，应立即进行心肺复苏术。对于电击伤部位，要进行简单的清洁和消毒处理，用无菌纱布覆盖，防止感染。若电击伤导致骨折等外伤，要进行适当的固定和包扎。同时，密切观察动物是否出现其他并发症，如心律失常、肾功能损害等，及时送往医院进行全面的检查和治疗，在治疗过程中要注意监测动物的各项生理指标，根据病情变化调整治疗方案。

参考文献

[1] 胡永灵．动物临床诊疗技术［M]．北京：中国林业出版社，2019.
[2] 贾杏林．兽医外科病与护理［M]．北京：科学出版社，2016.
[3] 宋大鲁．宠物急救手册［M]．北京：中国农业出版社，2007.
[4] 赵玉军，林颖，任会军．宠物中毒急救技术［M]．北京：金盾出版社，2010.
[5] 赵玉军．宠物临床急救技术［M]．北京：金盾出版社，2009.

第二十章

重症监护技术

在兽医医疗领域，重症动物的救治始终是一项极具挑战性与复杂性的任务，而重症监护技术则是点亮其生命希望之光的关键灯塔。精准且持续地监测重症动物的各项关键指标，犹如在黑暗中紧握其生命体征的脉搏，为及时发现病情变化并制定有效治疗策略提供了不可或缺的依据。机械通气技术作为维持呼吸功能的有力手段，在兽医临床上开启了拯救呼吸衰竭动物的新通道，其科学管理更是确保了这一生命支持系统的安全与高效运行。液体疗法与营养支持则是为重症动物构建起的内部生命补给线，从维持体液平衡到提供机体修复所需的能量与营养物质，每一个实施要点都关乎动物的生存与康复进程。此外，重症监护病房（ICU）作为集中救治重症动物的核心阵地，其建设与管理规范不仅体现了一个兽医医疗机构的专业水准与资源整合能力，更体现了为重症动物营造安全、舒适且利于康复环境的能力。深入探究重症监护技术的每一个层面，无论是监测、治疗手段还是病房管理，都对于提升兽医对重症动物的救治水平、推动兽医临床科学的进步，以及促进动物福利的保障具有极为深远的意义与价值。

第一节　重症动物的监测指标与监测方法

一、生命体征监测

生命体征是反映重症动物基本生理状态的关键指标。体温监测可通过直肠温度计、耳温计或体表温度计进行，体温异常可能提示感染、炎症或体温调节紊乱等问题。例如，发热可能是感染性疾病的表现，而低体温则可能与休克、低血糖等有关。呼吸频率和节律的监测可直观反映动物的呼吸功能，呼吸过快、呼吸过慢、呼吸困难或呼吸暂停等都需要引起高度重视。一般通过观察动物胸部起伏或借助呼吸监测设备来精确测量。心率和脉搏监测能反映心脏功能和循环状态，可使用听诊器在心脏部位听诊心率，或在浅表动脉（如股动脉）处触摸脉搏，心率过快、过慢或心律不齐可能预示着心脏疾病、电解质紊乱或休克等情况。此外，血压监测也是重要环节，可采用间接测量法（如多普勒血压计）或直接测量法（需动脉插管），低血压可能导致器官灌注不足，而高血压可能引发心血管并发症。

二、血气分析监测

血气分析能够提供关于重症动物酸碱平衡、氧合状态和二氧化碳排出情况的详细信息。通过采集动脉血样（如股动脉、颈动脉等），检测血液中的酸碱度（pH）、二氧化碳分压（PCO_2）、氧分压（PO_2）、碳酸氢根离子（HCO_3^-）等指标。例如，pH 值降低提示酸中毒，可能是由代谢性原因（如肾衰竭、糖尿病酮症酸中毒）或呼吸性原因（如呼吸抑制导致二氧化碳潴留）引起；PO_2 降低则表明动物存在低氧血症，可能是肺部疾病、心血管疾病或贫血等所致。根据血气分析结果，兽医可以准确判断动物的呼吸和代谢功能障碍类型，并制定针对性的治疗方案，如调整通气参数、纠正酸碱失衡或改善氧合等。

三、心电监护

心电监护对于监测重症动物的心脏电活动和发现心律失常具有关键意义。通过在动物体表特定部位（如四肢和胸部）连接心电电极，可连续记录心电图（ECG）波形。心电监护能够及时发现各种心律失常，如心动过速、心动过缓、早搏、房颤等，并为评估心脏功能和心肌缺血情况提供依据。例如，室性早搏可能是心肌病变或电解质紊乱的信号，而 ST 段改变可能提示心肌缺血。兽医可根据心电监护结果及时采取相应的治疗措施，如使用抗心律失常药物、纠正电解质失衡或调整心脏功能支持治疗方案。

第二节 机械通气技术在兽医临床的应用与管理

机械通气是在重症动物呼吸功能衰竭时维持有效气体交换的重要生命支持手段。在应用方面，首先要根据动物的体重、病情和呼吸力学特点选择合适的呼吸机类型和通气模式。常见的通气模式包括控制通气（CV）、辅助控制通气（ACV）、同步间歇指令通气（SIMV）和压力支持通气（PSV）等。例如，对于呼吸完全停止或极度微弱的动物，可先采用控制通气模式，以保证稳定的呼吸频率和潮气量；而对于有一定自主呼吸能力的动物，则可选择辅助控制通气或同步间歇指令通气模式，以促进自主呼吸与机械通气的协调配合。在通气过程中，需要精确设置潮气量、呼吸频率、吸气压力、呼气末正压（PEEP）等参数。潮气量一般根据动物体重计算，但也要考虑肺部顺应性和气道阻力等因素，以避免过度通气或通气不足。PEEP 的应用有助于防止肺泡萎陷，改善氧合，但过高的 PEEP 可能导致气压伤。

在机械通气的管理中，密切监测动物的呼吸力学指标（如气道阻力、肺顺应性）、血气分析结果和生命体征是至关重要的。根据监测结果及时调整通气参数，以达到最佳的通气效果和最小的并发症风险。同时，要注意预防机械通气相关并发症，如呼吸机相关性肺炎（VAP）、气压伤、氧中毒等。为减少 VAP 的发生，应保持气道通畅，定期进行气道吸引和口腔护理，使用无菌技术操作呼吸机管道和配件，并尽可能缩短机械通气时间。此外，还需关注动物的镇静与镇痛需求，适当的镇静和镇痛有助于减少动物的应激反应，提高机械通气的耐受性和安全性。

第三节 液体疗法与营养支持在重症动物治疗中的实施要点

一、液体疗法实施要点

液体疗法旨在恢复和维持重症动物的体液平衡，保证组织灌注和器官功能正常。首先要准确评估动物的脱水程度、电解质紊乱情况和酸碱平衡状态。脱水程度可通过皮肤弹性、眼窝凹陷程度、黏膜干燥程度、血细胞比容（HCT）和总蛋白（TP）等实验室指标综合判断。根据评估结果选择合适的液体种类，如晶体液（乳酸林格氏液、生理盐水等）、胶体液（羟乙基淀粉、白蛋白等）或血液制品（全血、血浆等）。例如，轻度脱水且无明显电解质紊乱时，可先选用乳酸林格氏液进行补液；对于严重失血导致的低血容量性休克，则可能需要输入全血或血浆以补充血液成分和容量。

在补液过程中，要注意控制补液速度和量。一般先快速补充一定量的液体以纠正低血容量，然后根据动物的反应和监测指标（如心率、血压、尿量等）调整补液速度。同时，要密切监测电解质（钠、钾、氯、钙等）和酸碱平衡变化，及时纠正电解质紊乱和酸碱失衡。例如，大量输入生理盐水可能导致高氯性酸中毒，而钾离子补充不当可能引发心律失常等严重后果。此外，对于存在心肺功能障碍的动物，补液时更要谨慎，避免因补液过多、过快而加重心肺负担，可采用中心静脉压（CVP）监测等手段指导补液量和速度的调整。

二、营养支持实施要点

营养支持对于重症动物的康复至关重要，它能够提供机体修复和维持生命活动所需的能量和营养物质，增强免疫力，促进组织愈合。在实施营养支持前，要对动物的营养状况进行全面评估，包括体重变化、体况评分、血清蛋白水平等。根据动物的病情、消化功能和营养需求确定营养支持方式，主要包括肠内营养（EN）和肠外营养（PN）。对于胃肠道功能基本正常的重症动物，应优先选择肠内营养，因为它更符合生理需求，有助于维持肠道黏膜屏障功能，减少细菌移位和降低感染风险。肠内营养制剂可根据动物的种类、年龄、病情等选择合适的配方，如高蛋白、高脂肪、高纤维或特殊疾病专用配方等。

在给予肠内营养时，要注意喂养途径和方法。可通过鼻胃管、鼻十二指肠管、胃造瘘管或空肠造瘘管等途径进行喂养，开始时给予少量、缓慢的喂养，逐渐增加喂养量和速度，同时观察动物的耐受情况，如有无呕吐、腹泻、腹胀等不良反应。对于不能耐受肠内营养或胃肠道功能严重受损的动物，则需采用肠外营养。肠外营养通过静脉输注包含葡萄糖、氨基酸、脂肪乳、维生素、矿物质等营养成分的混合液来满足动物的营养需求。在配制和输注肠外营养液时，要严格遵循无菌操作原则，防止感染和并发症的发生，同时要密切监测血糖、血脂、肝功能、肾功能等指标，根据监测结果调整营养配方和输注速度。

第四节 重症监护病房的建设与管理规范

一、重症监护病房的建设规范

重症监护病房（ICU）的建设应充分考虑重症动物的特殊需求和高效开展医疗护理工作的要求。首先，选址应相对独立且安静，与医院的其他功能区域有合理的布局关系，便于人员、物资和动物的转运，同时要具备良好的通风、采光和隔音条件。病房内部空间要足够宽敞，以容纳各种医疗设备、监护仪器和动物病床，且病床之间应留有适当的间距，方便医护人员进行操作和护理。

地面和墙面应采用易清洁、消毒且防滑的材料，以保证病房环境的卫生和安全。

在设备配置方面，ICU应配备齐全的生命支持设备，如呼吸机、心电监护仪、除颤仪、输液泵、注射泵等，以及必要的诊断设备，如血气分析仪、生化分析仪、血液凝固分析仪等。此外，还应配备完善的供氧系统、吸引系统、压缩空气系统和电力保障系统，确保设备的正常运行不受外界因素干扰。同时，要设置专门的药品储存区和医疗器械存放区，保证药品和器械的分类存放、易于取用，并严格遵守药品和医疗器械的管理规定。

二、重症监护病房的管理规范

ICU的管理应围绕保障重症动物的医疗质量和安全、提高医护人员工作效率和促进动物康复展开。建立严格的人员准入制度，只有经过专业培训、具备重症监护知识和技能的兽医、护士和技术人员才能进入ICU工作。制定完善的工作流程和操作规范，包括动物的接收、转运、监测、治疗、护理和转出等各个环节，确保医疗护理工作的标准化、规范化和连续性。例如，规定动物进入ICU后的快速评估流程、常规监测项目和时间间隔、各种治疗操作的规范步骤等。

在感染控制方面，要采取严格的措施防止交叉感染。医护人员进入ICU前应更换工作服，洗手，戴口罩和帽子，严格遵守无菌技术操作规程。定期对病房环境、设备、器械和物品进行清洁、消毒和灭菌处理，如采用紫外线照射、化学消毒剂擦拭或熏蒸等方法。同时，对动物的排泄物、分泌物和使用过的物品进行妥善处理，遵循医疗废物管理规定。此外，要建立健全的质量监控体系，定期对ICU的医疗护理质量进行评估和改进，包括对监测数据的准确性、治疗效果的评估、并发症的发生率等进行统计分析，及时发现问题并采取相应的整改措施，不断提高ICU的整体管理水平和医疗服务质量。

参考文献

[1] 哈克特，马扎费罗．图解兽医急诊和重症监护技术［M］．袁占奎，林德贵，夏兆飞，译．北京：中国农业大学出版社，2009.

[2] 保罗·奥尔德里奇，路易丝·奥德怀尔．小动物临床急诊与重症护理技术［M］．张海霞，夏兆飞，译．沈阳：辽宁科学技术出版社，2022.

第二十一章

动物护理技术

在兽医临床实践的范畴中，动物护理技术是确保动物健康福祉、促进疾病康复和维护生命尊严的关键技术。对于住院动物而言，其日常护理的精细程度直接影响着治疗效果与住院体验，从科学合理的饮食管理，到洁净舒适的环境卫生维护，再到适宜适度的活动管理，每一个细节都不容小觑。而在面对不同疾病状态的动物时，护理要点更是因病而异、各有侧重，术后护理旨在助力动物顺利度过恢复期，传染病隔离护理则全力防止疾病传播扩散，二者均对护理的专业性与严谨性提出了极高要求。随着动物老龄化和慢性病发病率的逐步上升，老年动物与慢性病动物的长期护理成了一项充满挑战与温情的任务，需要制定并实施针对性强且持久有效的护理策略。此外，当动物生命走向尽头，动物临终关怀与安乐死的实施则体现了人类对动物的尊重与关爱，其原则与方法的正确把握不仅关乎动物的最终感受，也考验着兽医及相关护理人员的伦理道德与职业素养。深入探究动物护理技术的各个层面，对于提升兽医临床护理水平、推动动物福利事业发展，以及构建和谐的人与动物关系具有不可替代的重要意义。

第一节　住院动物的日常护理

一、饮食管理

住院动物的饮食管理需依据其种类、年龄、体重、健康状况和所患疾病进行个性化定制。首先要确保食物的营养均衡，包含适量的蛋白质、碳水化合物、脂肪、维生素和矿物质等。例如，对于术后恢复的动物，可能需要增加蛋白质的摄入量以促进伤口愈合；而对于患有肾脏疾病的动物，则需控制蛋白质和磷的摄入，选择低蛋白、低磷的专用处方粮。同时，要注意食物的适口性和消化性，根据动物的食欲和消化功能调整食物的质地和喂食量。对于食欲不振的动物，可尝试更换食物种类、采用少食多餐的方式或添加食欲刺激剂；对于消化功能较弱的动物，可给予易消化的食物，如湿粮、流食或半流食。此外，要保证食物和饮水的清洁卫生，定期更换食具和水具，防止细菌滋生和污染。

二、环境卫生

保持住院动物生活环境的清洁卫生是预防疾病传播和促进动物康复的重要基础。病房应定期进行全面清洁和消毒，包括地面、墙壁、床铺、笼具等。可采用合适的消毒剂进行擦拭、喷洒或熏蒸消毒，如含氯消毒剂、过氧乙酸等，但要注意消毒剂的浓度和使用方法，避免对动物造成刺激和伤害。及时清理动物的粪便、尿液和呕吐物，减少异味和病原体的滋生。保持病房良好的通风和采光，维持适宜的温度和湿度。不同种类的动物对环境温度和湿度有不同的要求，例如，猫和犬适宜的温度一般在 20～25 ℃，相对湿度在 40%～60%之间。适宜的环境条件有助于动物保持舒适的状态，增强其免疫力和抵抗力。

三、活动管理

根据住院动物的病情和身体状况，合理安排其活动量和活动方式。对于病情较轻、身体状况较好的动物，可提供适当的活动空间和玩具，鼓励其进行适量的自主活动，如在病房内走动、玩耍等，这有助于促进其肌肉力量的恢复、改善血液循环和心理状态。而对于术后或病情较重的动物，则需要限制其活动，避免剧烈运动和过度劳累，防止伤口裂开或病情恶化。可采用牵引绳、保定笼等工具对动物进行适当约束，同时密切观察动物的行为和反应，根据其恢复情况逐渐调整活动量和活动范围。

第二节　不同疾病状态下动物的护理要点

一、术后护理

术后护理的重点在于促进动物伤口愈合、预防感染和观察术后并发症。首先要确保手术切口清洁干燥，定期更换伤口敷料，按照无菌操作原则进行伤口处理。观察伤口有无红肿、渗血、渗液、化脓等异常情况，如有异常及时报告兽医并进行相应处理。监测动物的生命体征，如体温、心率、呼吸等。体温升高可能提示感染，心率和呼吸异常可能与疼痛、麻醉恢复不良或心肺功能问题有关。合理控制动物的疼痛，根据兽医的指示给予适当的镇痛药，减轻动物的痛苦，促进其休息和恢复。同时，注意动物的饮食和营养支持，术后初期可给予易消化、营养丰富的食物，后期逐渐过渡到正常饮食，确保动物获得足够的能量和营养物质用于伤口修复和身体恢复。

二、传染病隔离护理

对于患有传染病的动物，隔离护理是防止疾病传播的关键措施。将患病动物安置在专门的隔离病房或区域，与其他健康动物严格分开，隔离病房应具备独立的通风系统和完善的消毒设施。护理人员在接触患病动物时应穿戴防护服、口罩、手套等防护用品，遵循严格的消毒程序，如进出隔离病房时洗手、更换工作服和鞋套等，防止病原体传播到其他区域。密切观察患病动物的病情变化，记录其症状、体温、饮食、排泄等情况，及时向兽医汇报。按照兽医制定的治疗方案进行药物治疗和护理操作，确保治疗的有效性和护理的规范性。对隔离病房内的环境、物品和动物排泄物进行严格的消毒处理，可采用高温消毒、化学消毒等方法，如对污染的笼具、食具进行煮沸消毒或浸泡在消毒剂中消毒，对动物粪便和尿液进行无害化处理，以彻底杀灭病原体，防止疾病扩散。

第三节　老年动物与慢性病动物的长期护理策略

一、老年动物护理

老年动物身体机能逐渐衰退，易患多种疾病，因此，长期护理需要综合考虑其生理和心理需求。在饮食方面，应提供营养丰富、易消化的老年专用粮，适当补充维生素、矿物质和抗氧化剂等营养物质，有助于维持其身体功能和延缓衰老。定期进行健康检查，包括身体检查、血液生化检查、尿液检查等，可早期发现和处理潜在的健康问题。关注老年动物的关节健康，由于关节退化，它们可能会出现行动不便、疼痛等症状，可提供舒适的休息场所，如柔软的床铺、防滑垫等，必要时给予关节保护剂或进行物理治疗，如热敷、按摩、针灸等，以缓解关节疼痛和改善关节功能。此外，老年动物可能会出现认知功能障碍，表现为行为异常、迷失方向等，护理人员要给予更多的耐心和关爱，提供熟悉的生活环境和规律的生活作息，减少环境变化对其造成的应激。

二、慢性病动物护理

慢性病动物需要长期的治疗和护理来控制病情、缓解症状和提高生活质量。首先要建立慢性病管理档案，详细记录动物的病情、治疗过程、药物使用情况、饮食和运动情况等信息，以便兽医和护理人员全面了解动物的状况，制定个性化的护理计划。按照兽医制定的治疗方案按时给予药物治疗，确保药物的剂量和使用方法正确，同时密切观察动物对药物的反应，如有无不良反应、治疗效果如何等，并及时向兽医反馈，以便兽医调整治疗方案。注重饮食管理，根据慢性病的类型调整饮食结构。例如，对于患有糖尿病的动物，要控制碳水化合物的摄入，选择高纤维、低糖的食物；对于患有心脏病的动物，要控制钠的摄入，避免食用过咸的食物。此外，适当的运动对于慢性病动物也很重要，可根据动物的身体状况制定合理的运动计划，如散步、轻度玩耍等，这有助于增强其体质、改善心血管功能和维持体重，但要避免过度运动导致病情加重。

第四节　动物临终关怀与安乐死的实施原则与方法

一、动物临终关怀

动物临终关怀旨在为生命即将结束的动物提供舒适、安宁、无痛苦的生活环境和护理，尊重其生命的最后阶段。提供温暖、安静、舒适的休息场所，让动物能够放松身心，如铺上柔软的垫子，保持适宜的温度和湿度等。给予动物足够的关爱和陪伴，主人和护理人员可以多与动物互动，抚摸、轻声安慰它，满足其情感需求。关注动物的疼痛和不适，及时给予适当的镇痛和舒缓措施，如使用镇痛药、提供温热的湿敷等，减轻其痛苦。同时，尽量满足动物的生理需求，如提供新鲜的饮水和食物（如果动物还有食欲），协助其排泄等。在临终关怀过程中，要与动物主人保持密切沟通，给予他们情感上的支持和心理上的安慰，让他们能够陪伴动物度过最后的时光。

二、动物安乐死

动物安乐死是在动物遭受无法缓解的痛苦、疾病无法治愈或生命质量极低的情况下，以人道的方式结束其生命的一种方法。实施安乐死应遵循严格的原则，首先要确保动物确实处于无法忍受的痛苦或没有康复希望的状态，这需要兽医进行全面的评估，包括动物的病情、身体状况、生活质量等因素。在实施过程中，要使用合适的安乐死药物和方法，常用的药物有戊巴比妥钠等，注射方法应准确、迅速，以确保动物在无痛苦的情况下迅速失去意识并死亡。安乐死的操作应由专业兽医或经过培训的人员进行，并且要在动物主人的知情同意下进行，尊重动物主人的意愿和情感。在动物死亡后，要妥善处理其尸体，可按照相关规定进行火化、埋葬或交由专业机构处理，以维护环境卫生和公共安全。

参考文献

[1] 保罗·奥尔德里奇，路易丝·奥德怀尔．小动物临床急诊与重症护理技术［M］．张海霞，夏兆飞，译．沈阳：辽宁科学技术出版社，2022.

[2] 刘谢荣．动物产科病及护理［M］．北京：科学出版社，2020.

[3] 陈艳新，李志伟．宠物美容与护理［M］．北京：中国农业大学出版社，2019.

[4] 贾杏林．兽医外科病与护理［M］．北京：科学出版社，2016.

[5] 杨斐，胡樱．实验动物学基础与技术［M］．2 版．上海：复旦大学出版社，2019.

第六篇

兽医临床实践中的动物福利与伦理

在兽医临床实践中，动物福利与伦理指引着从业者的每一个决策与行动。动物，作为有感知的生命个体，其在医疗过程中的感受、权益，以及所遵循的伦理准则，正日益成为兽医领域关注的焦点。确保动物福利，意味着在诊疗中最大程度地减轻其痛苦，满足其基本生理与心理需求；遵循伦理规范，则要求兽医在面对复杂的医疗情境时，能权衡利弊、坚守道德底线。接下来，我们将深入探讨兽医临床实践中动物福利与伦理的重要内涵、实践要求，以及面临的诸多挑战与思考，旨在构建一个更具人文关怀与道德坚守的兽医诊疗环境，让动物得到应有的尊重与善待。

第二十二章

动物福利的基本原则与标准

当今社会，动物在人类生活中的角色日益多元化，从农业生产中的得力助手到给予情感陪伴的家畜宠物，动物的存在意义非凡。在此背景下，动物福利不再是一个可有可无的概念，而是成为衡量人类文明程度和社会进步的重要标尺，动物福利的基本原则与标准也因此具有至关重要的价值。

从法规政策层面来看，国际与国内针对动物福利制定了一系列法规政策。这些法规政策不仅是对动物权益的保护，更是对人类道德责任的规范。解读这些法规政策，有助于从业者明晰动物福利的法律边界和社会要求，从而在实际工作中自觉践行，避免因忽视动物福利而引发的法律风险和社会争议。

在动物的日常生存与医疗过程中，饲养、运输和诊疗环节都对动物福利有着特定要求。良好的饲养环境能让动物生活得更加舒适自在，减少应激反应；合理的运输安排可减少动物在转运途中的痛苦和恐惧；人道的诊疗过程则能在治愈疾病的同时，最大程度地减轻动物的身体和心理创伤。

此外，科学的动物福利评估方法和指标体系不可或缺。它就像一把精准的尺子，能够衡量动物福利的实施效果，帮助我们及时发现问题、改进措施，确保动物福利真正落到实处。通过对动物福利基本原则与标准的全面学习，我们能够在尊重动物生命、提升动物生存质量的道路上稳步前行，实现人与动物和谐共生的美好愿景。

第一节　动物福利的国际与国内法规政策解读

在当今全球化的时代背景下，动物福利已经成为一个备受瞩目的议题，不仅关乎动物的生存质量与权益保障，更深刻地反映了社会的文明程度与伦理道德水准。国际社会纷纷出台各类法规政策，致力于为动物构建起全方位的福利保障体系，其中欧盟地区在动物养殖、屠宰和宠物保护等多方面的立法实践，已然树立起较为严苛且细致的标准范例，对全球动物福利事业的推进产生了深远的影响。

而在国内，随着社会经济的蓬勃发展和民众动物保护意识的逐步加强，动物福利相关法规政策也正经历着从无到有、从探索到逐步完善的关键历程。无论是畜牧养殖领域对畜禽生活条件的重视与改善，还是实验动物管理中对动物福利理念的积极引入，乃至即将颁布的《动物福利通则》所展现出的前瞻性与引导性，均彰显出我国在动物福利事业上不断进取的坚定决心与坚实步伐。深入解读动物福利的国际与国内法规政策，对于我们全面理解动物福利的内涵要求、推动相关法规的有效施行，以及促进国内外动物福利事业的交流互鉴，都具有不可估量的重要意义与价值。

一、国际法规政策解读

欧盟动物福利法规：欧盟在动物福利方面的法规较为完善和严格。例如，2024 年 5 月 15 日，欧盟委员会发布授权指令（EU）2024/1262，修订欧洲议会和欧洲理事会指令 2010/63/EU，对鱼类、兔子等动物养殖环境、饮用水质、宰杀的要求等动物福利内容进行修订，要求成员国在规定时间内通过并公布遵守该指令所需的法律法规，并予以实施。此前，欧盟还提出了关于猫狗福利的新立法，包括对宠物店、养殖场和收容所中猫狗饲养、住房和处理的新的欧盟标准，明确了养殖猫狗的最低公共动物福利标准，如提供足够数量和质量的食物、确保动物的运动便利、保持安全和清洁的环境等，还规定了严格的可追溯性要求以及对在线售卖动物的自动检查。

其他国际公约：一些国际性动物保护公约对各缔约国也有相当大的约束作用，如 1976 年通过的《保护农畜欧洲公约》、1979 年制定的《保护屠宰用动物欧洲公约》等。后者规定“各缔约国应保证屠房的建造设计和设备及其操作符合本公约的规定，使动物免受不必要的刺激和痛苦”。

二、国内法规政策解读

《中华人民共和国畜牧法》：第六条规定国务院农业农村主管部门应当指导畜牧业生产经营者改善畜禽繁育、饲养、运输、屠宰的条件和环境。这体现了对动物福利的关注，强调在畜牧生产过程中要合理、人道地利用动物，保障畜禽的基本生活条件和环境需求。

《实验动物 福利通则》（GB/T 42011—2022）：其是我国首部动物福利标准，涵盖农场动物、伴侣动物等六大类，指导饲养、运输、屠宰等环节的福利评价。该标准规定了实验动物福利的通用要求，包括福利要求、福利状态、福利监督和评估要求，并规定了实验动物使用过程中涉及的实验动物来源、饲养和医师护理要求，以及实验动物管理机构、使用机构及从业人员的培训和能力要求，职业健康与安全，设备及设施条件等。

《动物福利通则》：中国首部《动物福利通则》即将颁布，其虽为推荐性标准而非强制性法规，但意义重大。具体内容包括确保动物不受饥渴、拥有良好的生活环境、免于痛苦和伤害、防止疾病的发生、减少恐惧和悲伤的情绪，以及允许它们自由表达天性等，这一通则的制定有助于在全社会范围内就动物保护达成共识，并为未来动物保护法等相关法律的出台奠定坚实的社会基础。

第二节　动物在饲养、运输、诊疗过程中的福利要求

动物作为地球上与人类共享生存空间的生命群体，其福利状况不仅关乎动物本身的生存质量与感受，更反映着人类社会的文明程度与道德责任担当。在动物的生命周期里，饲养、运输和诊疗环节紧密相连且至关重要，这些环节中的福利保障直接影响着动物的身心健康与生命体验。从提供适宜的饲养环境以满足其基本生活需求，到确保运输过程中的安全与舒适，再到诊疗时兼顾医疗效果与人道关怀，每一步都承载着我们对动物权益尊重的承诺。深入探究动物在饲养、运输、诊疗过程中的福利要求，有助于构建更为完善的动物福利保障体系，促进人类与动物之间更为和谐共生的关系，推动整个社会向更具人文关怀与道德素养的方向迈进。

一、饲养过程中的福利要求

（一）基本生活条件保障

适宜的居住空间：动物应拥有足够的空间，使其能够进行自由转身、伸展肢体、站立、躺卧等正常活动。例如，对于猪的饲养，受孕母猪需要足够的空间来活动和休息，避免因空间狭小导致肢体损伤和行为异常。不同种类、年龄和体重的动物对空间的要求各不相同，需要根据动物的特性来合理规划。

清洁的生活环境：保持饲养环境的清洁卫生是动物福利的重要方面。定期清理粪便、尿液和剩余食物，防止有害细菌、病毒和寄生虫滋生。例如，在禽

类养殖中，及时清理鸡舍的粪便可以减少氨气等有害气体的产生，降低禽类呼吸道疾病的发生率。同时，要提供干净、新鲜的饮用水，确保动物能够随时获取足够的水分。

（二）合理的饮食供应

营养均衡的食物：根据动物的种类、年龄、生理状态（如繁殖期、哺乳期等）提供营养均衡的食物。食物应包含动物生长、发育和维持健康所需的各种营养素，如蛋白质、碳水化合物、脂肪、维生素和矿物质等。例如，幼龄动物需要富含蛋白质和能量的食物来支持生长，而成年动物的食物则需要根据其活动水平和生产目的（如产奶、产蛋等）进行适当调整。

适当的喂食方式：采用适合动物采食习性的喂食方式。例如，反刍动物如牛、羊等适合自由采食干草等粗饲料，而单胃动物如猪、鸡等则需要定时定量喂食。同时，要确保食物的新鲜度和适口性，避免食物变质或受到污染。

（三）健康管理与行为满足

疾病预防和治疗：建立完善的动物健康监测和疾病预防体系。定期对动物进行健康检查、疫苗接种和驱虫等措施，及时发现和处理疾病。例如，在奶牛养殖中，定期进行乳房炎检测，对患病奶牛及时治疗，可以有效提高奶牛的健康水平和产奶质量。同时，要为患病动物提供单独的隔离和治疗空间，避免疾病传播。

行为表达机会：动物有其本能的行为需求，如探索、社交、玩耍等。在饲养过程中，应提供适当的设施和条件，以满足动物的行为需求。例如，为宠物狗提供玩具，让其能够进行啃咬、追逐等自然行为；为群居动物（如兔子）提供足够的空间和同伴，使其能够进行社交互动。

二、运输过程中的福利要求

（一）运输前的准备

健康检查：在运输前，应对动物进行全面的健康检查，确保只有健康的动物才能被运输。对于患病或体弱的动物，应先进行治疗或采取特殊的护理措施，避免在运输过程中病情恶化。例如，在运输马匹之前，要检查马匹的四肢是否健康、有无传染病等情况。

适当的禁食和饮水安排：根据运输时间的长短，合理安排动物的禁食和饮水。对于短途运输，一般不需要禁食；对于长途运输，适当的禁食可以减少动物在运输过程中的呕吐和腹泻等情况，但要保证动物在运输前有足够的饮水，以防止脱水。例如，运输生猪时，长途运输前可以适当禁食 4～6 小时，但要保证运输前 2 小时有充足的饮水。

（二）运输中的条件保障

合适的运输工具和装载密度：选择合适的运输工具，如车辆、船舶等。运输工具应具备良好的通风、保温、隔热和防滑等条件。同时，要根据动物的大小、数量和种类合理安排装载密度，避免动物过度拥挤。例如，在运输禽类时，每平方米的装载密度要适中，要保证禽类有足够的站立和活动空间，避免挤压和踩踏。

途中的护理和观察：在运输过程中，要有专人负责对动物进行护理和观察。定期检查动物的健康状况、行为表现和运输环境的变化。如发现动物出现呼吸困难、萎靡不振等异常情况，应及时采取措施进行处理，如调整通风、停车检查等。

（三）运输后的适应措施

安全卸载和环境适应：到达目的地后，要安全、迅速地卸载动物，避免动物受到惊吓和伤害。将动物转移到预先准备好的适应环境中，让动物有足够的时间来适应新的环境。例如，将运输后的牛转移到干净、通风良好、有充足饮水和饲料的牛舍中，让其逐渐适应新的环境温度、湿度和饲养方式。

三、诊疗过程中的福利要求

（一）就诊环境的舒适性

安静、整洁的诊室环境：诊疗场所应保持安静、整洁，避免嘈杂的声音和混乱的环境对动物造成应激。诊室的温度、湿度和光照要适宜，例如，对于猫科动物的诊疗，诊室温度最好保持在 20～25 ℃，这样可以缓解动物的紧张情绪。同时，要定期对诊室进行清洁和消毒，防止交叉感染。

安全的约束设施：在诊疗过程中，可能需要对动物进行适当的约束，以确保诊疗的顺利进行和动物的安全。约束设施应安全、舒适，不会对动物造成伤害。例如，使用柔软的保定绳和合适大小的保定笼，在固定动物位置的同时，避免动物因挣扎而受伤。

（二）诊断和治疗的人道性

温柔的操作手法：兽医和医护人员在进行诊断和治疗操作时，应尽量采用温柔、轻柔的手法。例如，在对动物进行触诊、采血、注射等操作时，动作要轻缓，避免引起动物的过度疼痛和恐惧。对于一些可能会引起疼痛的检查和治疗，如手术，要提前做好麻醉和镇痛工作。

最小化应激措施：采取措施尽量减少动物在诊疗过程中的应激反应。例如，在动物进入诊疗场所前，可以让主人陪伴动物一段时间，使其熟悉环境；在诊疗过程中，尽量缩短操作时间，减少动物暴露在陌生环境和刺激因素中的时间。同时，可以使用一些行为学方法，如给予动物喜欢的食物、玩具等，来缓解动物的紧张情绪。

第三节 动物福利评估的方法与指标体系

动物福利评估作为衡量和保障动物福利的关键手段，涵盖了多维度的方法与系统全面的指标体系。从细致入微的动物行为观察，到精准科学的生理指标检测，再到对其所处饲养环境与设施的综合考量，每一个环节犹如拼图碎片，共同拼凑出动物福利状况的完整画卷。而构建完善的评估指标体系，包括生理健康、行为表现和环境条件等多方面的关键指标，则为我们准确判断动物福利水平提供了清晰的度量衡。深入探究动物福利评估的方法与指标体系，对于推动动物福利事业的进步，促进人类与动物和谐共生，以及在畜牧业、动物保护、科学研究等众多领域中实现可持续发展，具有重要性与紧迫性。

一、动物福利评估方法

（一）基于动物行为观察的评估方法

直接观察法：这是最常用的方法之一，即观察人员在动物自然生活或养殖环境中直接记录动物的行为表现。例如，观察猪在栏舍内的采食、躺卧、站立、走动、社交互动（如嗅闻、拱腹、咬斗等）行为的频率和持续时间。长时间的躺卧可能暗示动物的健康状况或舒适状态良好，而频繁的咬斗可能表示饲养密度过高或环境中有应激源。观察牛在放牧或舍饲时的反刍行为，正常的反刍是其消化系统健康的重要指标，如果反刍时间减少或异常，可能预示着疾病或饲料问题。

摄像监控观察法：在一些难以进行实时人工观察或需要持续长时间观察的情况下，利用摄像设备对动物活动区域进行监控记录，然后再对录像进行分析。这种方法可以避免观察人员在场对动物行为产生的干扰，并且可以反复查看录像以获取更准确的数据。例如，研究鸟类在繁殖季节的行为时，通过设置在鸟巢附近的摄像头，可以详细记录亲鸟的孵化行为、喂食雏鸟的频率和方式，以及雏鸟的生长发育过程中的行为变化，从而评估其福利状况是否受到环境因素（如巢穴附近的人类活动干扰、食物资源的变化等）的影响。

（二）基于动物生理指标检测的评估方法

血液指标检测：通过采集动物血液样本，分析其中的各种生理生化指标来评估动物福利状况。常见的指标如皮质醇水平，皮质醇是一种应激激素，当动物处于应激状态（如运输、环境温度过高或过低、疾病感染等）时，血液中的皮质醇浓度会升高。例如，在运输前后对马匹进行血液检测，如果皮质醇水平显著升高，说明运输过程可能给马匹带来了较大的应激。此外，血糖、血脂、血细胞计数等指标也能反映动物的营养状况、健康状态和应激程度。例如，白细胞计数升高可能提示动物存在感染或炎症，这会影响其福利状况。

心率和呼吸频率监测：使用专门的监测设备（如心率监测仪、呼吸传感器）测量动物的心率和呼吸频率的变化。一般来说，在安静、舒适的环境中，动物的心率和呼吸频率相对稳定且处于正常范围。当动物受到惊吓、疼痛或处于不良环境（如缺氧、高温）时，心率和呼吸频率会加快。例如，在养殖场，如果发现某头猪的呼吸频率明显加快且持续时间较长，则可能是由于栏舍通风不良导致氨气浓度过高，引起了猪的呼吸不适，这表明其福利受到了损害。

（三）基于动物饲养环境与设施的评估方法

空间和设施评估：测量动物的饲养空间大小，判断是否符合动物种类和生长阶段的要求。例如，对于蛋鸡养殖，每只鸡应拥有足够的笼舍面积以保证其能够自由转身、伸展翅膀和进行正常的采食、饮水活动。评估饲养设施的质量和安全性，如栏舍的坚固程度、地面的防滑性、饮水和采食设备的正常运行情况等。如果饲养设施存在破损、尖锐边角或饮水设备漏水等问题，可能会导致动物受伤或生活不便，从而影响其福利。

环境卫生评估：检测动物饲养环境中的温度、湿度、光照强度、噪声水平、空气质量（如氨气、硫化氢等有害气体浓度）等环境参数。例如，适宜的温度范围对于不同动物种类有所不同，过高或过低的温度都会给动物带来不适甚至危及生命。对于仔猪，适宜的温度在 28～32 ℃之间，如果环境温度低于这个范围，仔猪可能会因寒冷而扎堆，增加被挤压致死的风险，同时也会影响其生长发育和免疫力，进而影响福利状况。过高的氨气浓度会刺激动物呼吸道黏膜，引发呼吸道疾病，降低动物的生活质量。

二、动物福利评估指标体系

（一）生理健康指标

疾病发生率：统计一定时期内动物群体中患病动物的数量占动物总数的比例。较低的疾病发生率通常表明动物的健康状况良好，福利水平较高。例如，在一个养羊场，如果某段时间内羊群的传染病发病率较低，说明羊群在免疫接种、饲养管理和环境卫生等方面的措施较为有效，动物能够在相对健康的环境中生长和生活。

生长发育指标：包括动物的体重增长速度、体尺（如身高、体长、胸围等）变化等。正常的生长发育是动物福利的重要体现，如果动物生长缓慢或发育不良，可能是由于饲料营养不足、疾病困扰或环境应激等因素导致的，这意味着动物的福利需要得到改善。例如，在肉牛养殖中，通过定期测量牛的体重和体尺，可以评估其生长性能。如果发现某批肉牛在相同饲养周期内体重增长明显低于预期标准，就需要进一步分析原因并采取相应措施来提高其福利水平，如调整饲料配方、改善饲养环境等。

（二）行为指标

刻板行为发生率：刻板行为是指动物在长期处于应激或不适环境中表现出的重复性、无目的的行为，如猪的咬栏、鸡的啄羽等。刻板行为发生率越高，说明动物的心理压力越大，福利状况越差。例如，在高密度饲养的猪舍中，如果发现较多猪出现咬栏行为，这可能是由于猪缺乏足够的活动空间和环境刺激，通过减少饲养密度、增加环境丰富度（如提供玩具、垫料等）可以降低刻板行为的发生率，提高猪的福利。

社交行为正常性：观察动物群体内的社交互动是否正常。正常的社交行为包括求偶、交配、亲子关系建立、群体内的等级秩序维持等。例如，在猴群中，如果出现过度攻击、排斥或异常的隔离现象，可能是由于猴群的饲养环境狭小、食物资源分配不均或新成员引入不当等原因导致的，这会影响猴群整体的福利水平，需要及时调整饲养管理策略来恢复正常的社交行为模式。

（三）环境指标

温度适宜度：根据不同动物的适宜温度范围，评估实际环境温度与理想温度的匹配程度。可以采用温度适宜度指数，如温热指数（THI），来综合评价温度和湿度对动物热应激的影响。例如，对于奶牛，当 THI 在 68～72 时，奶牛处于舒适状态；当 THI 超过 72 时，奶牛开始受到热应激影响，产奶量可能下降，健康风险增加，这表明环境温度对奶牛福利产生了负面影响，需要采取降温措施（如喷淋、通风等）来改善。

噪声水平达标率：测量动物饲养环境中的噪声强度，并与动物可耐受的噪声标准进行比较。长期处于过高噪声环境中的动物会出现听力损伤、应激反应增强等问题。例如，在机场附近的养殖场，如果噪声水平经常超过鸡群可耐受的标准（如 85 分贝），鸡可能会出现惊群、生长缓慢、产蛋量下降等情况，这就需要采取隔音措施或调整养殖场位置来保障鸡的福利。

参考文献

[1] 马凯，侯国庆，朱晨．动物福利与农业可持续发展［M］．北京：中国农业大学出版社，2023.

[2] 陈民利，苗明三．实验动物学［M］．北京：中国中医药出版社，2020.

[3] 孙宁，唐伟华．中外动物福利制度比较研究［M］．北京：中国社会科学出版社，2020.

[4] 崔淑芳．实验动物学［M］．上海：第二军医大学出版社，2021.

[5] 陈娟丽，孙江．动物保护法新编教程［M］．北京：中国政法大学出版社，2020.

[6] 杨斐，胡樱．实验动物学基础与技术［M］．2 版．上海：复旦大学出版社，2019.

[7] 秦川，魏泓．实验动物学［M］．北京：人民卫生出版社，2015.

[8] 考林・斯伯丁．动物福利［M］．崔卫国，译．北京：中国政法大学出版社，2005.

第二十三章

临床实践中的动物疼痛管理

在兽医临床实践领域，动物的疼痛管理是一项至关重要且极具挑战性的任务。疼痛作为动物可能遭受的一种不良体验，不仅直接影响着它们的生理健康与舒适度，还会在心理层面引发诸如恐惧、焦虑等负面情绪，进而对其整体的生活质量产生深远的负面影响。随着现代兽医科学的不断发展以及社会对动物福利关注度的持续提升，如何精准地识别动物疼痛、科学地评估其疼痛程度，并采取行之有效的药物与非药物治疗手段加以管理，以及针对不同手术和疾病治疗过程制定个性化的疼痛控制方案，已然成为兽医从业者必须深入探究和熟练掌握的核心技能。深入理解并妥善处理动物疼痛问题，是我们践行动物福利理念、彰显人道主义精神的关键体现，亦有助于推动兽医临床治疗效果的提升与动物康复进程的优化，为促进动物与人类之间更为和谐的关系奠定坚实的基础。

第一节　动物疼痛的识别与评估方法

一、行为学观察

动物在疼痛时往往会表现出特定的行为变化。例如，犬猫可能会减少活动量，出现异常的姿势，如蜷缩、不愿站立或走动；频繁舔舐、啃咬疼痛部位；原本温顺的动物可能变得易怒、攻击性增强；或者出现食欲减退、睡眠障碍等情况。对于马匹，可能会出现跛行、不愿负重、摇头晃脑、甩尾不安等行为。通过对这些行为的细致观察，可以初步判断动物是否处于疼痛状态。

二、生理指标监测

疼痛会引起动物一系列生理指标的改变。心率和呼吸频率通常会加快，血压可能升高，体温也可能出现波动。例如，在急性疼痛发作时，动物的心率可能显著上升，超出正常范围。此外，一些与疼痛相关的激素如皮质醇的水平也会升高。通过监测这些生理指标，可以为疼痛评估提供客观依据。

三、疼痛评估量表

兽医临床常用一些疼痛评估量表来量化动物的疼痛程度。例如，对于犬类，有视觉模拟评分法（VAS）、格拉斯哥复合疼痛评分法（GCPS）等。VAS是通过一条带有刻度的直线，让兽医根据动物的表现来标记疼痛程度；GCPS则综合考虑了动物的行为、生理和心理等多方面因素，将疼痛分为轻度、中度和重度等不同等级。这些量表有助于兽医更准确地评估疼痛，以便制定合适的治疗方案。

第二节　疼痛管理的药物与非药物治疗方法

一、药物治疗

镇痛药分类及应用：阿片类药物如吗啡、芬太尼等，具有强大的镇痛效果，常用于缓解中重度疼痛，但可能存在一些副作用，如呼吸抑制等，需要谨慎使用并密切监测。非甾体抗炎药（NSAID）如布洛芬、卡洛芬等，能有效减轻炎症和疼痛，应用较为广泛，但长期或过量使用可能导致胃肠道不适、肝肾功能损伤等问题。局部麻醉药如利多卡因，可在手术局部应用，以提供短期的镇痛效果，常用于小手术或局部创伤的处理。

药物使用原则：在使用镇痛药时，要根据动物的种类、年龄、体重、健康状况，以及疼痛的类型和程度来选择合适的药物和剂量。同时，要遵循药物的使用说明，注意药物的配伍禁忌和不良反应，确保安全有效地使用药物。

二、非药物治疗

物理疗法：冷疗可以在急性损伤后的早期减轻肿胀和疼痛，例如对扭伤的动物关节进行冷敷。热疗则适用于慢性疼痛或肌肉紧张的情况，如热敷可促进局部血液循环，缓解肌肉酸痛。按摩和针灸也能有效缓解动物的疼痛，按摩可以放松肌肉，改善局部血液循环；针灸通过刺激穴位，调节动物的气血运行，达到镇痛的目的。

环境与心理干预：为动物提供安静、舒适、温暖的环境有助于减轻其疼痛感。例如，为术后宠物提供柔软的床铺和温暖的环境，让其能够安心休息。心理安抚也非常重要，主人的陪伴和安慰可以缓解动物的焦虑情绪，从而在一定程度上减轻疼痛。对于一些胆小的动物，减少环境中的噪声和刺激也有利于其康复。

第三节　不同手术与疾病治疗过程中的疼痛控制方案

一、手术过程中的疼痛控制

术前镇痛：在术前给予适当的镇痛药，如阿片类药物或 NSAID，可以减轻动物的术前焦虑和疼痛，使其在手术过程中更加平稳。例如，在进行犬的绝育手术前，可给予适量的布托啡诺进行术前镇痛。

术中镇痛：根据手术的类型和时长，采用持续静脉输注镇痛药或局部神经阻滞等方法。在进行大型手术如骨科手术时，可采用硬膜外麻醉联合全身麻醉的方式，既能保证手术顺利进行，又能有效控制术中疼痛。同时，术中要密切监测动物的生命体征和疼痛反应，及时调整镇痛方案。

术后镇痛：术后持续给予镇痛药，以保证动物在恢复过程中尽可能少地遭受疼痛。可采用多种药物联合使用的方式，如阿片类药物与 NSAID 搭配，既能增强镇痛效果，又能减少单一药物的副作用。同时，根据动物的恢复情况逐渐减少药物剂量，直至疼痛完全缓解。

二、常见疾病治疗过程中的疼痛控制

骨科疾病：对于骨折、关节炎等骨科疾病，除了使用镇痛药外，还可采用外固定或内固定等方法来稳定骨骼结构，减轻疼痛。同时，配合物理治疗如康复训练，有助于恢复关节功能，缓解疼痛。例如，在犬的髋关节发育不良治疗中，可先使用 NSAID 控制疼痛，然后进行水疗等康复训练，促进髋关节的恢复。

消化系统疾病：如胃炎、胰腺炎等疾病引起的疼痛，在使用镇痛药的同时，要针对病因进行治疗。调整饮食结构，给予易消化、低脂的食物，必要时进行胃肠减压或营养支持治疗。例如，对于患胰腺炎的犬只，在使用布托啡诺等镇痛药的同时，禁食、禁水一段时间，然后逐渐恢复低脂饮食，并补充胰酶等消化酶。

肿瘤疾病：肿瘤引起的疼痛可能较为复杂和严重，需要根据肿瘤的类型、分期和动物的身体状况制定个性化的疼痛控制方案。除了使用镇痛药外，还可能涉及放疗、化疗等治疗手段来缩小肿瘤体积，减轻压迫和疼痛。例如，对于晚期癌症的猫，可使用吗啡等强效镇痛药，并结合姑息性放疗来缓解疼痛，提高其生活质量。

参考文献

[1] 伊恩·塞尔夫．小动物疼痛管理指南［M］．叶楠，译．石家庄：河北科学技术出版社，2022.

[2] 汤宏斌，董惠芬．医学实验动物学［M］．北京：科学出版社，2023.

[3] Jeff C Ko. 小动物麻醉和疼痛管理图解手册：第 2 版［M］．刘庆新，周闯，译．北京：中国农业大学出版社，2021.

[4] 玛丽·艾伦·戈德伯格．兽医临床疼痛管理［M］．沈阳：辽宁科学技术出版社，2021.

[5] 汤宏斌．实验动物福利［M］．武汉：湖北科学技术出版社，2014.

[6] 凌茹，李晓南．新生期疼痛动物模型建立的研究进展［J］．中华麻醉学杂志，2023，43（4）：508-512.

[7] 欧琅琳，王朝思，梅健，等．关于医学实验动物模型构建中的疼痛管理及动物福利的思考［J］．实验动物科学，2023，40（2）：82-88.

第二十四章

兽医伦理问题探讨

在兽医临床实践领域，伦理问题常常指引着兽医从业者的每一个行动抉择与价值判断。从日常的临床诊疗决策，到严谨的动物实验与临床研究探索，再到与动物主人紧密相连的沟通交流环节，伦理考量无处不在且意义非凡。当面临治疗成本与动物生命价值的微妙权衡时，如何坚守道德底线并做出合理决策？在动物实验与临床研究的科学进程中，怎样确保遵循严格的伦理规范以尊重动物的权益与福祉？而在与动物主人的互动沟通中，又该以何种伦理责任与技巧来构建信任、传递信息并妥善处理复杂的情感与期望？深入剖析兽医伦理问题，不仅是兽医行业自我审视、自我完善的内在需求，更是推动整个兽医科学朝着更具人文关怀、更符合道德准则方向发展的关键动力，对于塑造兽医职业的良好形象、促进动物健康事业与人类社会的和谐共进有着不可替代的重要性。

第一节　兽医临床决策中的伦理困境

一、治疗成本与动物生命价值的权衡

在兽医临床实践中，常常会面临治疗成本与动物生命价值之间的艰难权衡。一方面，兽医的职责是维护动物的健康与生命，尽可能地提供有效的治疗手段。然而，现代医疗技术的发展使得一些治疗方法变得极为昂贵，例如复杂的外科手术、长期的药物治疗方案或先进的诊断测试。对于动物主人而言，他们需要考虑自己的经济承受能力。在某些情况下，高昂的治疗费用可能会使主人陷入困境，他们可能无法承担全部费用，或者即使能够承担，也会对家庭经济造成重大压力。兽医此时就需要在尽力救治动物与尊重主人的经济状况之间寻找平衡。例如，对于一只患有严重心脏病的宠物犬，可能需要长期服用昂贵

的药物并定期进行心脏功能监测，兽医需要与主人充分沟通，了解其经济状况和对治疗的期望，共同探讨是否有更经济有效的替代方案，或者在主人无法继续承担治疗费用时，如何以人道的方式安排动物的后续护理。

二、有限医疗资源的分配

除了治疗成本，有限的医疗资源也是兽医在临床决策中面临的伦理困境之一。在一些兽医医疗机构，特别是在紧急情况或资源相对匮乏的地区，可能会出现医疗设备、药品或专业人员短缺的情况。例如，在面对多只动物同时遭受严重创伤或疾病需要紧急救治时，如何确定救治的先后顺序？是优先考虑病情最严重的动物，还是那些更有可能存活或对社会有特殊价值的动物(如工作犬、珍稀动物等)？这需要兽医综合考虑各种因素，包括动物的病情严重程度、预后、社会价值，以及资源的可利用性等。这种决策不仅考验兽医的专业技能，更涉及深刻的伦理道德考量，因为任何一种选择都可能意味着对某些动物生存机会的影响，需要在公平、公正和动物福利最大化的原则下谨慎做出。

第二节　动物实验与临床研究中的伦理规范

一、动物实验的伦理审查

在动物实验领域，伦理审查是确保实验符合道德规范的关键环节。伦理审查委员会通常会对动物实验的目的、方法、预期收益，以及可能对动物造成的痛苦和伤害进行全面评估。实验目的必须具有明确的科学价值和必要性，例如为了开发新的治疗方法、研究疾病的发病机制或测试药物的安全性和有效性。实验方法应尽可能减少动物的痛苦和不适，采用先进的技术和手段来替代、减少或优化动物实验。例如，在某些情况下，可以使用细胞培养、计算机模拟或替代动物模型（如低等动物）来部分替代高等动物实验。同时，对于实验过程中动物可能遭受的疼痛、应激或其他不良影响，必须制定相应的缓解措施，如提供适当的麻醉、镇痛和术后护理等。只有在伦理审查委员会认为实验设计合理、符合伦理要求的情况下，动物实验才能获得批准进行。

二、动物实验中的“3R”原则

“3R”原则即替代(replacement)、减少(reduction)和优化(refinement)，

是动物实验伦理规范的核心内容。替代原则鼓励研究人员尽可能寻找非动物实验方法来替代传统的动物实验，如使用体外细胞培养、组织工程技术或数学模型等。减少原则要求在保证实验结果科学可靠的前提下，尽量减少实验动物的使用数量。这可以通过改进实验设计、提高实验技术的准确性和灵敏度，以及计算合理的实验样本量来实现。优化原则强调对实验动物的饲养管理、实验操作过程和实验环境进行优化，以减轻动物的痛苦和应激。例如，为实验动物提供宽敞、清洁、舒适的饲养环境，采用温和的实验操作技术，避免不必要的刺激和伤害，并在实验过程中密切关注动物的健康状况，及时给予必要的医疗护理。遵循“3R”原则有助于在推动科学研究进展的同时，最大程度地保障动物的福利和维护动物的权益。

第三节　兽医与动物主人沟通中的伦理责任与技巧

一、如实告知与知情同意

兽医在与动物主人沟通时，首要的伦理责任是如实告知动物的病情、诊断结果、治疗方案和可能的预后情况。这包括向主人详细解释动物所患疾病的性质、严重程度，以及治疗过程中可能出现的风险和并发症，还有不同治疗方案的优缺点和预期效果。主人有权在充分了解这些信息的基础上做出决策，因此兽医必须确保信息的准确性和完整性，避免误导或隐瞒重要信息。例如，在告知主人动物需要进行手术治疗时，不仅要说明手术的过程和成功率，还要告知可能的术后感染风险、恢复时间和所需的后续护理费用等。同时，兽医应获取主人的知情同意，通常以书面形式记录下来，以表明主人已经理解并同意所推荐的治疗方案。这一过程不仅是法律要求，更是尊重主人自主决策权和动物权益的伦理体现。

二、情感支持与尊重主人感受

动物主人往往与他们的宠物之间有着深厚的情感纽带，当动物生病或受伤时，主人会经历焦虑、担忧和痛苦等强烈的情感反应。兽医在沟通中需要给予主人充分的情感支持，理解他们的感受，并以同情和耐心的态度回应他们的问题和关切。尊重主人的文化背景、价值观和个人信仰也是至关重要的。不同的主人可能对动物的治疗有不同的期望和态度，兽医应在遵循医学专业知识和伦理原则的基础上，尽可能地满足主人的合理需求，并与主人共同探讨最适合动物的治疗方案。例如，在某些文化中，主人可能更倾向于采用自然疗法或传统民间疗法，兽医可以在评估这些疗法的安全性和有效性后，与主人进行开放的讨论，提供专业的建议并尊重主人的最终选择。通过良好的沟通和情感支持，兽医可以帮助主人更好地应对动物的健康问题，同时也有助于建立信任和良好的医患关系，促进动物的治疗和康复。

参考文献

[1] 赵波．动物伦理基础理论与中国问题研究［M］．青岛：中国海洋大学出版社，2023.

[2] 黄雯怡．动物伦理理论与实践研究　基于生命共同体理念［M］．南京：东南大学出版社，2023.

[3] 沈红，张永红，崔德凤，等．动物伦理与福利［M］．北京：中国农业出版社，2017.

[4] 卢选成．美国兽医协会动物安乐死指南［M］．北京：人民卫生出版社，2018.

[5] 陈民利，苗明三．实验动物学［M］．北京：中国中医药出版社，2020.

[6] 汤宏斌，董惠芬．医学实验动物学［M］．北京：科学出版社，2023.

[7] 汤宏斌．实验动物福利［M］．武汉：湖北科学技术出版社，2014.

第七篇

兽医临床实践管理与职业素养

在兽医临床实践的广阔领域中，管理的有效性与职业素养的高度，共同推动着兽医行业的稳健前行与持续发展。临床实践管理涵盖了从病例的精准收集与整理、科学分析，到诊疗流程的规范优化，以及医疗机构设施设备的合理规划运维等多方面内容，直接关系到医疗服务的质量与效率。而职业素养则体现了兽医在道德规范、操守坚守、沟通协作，以及风险与法律责任意识等层面的综合品质，深刻影响着兽医与动物主人、同行及其他相关行业人员的互动关系和行业整体形象。接下来，我们将深入探索临床实践管理与职业素养的核心内涵与关键要点，为兽医从业者在职业道路上的成长与提升提供全面且深入的剖析与指引。

第二十五章

兽医诊所与医院的管理

兽医医疗机构作为守护动物健康的专业场所，其设施规划与布局的合理性与科学性是提供优质医疗服务的基石。一个精心设计的兽医医疗机构，不仅能为动物创造舒适、安全的就医环境，还能让兽医及其相关工作人员高效地开展诊疗、护理等各项工作，减少疾病传播风险，提升整体运营效能。以下将深入探讨兽医医疗机构在设施规划与布局方面的关键要素与重要考量，旨在为打造现代化、专业化的兽医医疗空间提供全面的指引与思路。

第一节　医疗机构的设施规划与布局

一、总体布局原则

（1）功能分区明确　兽医医疗机构应划分为不同的功能区域，包括诊疗区、候诊区、住院区、隔离区、消毒供应区、办公区和辅助区等。各个区域之间的布局要合理，既要方便工作流程，又要避免不同区域之间的交叉感染。例如，诊疗区和住院区应相对靠近，以方便医护人员对住院动物进行检查和治疗；而隔离区应设置在相对独立的位置，远离健康动物的活动区域。

（2）人流和物流分开　为了防止疾病传播和确保工作效率，应规划好人员流动和物品流动的通道。人员通道应设置在干净、整洁的区域，方便医护人员、动物主人和其他工作人员进出。物流通道则用于药品、医疗器械、动物尸体等的运输，要有专门的电梯或通道，避免与人员通道交叉。例如，在医院的建筑设计中，设置独立的污物电梯，用于运送手术废弃物、污染的器械等。

二、具体区域规划

（一）诊疗区

诊室布局：诊室应根据不同的动物种类和诊疗科目进行划分。例如，设置专门的犬科诊室、猫科诊室、异宠（如龙猫、仓鼠等）诊室和大动物（如牛、马等）诊室。每个诊室应配备基本的诊疗设备，如检查床、听诊器、体温计、照明设备等，还应具备良好的通风和隔音条件，以保证诊断过程的准确性和舒适性。

检查室和实验室布局：检查室用于进行一些常规的检查项目，如血液检查、尿液检查、粪便检查等。实验室应配备相应的实验设备，如离心机、显微镜、生化分析仪等。检查室和实验室之间的布局要紧凑，方便样本的采集和快速检测。同时，要注意实验室的生物安全，设置不同的功能区域，如样本处理区、检测区和废弃物处理区等。

手术室布局：手术室是兽医医疗机构的关键区域，应按照无菌手术的要求进行设计。手术室应分为清洁区、无菌区和污染区。清洁区用于医护人员的术前准备和器械的清洗消毒；无菌区是手术操作的核心区域，要保持高度的无菌环境；污染区用于放置手术后的废弃物。手术室应配备先进的手术设备，如手术台、无影灯、麻醉机、心电监护仪等，并且要有良好的空气净化系统，以保证空气质量。

（二）候诊区

动物候诊区设计：候诊区要为动物和主人提供舒适的等待环境。根据动物的大小和行为特点，设置不同类型的候诊设施。例如，为犬类设置独立的围栏，为猫类提供安静的猫窝。候诊区应保持良好的通风和采光，地面要易于清洁，防止动物排泄物污染环境。同时，要设置足够数量的座位供主人休息。

信息展示和服务设施：在候诊区设置信息展示板，展示医院的服务项目、收费标准、医生简介等信息；还可以提供一些宠物护理知识的宣传资料，帮助主人更好地了解动物健康知识。此外，还应设置饮水机、垃圾桶等服务设施，方便主人和动物使用。

（三）住院区

病房布局：住院区的病房应根据动物的种类和病情进行分类。例如，设置普通病房、重症监护病房（ICU）和隔离病房。普通病房用于病情较轻的动物，每个病房可以容纳一定数量的动物，病房内要配备舒适的休息设施和基本的医疗设备，如输液架等。ICU 病房用于病情严重、需要密切监护的动物，应配备先进的生命体征监测设备，如心电监护仪、呼吸监护仪等。隔离病房用于患有传染性疾病的动物，要有独立的通风系统和严格的消毒设施，防止疾病传播。

护理站设置：在住院区设置护理站，方便医护人员对住院动物进行护理和观察。护理站应配备计算机、病历档案柜等设备，用于记录动物的病情变化和治疗情况。同时，护理站应与病房保持便捷的联系，医护人员能够及时响应动物的需求。

（四）隔离区

隔离病房和设施：隔离区是专门用于隔离患有烈性传染病或人兽共患病的动物的区域。隔离病房应具备严格的密闭条件，防止病原体泄漏。病房内要配备独立的空气处理系统，对排出的空气进行消毒处理。同时，要设置专门的消毒通道，医护人员进入和离开隔离病房时都要进行严格的消毒。

废弃物处理和尸体解剖室：隔离区还应设置专门的废弃物处理设施，对隔离动物产生的排泄物、污染物等进行无害化处理。必要时，还应设置尸体解剖室，用于对病死动物进行解剖检查，以确定病因。尸体解剖室要具备良好的通风和消毒设施，防止病原体扩散。

（五）消毒供应区

清洗消毒间布局：消毒供应区主要负责医疗器械的清洗、消毒和灭菌。清洗消毒间应配备专业的清洗设备，如超声波清洗机、自动清洗消毒机等。按照清洗流程，设置污染器械接收区、清洗区、消毒区和干燥区。不同区域之间要有明确的标识和隔离设施，防止交叉污染。

灭菌间和无菌物品储存区：灭菌间应配备合适的灭菌设备，如高压蒸汽灭菌器、环氧乙烷灭菌器等。灭菌后的无菌物品要存放在无菌物品储存区，储存区的环境要保持清洁、干燥，温度和湿度要适宜。物品的存放要按照一定的规则分类和摆放，便于查找和使用。

（六）办公区

办公区包括行政管理办公室、医生办公室和会议室等。

行政管理办公室布局：行政管理办公室工作人员负责医院的日常管理工作，如人员招聘、财务管理、物资采购等。办公室应配备办公桌椅、计算机、文件柜等基本设施，并且要保持安静、整洁的环境。

医生办公室和会议室功能：医生办公室是医护人员进行病例讨论、制定治疗方案和学习交流的场所。办公室应配备计算机、医学书籍和期刊等资料，方便医生查阅。会议室用于医院内部会议、学术讲座和培训等活动，需配备投影仪、音响设备等会议设施。

（七）辅助区

药房和药品储存区：药房应根据药品的种类和性质进行分类储存，如西药区、中药区、冷藏药品区等。药品储存区要保持适宜的温度、湿度和通风条件，以确保药品的质量。药房应设置药品调配窗口，方便医护人员领取药品。

动物食品和用品储存区：储存区用于存放动物食品、饲料、宠物用品等。要根据不同的物品特性进行分类储存，如干粮和湿粮分开存放，防止食品变质。同时，要严格落实储存区的防潮、防虫和防鼠措施。

停车场和员工休息区：停车场要设置足够数量的停车位，方便动物主人和工作人员停车。员工休息区应提供舒适的休息设施，如沙发、桌椅等，让员工在工作之余能够得到充分的休息。

第二节　医疗设备的采购、维护与管理

在兽医医疗领域，设备的质量与管理水平直接关乎动物医疗服务的精准性、有效性和兽医机构的整体运营效率。从设备的初始采购，到日常的维护保养，再到全面的使用管理与最终的报废处理，各环节相互影响、相互制约，共同构成了兽医医疗设备管理的完整链条。深入探究兽医医疗设备的采购、维护与管理，剖析其中的要点与细节，可以帮助兽医行业从业者更好地理解并优化相关工作流程。

一、设备采购

（一）需求评估

临床工作需求分析：在采购医疗设备之前，需要对兽医医疗机构的临床工作需求进行详细分析。这包括考虑动物种类、常见疾病诊断和治疗需求等因素。例如，对于一家主要诊治宠物犬、猫的诊所，基本的设备需求可能包括X射线机用于骨骼和肺部检查、超声诊断仪用于腹部和心脏检查、血液分析仪用于常规血液检测等。而对于诊治大型动物如牛、马的兽医站，可能还需要特殊的设备，如大型动物专用的胃镜、直肠检查设备等。

业务发展规划考虑：同时，要结合兽医机构的业务发展规划来评估设备需求。如果有计划开展新的诊疗服务项目，如宠物牙科、眼科专科服务，就需要提前考虑相应的牙科设备（如牙科 X 射线机、牙钻等）和眼科设备（如眼压计、眼底镜等）的采购。还要考虑未来几年内动物就诊数量的增长趋势，确保设备的数量和性能能够满足业务扩展的需求。

（二）设备选型

技术参数比较：在确定需要采购的设备类型后，要对不同品牌和型号的设备进行技术参数比较。例如，对于 X 射线机，需要比较其管电压、管电流、分辨率、成像速度等参数；对于超声诊断仪，要关注探头类型、频率范围、图像分辨率、彩色血流成像功能等。根据临床实际需求，选择技术参数最适合的设备。同时，要考虑设备的兼容性，如能否与现有的信息系统集成，方便数据传输和存储。

质量和可靠性评估：设备的质量和可靠性是选型的重要因素。查阅设备的用户评价、行业报告和专业机构的认证情况，了解设备的质量和稳定性。选择具有良好口碑、经过市场检验的品牌。例如，一些知名品牌的医疗设备通常在质量控制、售后服务等方面更有保障，可以降低设备故障率和维修成本。

成本效益分析：进行成本效益分析，不仅要考虑设备的购买价格，还要考虑设备的使用成本（如耗材成本、能源消耗等）、维修成本、使用寿命等因素。例如，一种高端的血液分析仪虽然购买价格较高，但它的检测速度快、准确性高，并且耗材成本相对合理，从长期来看可能更具成本效益。同时，对于一些价格昂贵但使用率较低的设备，可以考虑租赁或共享的方式以降低成本。

（三）采购流程

供应商选择：通过多种渠道寻找可靠的供应商，如参加医疗器械展会、咨询同行、查阅行业杂志等。对供应商的信誉、资质、售后服务能力等进行评估。选择具有合法资质、良好信誉和完善售后服务体系的供应商。与供应商签订详细的采购合同，明确设备的规格、价格、交货时间、售后服务条款等内容。

采购审批和预算控制：在采购设备前，按照兽医机构的内部规定进行采购审批。提交设备采购申请，说明采购理由、设备技术参数、预算等信息。管理层要对采购申请进行严格审核，确保设备采购符合机构的发展战略和财务预算。在预算控制方面，要合理安排资金，避免超支。可以通过招标、谈判等方式争取最优惠的价格和付款方式。

二、设备维护

（一）日常维护

清洁和保养：制定详细的设备日常清洁和保养计划。不同的设备有不同的清洁要求，例如，X 射线机的球管和探测器表面需要定期清洁，以防止灰尘影响成像质量；超声诊断仪的探头需要用专用的清洁剂和擦拭布进行清洁，以免损坏探头表面。同时，要对设备进行定期的保养，如设备的机械部件润滑、电器部件检查等，以延长设备的使用寿命。

运行状态监测：建立设备运行状态监测机制，医护人员在使用设备过程中要注意观察设备的运行情况，如设备是否有异常声音、指示灯是否正常等。对于一些关键设备，可以安装运行状态监测软件，实时记录设备的运行参数，如温度、压力、电流等，一旦出现异常情况及时报警，提醒工作人员进行处理。

（二）定期维护

维护计划制订：根据设备的使用说明书和厂家建议，制订详细的定期维护计划。定期维护的内容包括设备的全面检查、校准、更换易损部件等。例如，血液分析仪需要定期进行光路校准、清洗液路系统、更换泵管等部件；X 射线机需要定期进行剂量校准、检查球管的性能等。维护计划要明确维护的时间间隔、维护内容和责任人员。

专业维修服务合作：对于一些复杂的设备维护工作，如大型影像设备、高精度检验设备等，要与厂家或专业的维修服务机构建立合作关系。定期邀请专业维修人员对设备进行维护和保养，确保设备的性能处于最佳状态。在设备出现故障时，能够及时获得专业的维修服务，减少设备停机时间。

三、设备管理

（一）设备档案管理

档案内容建立：为每一台医疗设备建立详细的档案，档案内容包括设备的基本信息(如设备名称、型号、序列号、购买日期、供应商等)、技术资料(如使用说明书、操作手册、技术参数等)、维护记录(如日常维护记录、定期维护记录、维修记录等）和使用记录(如使用时间、使用人员、检查或治疗的动物数量等)。通过设备档案，可以全面了解设备的生命周期和使用情况。

档案更新和查询：安排专人负责设备档案的更新和管理，确保档案信息及时、准确。在对设备进行维护、维修或使用后，及时将相关信息记录到档案中。同时，要方便工作人员查询设备档案，为设备的管理、维修和更新提供依据。例如，在考虑设备的更新换代时，可以查阅设备档案中的使用频率、维修成本等信息，做出合理的决策。

（二）设备使用管理

操作规程制定：为每一种医疗设备制定详细的操作规程，操作规程要明确设备的开机和关机步骤、检查和治疗操作流程、安全注意事项等内容。对医护人员进行设备操作规程培训，确保他们能够正确使用设备。在设备旁边张贴操作规程，方便工作人员在操作过程中随时查阅。

使用权限设置：根据工作人员的职责和培训情况，设置设备的使用权限。例如，只有经过专业培训并取得操作资格的人员才能使用某些高精度的检验设备或大型手术设备。通过使用权限设置，可以防止设备的误操作和损坏，确保设备安全使用。

（三）设备报废管理

报废标准确定：制定设备的报废标准，报废标准可以包括设备的使用寿命到期、性能严重下降无法修复、维修成本过高、技术更新换代等因素。例如，一台使用超过 10 年的 X 射线机，如果其成像质量明显下降，且维修成本超过设备价值的一定比例，就可以考虑报废。

报废流程实施：当设备符合报废标准时，要按照规定的报废流程进行处理。报废流程包括设备的评估、审批、清理和资产处置等环节。在报废设备清理过程中，要确保设备中的数据被安全清除，防止信息泄露。对于有价值的零部件可以进行回收利用，设备的残值可以按照财务规定进行处理。

第三节　医疗质量管理体系的建立与运行

医疗质量管理体系建立的关键步骤，包括制定质量方针、构建组织架构、设计流程和制定标准操作规程等内容。研究表明，完善的质量管理体系能够有效提升兽医医疗服务质量，保障动物健康，促进兽医行业的可持续发展。随着社会对动物健康和福利的关注度不断提高，兽医医疗行业面临着前所未有的机遇与挑战。建立和实施有效的质量管理体系已成为提升兽医医疗服务水平、保障动物健康的关键举措。本节旨在探讨兽医医疗质量管理体系的建立与运行，为相关机构提供理论指导和实践参考。通过系统化的质量管理，不仅可以提高诊疗效率和准确性，还能增强客户信任度，促进兽医行业的规范化发展。

一、兽医医疗质量管理体系的建立

建立兽医医疗质量管理体系是提升服务质量的基础。首先，需要制定明确的质量方针和目标，这些方针应当体现机构的服务理念和专业承诺，同时符合行业标准和法律法规的要求。质量目标应当具体、可测量，并与机构的整体发展战略相一致。其次，构建合理的组织架构和明确职责分工至关重要。这包括设立质量管理委员会、任命质量管理人员，并明确各部门和人员在质量管理中的角色和责任。有效的组织架构能够确保质量管理措施得到有效执行和监督。最后，设计标准化的服务流程和制定详细的标准操作规程（SOP）是体系建立的核心环节。这涵盖了从接待、诊断、治疗到术后护理等各个环节。SOP 的制定应基于最佳实践和科学证据，同时考虑机构的实际情况，确保操作规范性和灵活性之间的平衡。

兽医医疗质量管理体系的建立应遵循以下原则：

① 以动物为中心　将动物健康和福利放在首位，提供安全、有效、及时的兽医医疗服务。

② 全员参与　兽医医疗机构全体人员都应参与质量管理，明确各自职责，共同维护医疗质量。

③ 持续改进　不断识别和改进兽医医疗服务过程中的问题，提高服务质量。

④ 基于事实的决策　依据数据和信息进行决策，确保质量管理体系的有效性和科学性。

兽医医疗质量管理体系的建立步骤如下：

① 领导承诺　兽医医疗机构管理层应高度重视医疗质量管理工作，提供必要的资源和支持。

② 制定质量方针和目标　明确兽医医疗机构的质量宗旨和方向，制定可衡量的质量目标。

③ 组织结构和职责　建立合理的组织结构，明确各部门和人员的职责和权限。

④ 资源管理　提供必要的资源，包括人员、设备、设施、环境等，确保兽医医疗服务的顺利开展。

⑤ 服务过程管理　对兽医医疗服务的各个环节进行规范和控制，包括动物接诊、诊断、治疗、护理、用药等。

⑥ 监测、分析和改进　建立有效的监测机制，收集和分析兽医医疗服务过程中的数据，识别问题并采取改进措施。

二、兽医医疗质量管理体系的运行

兽医医疗质量管理体系的运行需要持续进行以下工作：

① 文件控制　制定并维护质量管理体系文件，确保文件的适用性和有效性。

② 记录控制　对兽医医疗服务过程中的重要活动进行记录，确保记录的真实、完整和可追溯。

③ 内部审核　定期对质量管理体系进行内部审核，评估体系的有效性和符合性。

④ 管理评审　兽医医疗机构管理层应定期对质量管理体系进行评审，确保体系的持续适宜性、充分性和有效性。

⑤ 持续改进　根据内部审核、管理评审、客户反馈等信息，持续改进兽医医疗质量管理体系。

三、 兽医医疗质量管理体系的关键要素

① 人员资质和能力　兽医从业人员应具备相应的资质和能力，定期参加培训和继续教育。

② 设施设备　兽医医疗机构应配备必要的设施设备，并定期进行维护和校准。

③ 药品和试剂管理　严格管理药品和试剂，确保其质量和安全。

④ 感染控制　建立有效的感染控制制度，防止动物和人之间的疾病传播。

⑤ 客户沟通　与动物主人进行有效沟通，提供必要的咨询和指导。

四、兽医医疗质量管理体系的意义

提高兽医医疗服务质量，保障动物健康和福利。降低兽医医疗风险，减少医疗事故和纠纷，提升兽医医疗机构的管理水平和社会形象。促进兽医行业的规范化和健康发展。兽医医疗质量管理体系的建立和运行是一个持续改进的过程，需要兽医医疗机构全体人员的共同努力。通过不断完善质量管理体系，才能为动物提供更加优质、安全的兽医医疗服务，促进兽医行业的健康发展。

参考文献

[1] 余华君，唐维英，张力．基层畜牧兽医部门管理宠物门诊存在问题及对策［J］．中国畜牧业，2022（5）：94.

[2] 李天顺，战晓燕，钟登科，等．城市兽医公共卫生视域下宠物医院生物安全的管理［J］．上海畜牧兽医通讯，2024（2）：70-73.

[3] 董永毅，魏巍，马世春．美国动物疫病防控管理模式浅析［J］．中国动物检疫，2014，31（2）：19-22.

[4] 孟凡．浅谈宠物医院的规划设计［J］．上海畜牧兽医通讯，2012（2）：86-87.

[5] 李复煌．宠物医院（诊所）的管理探索［J］．动物保健，2005（6）：46-47.

[6] 长谷川敏彦．医院诊所的经营与管理［M］．武瑞云，译．台湾：合记图书出版社，2006.

[7] 向邦全．宠物疾病诊治［M］．重庆：西南师范大学出版社，2015.

第二十六章

兽医职业素养与沟通技巧

在兽医行业不断发展进步的当下，兽医不仅需要扎实的专业知识和精湛的技术，良好的职业素养与沟通技巧同样至关重要。

兽医职业道德规范是行业的基石。它明确了兽医在执业过程中应遵循的道德准则和行为规范，从对动物生命的尊重、对医疗责任的担当，到对职业声誉的维护等方面，都提出了严格要求。遵循这些规范，能确保兽医在工作中秉持公正、专业、负责的态度，赢得动物主人和社会的信任。

兽医职业操守，贯穿于日常诊疗的各个环节。从细致入微的病情诊断，到严谨合理的治疗方案制定，再到对动物的悉心照料，都体现着兽医的职业操守。良好的操守不仅能保障动物的健康权益，还能提升整个兽医行业的形象。

与动物主人的有效沟通方法与技巧，是兽医工作中不可或缺的部分。兽医需要通过清晰、易懂的语言，向动物主人解释病情、治疗方案和预后情况等，同时要善于倾听主人的需求和担忧，给予他们心理上的支持和安慰。有效的沟通能增强主人对兽医的信任，提高治疗的依从性，从而提升治疗效果。

在兽医行业中，与同行及其他相关行业人员的协作交流也十分关键。兽医需要与兽药生产商、动物保健品供应商、科研人员等多方合作，共同推动行业的发展。良好的协作交流能促进知识共享、技术创新，提高兽医行业的整体水平。同时，了解兽医在临床实践中的风险防范与法律责任，有助于兽医在执业过程中规避风险，保障自身和动物主人的合法权益，为兽医行业的健康、有序发展提供保障。

第一节　兽医职业道德规范

在兽医领域，专业素养与沟通协作能力犹如车之两轮，驱动着行业稳健前行。兽医不仅要凭借精湛医术诊治动物疾患，更要遵循严格的职业道德规范与操守。从坚守动物福利至上原则，到确保诊疗过程严谨负责，每一处细节皆彰显职业精神。与动物主人沟通时，善用技巧能化解焦虑、传递关爱，搭建信任的桥梁。同行及跨行业协作，则让知识与资源互通有无，攻克复杂难题。同时，强化临床实践风险防范意识、明晰法律责任，是兽医于法治时代站稳脚跟、保障动物健康与自身发展的关键所在。

一、动物福利至上

预防和减轻动物痛苦：兽医有责任通过合理的医疗措施预防动物疾病的发生，在疾病诊断和治疗过程中，应优先考虑减轻动物的痛苦。例如，在进行手术时，要使用适当的麻醉和镇痛方法，确保动物在手术过程中不会遭受不必要的疼痛。同时，对于患有绝症或处于极度痛苦中的动物，兽医应当在符合法律和伦理的前提下，提供人道的安乐死建议，以终止动物的痛苦。

提供合适的医疗照顾：根据动物的种类、病情和主人的经济状况等因素，为动物提供合适的医疗照顾。这包括准确的诊断、合理治疗方案的选择和有效的后续护理指导。例如，在治疗宠物疾病时，兽医不能为了追求经济利益而过度医疗，也不能因为费用问题而拒绝为动物提供必要的基本治疗。

二、诚实守信与公正

如实告知病情和治疗方案：兽医必须向动物主人如实告知动物的病情、诊断结果、治疗方案、预期治疗效果和可能的风险。在解释病情时，要用通俗易懂的语言，避免使用模糊或误导性的表述。例如，在告知动物主人手术的风险时，要详细说明可能出现的并发症、成功率等情况，让主人能够做出明智的决定。

公正对待客户和动物：无论是对待富裕的还是经济条件一般的客户，无论是治疗珍稀动物还是常见家畜，兽医都应该一视同仁，提供公平公正的服务。不能因为客户的身份或动物的价值而在医疗服务质量上有所差别。

三、专业能力与持续学习

确保专业胜任能力：兽医应具备足够的专业知识和临床技能，以提供高质量的医疗服务。这意味着要通过正规的教育和培训获得兽医资格，并不断更新知识和技能，以适应兽医行业的发展。例如，对于新出现的动物疾病或新的诊断治疗技术，兽医有责任及时学习和掌握，不能在自己能力不足的情况下贸然进行治疗。

继续教育与自我提升：积极参加继续教育活动，如学术会议、培训课程、研讨会等，以保持对最新兽医知识和技术的了解。持续学习不仅有助于提高兽医的临床水平，也是对动物健康负责的表现。例如，随着基因检测技术在兽医临床中的应用日益广泛，兽医需要通过学习掌握相关知识，以便更好地为动物疾病诊断和治疗提供服务。

四、保护客户和动物信息隐私

客户信息保密：严格保护动物主人的个人信息和隐私，包括联系方式、财务信息等。未经客户同意，不得将这些信息泄露给第三方。例如，不能随意将客户的电话号码或家庭住址透露给其他商业机构。

动物医疗信息保密：动物的医疗记录和病情信息也属于隐私内容，除非在法律要求或动物健康与公共卫生安全需要的情况下，否则不得随意公开。例如，对于患有传染性疾病的动物，在向相关部门报告时，也要注意保护动物主人的隐私信息。

第二节　兽医职业操守

一、责任心与敬业精神

认真对待每一个病例：对每一个前来就诊的动物都要认真负责，从病史采集、临床检查到治疗方案的制定和实施，都要严谨细致。不能因为工作繁忙或病例看似简单而敷衍了事。例如，对于常见的动物腹泻症状，也要进行全面的检查，以排除其他严重疾病的可能。

坚守岗位与应急响应：兽医要坚守自己的工作岗位，在正常工作时间内为动物提供及时的医疗服务。同时，对于紧急情况，如动物突发重伤、烈性传染病暴发等，要能够及时响应，提供必要的急救和防控措施。例如，在动物医院值班期间，要随时准备处理各种突发状况，不能擅自离岗。

二、团队合作与沟通

与同事协作配合：在兽医团队(包括兽医、护士、技术人员等）中，要相互协作配合，发挥各自的专业优势，共同为动物提供最佳的医疗服务。例如，在进行复杂手术时，主刀兽医需要与助手、麻醉师等密切配合，确保手术顺利进行。

与客户有效沟通：与动物主人建立良好的沟通渠道，耐心倾听主人的诉求和担忧，及时解答他们的疑问。沟通时要注意语言表达和态度，避免引起误解或冲突。例如，在向主人解释治疗费用时，要详细说明费用的构成和合理性，争取主人的理解和支持。

三、遵守法律法规和行业准则

依法行医：严格遵守国家和地方有关兽医行业的法律法规，包括《动物诊疗机构管理办法》、《中华人民共和国动物防疫法》等。例如，在开展动物诊疗活动时，要确保诊疗场所符合卫生和安全标准，诊疗行为符合法定程序。

遵循行业准则和指南：遵循兽医行业协会或专业组织制定的道德准则、诊疗指南等行业规范。这些准则和指南是保障兽医服务质量、维护行业秩序的重要依据。例如，在使用兽药时，要按照兽药使用规范，避免滥用或误用药物。

第三节　与动物主人有效沟通的方法与技巧

一、沟通前的准备

（一）熟悉病例信息

详细了解动物病史：在与动物主人沟通前，仔细查阅动物的病历档案，包括既往疾病史、治疗记录、疫苗接种情况等。例如，如果动物之前患有某种慢性病，那么在沟通新的病情时就需要考虑其关联性，以便更好地向主人解释病情。

掌握检查和诊断结果：确保自己对动物的当前检查和诊断结果有清晰的理解，包括实验室检测数据、影像学检查结果等。对于复杂的检查结果，提前准备好通俗易懂的解释方式，这样在沟通时才能准确、清晰地告知主人动物的健康状况。

（二）营造良好的沟通环境

选择合适的沟通场所：沟通场所应安静、舒适且无干扰。在动物医院，可以选择一个独立的诊室，避免在嘈杂的走廊或公共区域进行沟通，让主人能够集中精力听取关于动物病情的信息。

安排充足的沟通时间：避免在忙碌或匆忙的情况下与主人沟通。合理安排时间，确保有足够的时间来详细解释病情、回答主人的问题，并讨论治疗方案。例如，对于复杂的病例，预留至少 15～30 分钟的沟通时间。

二、沟通中的技巧

（一）建立信任关系

使用温和的语言和态度：以温和、友善的语气开场，如“您好，您先别着急，我们一起来看看宝贝的情况。”在沟通全程保持微笑、眼神交流和耐心倾听的态度，让主人感受到你对动物的关心和对他们的尊重。

表达同理心：理解动物主人对宠物的深厚情感，当主人表达担忧或焦虑时，适当表达同理心。例如，“我能理解您现在的心情，您很担心它，我们会尽最大的努力来帮助它恢复健康。”

（二）清晰准确地传达信息

避免使用专业术语：尽量使用通俗易懂的语言解释病情和治疗方案。如果必须使用专业术语，要及时进行简单的解释。例如，不要直接说“动物出现了蛋白尿”，而是说“在检查中发现尿液中有一些蛋白质成分，这可能提示肾脏或者泌尿系统有些小问题。”

逻辑清晰地讲解：按照一定的逻辑顺序进行沟通，如先介绍病情现状，再说明可能的病因，然后是推荐的治疗方案和预期效果。例如，“您的狗狗目前出现了咳嗽和发热的症状，我们怀疑可能是呼吸道感染引起的。接下来我们建议做一个血常规检查来确定感染类型，然后根据检查结果进行针对性的治疗。如果是普通细菌感染，一般经过一周左右的药物治疗，症状就会明显改善。”

（三）积极倾听与回应

鼓励主人提问和表达想法：在沟通中，主动询问主人是否有疑问或者自己的看法。例如，“您对我刚刚说的内容有什么疑问吗？或者您有没有发现动物最近有什么其他异常的情况？”鼓励主人充分表达他们的担忧、期望和对治疗的顾虑。

认真倾听并给予反馈：当主人在说话时，认真倾听，不要打断。通过点头、适当的眼神交流和简短的回应(如“嗯，我在听”“您说得很有道理”）表示你在关注他们的想法。在主人说完后，针对他们的问题和观点进行详细的回答和讨论。

三、沟通后的跟进

（一）提供书面材料

治疗方案说明：为动物主人提供一份详细的治疗方案书面材料，包括治疗的步骤、药物的使用方法（剂量、频率、注意事项)、可能出现的副作用等内容。这样主人在离开医院后可以随时查阅，避免遗忘重要信息。

疾病科普资料：根据动物的病情，提供相关的疾病科普资料，如疾病的常见原因、症状、预防措施等。这有助于主人更好地了解动物的健康问题，增强他们在动物护理中的主动性和责任感。

（二）定期沟通与反馈

治疗过程中的沟通：在动物治疗过程中，定期与主人沟通动物的恢复情况。沟通可以通过电话、短信或者动物医院的 APP 等方式进行。例如，在动物开始治疗后的第二天，主动联系主人询问动物的症状是否有改善、药物使用是否有困难等。

调整治疗方案的沟通：如果在治疗过程中需要调整治疗方案，及时与主人沟通调整的原因、内容和预期效果。确保主人理解并同意新的治疗方案，增强他们对治疗的信心。

第四节　与同行及其他相关行业人员的协作与交流

一、与同行的协作与交流

（一）临床病例讨论

定期开展病例讨论会议：在兽医医院或诊所内部，定期组织病例讨论会议是非常重要的协作方式。兽医们可以分享复杂、疑难或具有代表性的病例。例如，在讨论一只患有不明原因的慢性呕吐的宠物犬病例时，各位兽医可以从不同的角度出发，如病史分析、临床检查结果解读、可能的鉴别诊断等方面进行讨论，综合大家的经验和知识，制定出更完善的诊断和治疗方案。

利用线上平台交流病例：除了线下会议，利用线上专业论坛或社交群组交流病例也很方便。兽医可以将病例的详细信息(经过主人同意后)发布在平台上，包括动物的基本信息、症状、检查报告、治疗过程中的困惑等。来自不同地区的同行可以在平台上留言，发表自己的见解和建议。这种方式可以汇聚更广泛的专业意见，尤其是对于一些罕见病例，能够获取其他兽医在处理类似情况时的经验。

(二)联合诊疗与转诊

联合诊疗的情况：对于一些涉及多个系统或需要多种专业技能的复杂病例，联合诊疗是一种有效的协作方式。例如，当动物同时患有心脏病和肾脏病时，心脏科兽医和肾脏科兽医可以共同进行诊断和治疗。他们可以一起分析检查结果，确定治疗的先后顺序和综合治疗方案，避免单一专科治疗可能带来的片面性。

合理的转诊机制：建立良好的转诊机制对于保障动物医疗质量至关重要。如果兽医遇到自己无法处理的病例，如某些需要特殊手术设备或专业技术的病例，应及时将动物转诊到合适的医疗机构或专家处。在转诊过程中，要确保病例资料的完整交接，包括病史、检查报告、治疗记录等，同时与接收方保持沟通，协助后续的治疗。

(三)专业培训与知识共享

内部培训与经验传授：在兽医团队中，经验丰富的兽医可以为年轻兽医或新入职的员工进行专业培训。培训内容可以包括临床操作技能(如手术技巧、超声检查技术等)、疾病诊断思路、最新的治疗方法等。这种内部培训不仅有助于提升团队整体的专业水平，还能增强团队成员之间的凝聚力。

参与行业培训与讲座：兽医们可以共同参与行业内的培训课程和讲座。在这些活动中，大家可以一起学习最新的兽医知识和技术，并且在课后交流学习心得。例如，在参加一场关于新型兽药应用的讲座后，兽医们可以讨论如何将这些新药合理地应用到临床实践中，分享自己在实际使用过程中可能遇到的问题和解决方法。

二、与其他相关行业人员的协作与交流

(一)与动物养殖人员的协作

养殖场疾病防控协作：对于养殖场的兽医来说，与养殖人员的协作至关重

要。兽医可以帮助养殖人员建立科学的疫病防控体系，包括制定合理的疫苗接种计划、养殖场的消毒程序、动物的健康监测方案等。同时，养殖人员可以为兽医提供动物的日常行为、饮食、繁殖等信息，这些信息对于疾病的早期发现和预防非常有帮助。例如，养殖人员发现某一批次的家禽出现采食减少的情况，应及时告知兽医，兽医可以通过进一步检查，判断是否存在疾病流行的风险。

提高养殖效益的合作：除了疾病防控，兽医还可以与养殖人员合作，通过优化动物的营养方案、改善饲养环境等方式来提高养殖效益。例如，兽医可以根据动物的生长阶段和健康状况，为养殖人员推荐合适的饲料配方，提高动物的生长速度和肉质品质。

（二）与动物药品和医疗器械企业的合作

新产品研发反馈：兽医在临床实践中积累了大量关于动物药品使用和医疗器械使用的经验。他们可以与企业合作，为新产品的研发提供反馈。例如，兽医可以向药品企业反馈某种药物在实际应用中的疗效、副作用、使用的便利性等问题，帮助企业改进产品。对于医疗器械企业，兽医可以反馈设备在操作过程中的优缺点，如超声诊断仪的图像清晰度、操作的简易程度等，为产品的升级提供依据。

技术培训与产品推广：企业可以为兽医提供产品的技术培训，使兽医更好地掌握新产品的使用方法。同时，兽医可以协助企业进行产品的推广，向同行和动物主人介绍合适的药品和医疗器械。例如，兽医可以在自己的诊所或医院组织产品演示会，向其他兽医和动物主人展示新型的宠物疫苗或先进的诊断设备。

（三）与动物保护组织和动物福利机构的合作

动物福利标准的制定与执行：兽医与动物保护组织和福利机构合作，共同制定和执行动物福利标准。在动物的饲养、运输、医疗等过程中，兽医可以提供专业的意见，确保动物的福利得到保障。例如，在制定动物运输过程中的福利标准时，兽医可以根据动物的生理特点和应激反应，提出合理的运输条件要求，如合适的温度、湿度、通风条件和运输密度等。

流浪动物救助与管理：兽医可以参与流浪动物的救助工作，为流浪动物提供医疗救治、绝育手术等服务；与动物保护组织合作，建立流浪动物的健康档案，开展领养前的健康检查和疫苗接种工作。同时，兽医还可以通过宣传教育，提高公众对流浪动物福利的关注度，倡导文明养宠。

第五节 兽医临床实践中的风险防范与法律责任

一、风险防范

（一）医疗风险防范

1. 准确诊断风险防范

详细病史采集与全面检查：在诊断过程中，要确保详细询问动物主人关于动物的病史、症状出现的时间和变化情况等信息。同时，进行全面的临床检查，包括一般检查、系统检查，结合必要的实验室检查和影像学检查。例如，对于一只疑似患有泌尿系统疾病的动物，不能仅凭借尿频这一症状就下结论，还需要进行尿液分析、超声检查等来准确判断疾病类型，避免误诊。

谨慎诊断与鉴别诊断：对于复杂或不典型的病例，要进行谨慎的诊断和充分的鉴别诊断。列出可能的疾病清单，根据检查结果逐一排除，必要时可进行会诊或转诊。如动物出现发热、咳嗽等症状，可能是感染性疾病(如肺炎)，也可能是其他非感染性因素引起的，如过敏等，需要仔细区分。

2. 治疗风险防范

合理选择治疗方案：根据动物的病情、年龄、品种、体质等因素综合考虑，选择最适合的治疗方案。对于药物治疗，要严格按照药物的适应证、禁忌证、剂量和疗程使用。在手术治疗方面，充分评估手术风险，做好术前准备、术中操作规范和术后护理。例如，在为老年动物选择药物时，要考虑其肝肾功能可能下降，调整药物剂量，防止药物中毒。

治疗过程中的监测与调整：在治疗过程中，密切监测动物的反应和病情变化。对于药物治疗，观察动物是否出现不良反应；对于手术治疗，应关注术后恢复情况，如伤口愈合、感染情况等。根据监测结果及时调整治疗方案。如在使用抗生素治疗感染时，若发现动物出现过敏反应或治疗几天后症状无改善，应立即更换药物或调整治疗策略。

（二）沟通风险防范

1. 治疗前沟通风险防范

病情告知的准确性与完整性：在向动物主人告知病情时，要确保信息准确、完整。使用通俗易懂的语言，避免模糊或误导性表述。除了告知疾病诊断结果，还要详细说明疾病的严重程度、可能的发展趋势、治疗方案的选择（包括不同方案的优缺点）和预期的治疗效果。例如，告知主人动物需要进行手术治疗时，要清楚地说明手术的成功率、可能出现的并发症等。

获得知情同意书：在进行任何检查或治疗前，必须获得动物主人的书面知情同意书。知情同意书应包含治疗的内容、风险、费用等重要信息。确保主人充分理解并自愿签署，这在出现纠纷时可以作为重要的法律依据。

2. 治疗过程中的沟通风险防范

及时沟通治疗进展与变化：在治疗过程中，定期向主人沟通动物的治疗进展情况。如果出现治疗效果不理想、病情恶化或治疗方案需要调整等情况，要及时、如实告知主人。例如，动物在手术后出现了感染症状，要第一时间告知主人感染的情况、可能的原因和采取的应对措施。

有效处理主人的疑问和诉求：认真对待主人的疑问和诉求，耐心解答他们的问题。对于主人提出的不合理要求，要以专业、理性的态度进行沟通解释。如主人要求使用未经证实的治疗方法，兽医要详细说明该方法可能存在的风险和不确定性。

二、法律责任

（一）民事法律责任

医疗纠纷中的赔偿责任：如果兽医在临床实践中存在过错，导致动物受到损害（如误诊、误治、手术失误等），动物主人有权要求赔偿。赔偿范围可能包括动物的医疗费用、后续治疗费用、动物的价值损失（如果动物死亡或残疾影响其价值）和主人的精神损害赔偿等。例如，因兽医的过错导致动物在手术中死亡，兽医可能需要赔偿动物主人购买动物的费用、为手术已经支付的费用，以及主人因动物死亡而遭受的精神损害赔偿。

违约责任：如果兽医与动物主人签订了服务合同（如宠物医院的会员服务合同、长期医疗服务合同等），但没有按照合同约定提供服务，如未按时为动物进行治疗、未达到承诺的治疗效果等，兽医可能承担违约责任。根据合同的具体条款，可能需要承担退款、支付违约金等责任。

（二）行政法律责任

违反动物诊疗管理规定的责任：兽医违反国家和地方有关动物诊疗机构管

理、兽医从业资格管理等规定，可能会受到行政处罚。例如，无兽医执业资格证书从事动物诊疗活动、动物诊疗机构不符合卫生和设施标准、未按照规定保存病历档案等行为，可能会被责令改正、罚款、吊销执业证书等。

违反动物防疫法的责任：在动物疫病防控过程中，兽医有责任遵守动物防疫法的规定。如果兽医未按照规定报告动物传染病，未正确实施动物防疫措施（如疫苗接种、消毒等），可能会面临行政处罚。情节严重的，可能构成犯罪，承担相应的刑事责任。

（三）刑事法律责任

医疗事故罪：在极少数情况下，如果兽医的严重过错行为导致动物主人遭受重大财产损失（如名贵动物死亡且价值巨大）或严重危害公共卫生安全（如因兽医失误导致动物传染病大规模传播），可能会构成医疗事故罪。虽然在兽医领域这种情况相对较少，但兽医必须清楚地认识到自己的行为可能带来的严重后果。

其他相关犯罪行为：如果兽医在诊疗过程中涉及非法行医（如使用假药、假兽药）、诈骗（如虚构病情骗取主人钱财）等犯罪行为，也将依法承担刑事责任。

参考文献

[1]　邓念国．职业素养与沟通技巧［M］．北京：中国商务出版社，2024.

[2]　杨国琴，丁伟进，雷蕾．畜牧兽医职业技能训练研究［M］．长春：吉林科学技术出版社，2020.

[3]　余勋信，徐磊，蔡友忠．兽医临床诊疗技术［M］．北京：中国农业大学出版社，2025.

[4]　麦迪娜·毛吾肯．如何提高基层兽医的职业素养［J］．乡村科技，2016（29）：19.

[5]　蔡建豪，刘璐．探析如何提高兽医技能与职业道德［J］．新农民，2024（9）．

[6]　李靖．加强临床兽医专业研究生医德教育的思考［J］．中国兽医杂志，2022，58（8）：122-124.

第二十七章

兽医临床实践的继续教育与研究

在兽医临床实践的动态发展进程中，继续教育与研究是持续推动行业进步、提升专业水平的核心驱动力。随着动物疾病的日益复杂多样，新的诊疗技术和理念不断涌现，兽医从业者唯有积极投身于继续教育，不断拓宽知识视野、更新技能储备，才能紧跟时代步伐，精准应对各种临床挑战。而深入开展兽医临床研究，则为解决实际问题、探索未知领域开辟了道路，不仅有助于丰富兽医科学理论体系，还能为优化临床诊疗策略提供坚实依据。下面将全面深入地探讨兽医临床实践中继续教育的多元途径、重要意义，以及临床研究的有效方法与深远价值，助力兽医们在追求卓越医疗服务的道路上砥砺前行。

第一节　兽医继续教育的途径与重要性

一、兽医继续教育的途径

（一）学术会议与研讨会

1. 国内国际会议

国内外定期举办众多与兽医相关的学术会议，如中国畜牧兽医学会学术年会、世界兽医大会等。这些会议汇聚了全球顶尖的兽医专家、学者和行业从业者。会议涵盖各种主题，包括最新的疾病研究成果、新型诊断技术、创新治疗方法和行业热点问题。参会者可以通过聆听主题报告、口头报告和壁报展示等形式，获取最前沿的知识。例如，在新型动物传染病研讨会上，专家们会分享病毒的最新基因测序信息、传播途径研究和针对性的防控策略。

2. 专题研讨会

针对特定的兽医领域，如小动物外科手术技巧、马病的精准诊断、家禽养殖中的疾病防治等专题研讨会也十分常见。这些研讨会通常由行业协会、科研机构或企业组织，邀请在该领域有深入研究的专家进行讲解和示范。例如，在小动物外科手术技巧研讨会上，专家会现场演示复杂手术的操作步骤，如膝关节置换术，并详细讲解手术要点、风险评估和术后护理等内容。

（二）在线学习平台

专业课程网站：随着互联网的发展，出现了许多专业的兽医在线学习平台。这些平台提供丰富的课程资源，涵盖兽医基础课程（如解剖学、生理学、病理学等）的复习巩固，以及临床实践技能（如超声诊断技术、实验室检测结果解读等）的提升。课程形式多样，包括视频讲座、在线测试、案例分析和互动讨论区。例如，某在线学习平台的兽医超声诊断课程，通过大量的实际操作视频，详细介绍了不同动物器官超声检查的方法和常见疾病的超声影像特征，学员可以随时暂停、回放视频，加深理解。

网络公开课：许多知名高校和科研机构也会在网络平台上发布兽医相关的公开课。如 Coursera、edX 等国外平台上有动物营养学、兽医微生物学等课程。这些公开课通常由高校的教授授课，课程内容系统且深入，同时还提供了与全球学习者交流的机会。通过参与课程讨论，兽医可以了解不同地区的行业现状和观点，从而拓宽视野。

（三）专业培训与进修

高校进修课程：各大农业院校和兽医专业高校为在职兽医提供进修机会。这些进修课程可以是短期的专项技能培训，如高级兽医药理学进修班；也可以是长期的学位课程，如兽医硕士专业学位课程。在高校进修，兽医能够利用学校的优质教学资源，包括实验室设备、图书馆资源和专家指导。例如，在兽医病理学进修课程中，学员可以在学校的病理实验室进行切片制作、染色和显微镜观察等实践操作，由经验丰富的教师现场指导，提高病理诊断能力。

企业培训：兽药、医疗器械和养殖企业也会开展针对兽医的培训。例如，兽药公司会组织培训，介绍其新产品的药理作用、适用范围、使用方法和注意事项。医疗器械公司会举办设备操作培训，如新型 X 射线机、血液分析仪等设备的操作和维护培训。这些培训有助于兽医及时了解和应用新的产品和技术，提高临床工作效率。

（四）兽医行业协会与社团活动

协会培训与讲座：兽医行业协会，如中国兽医协会、美国兽医协会等，会定期组织会员培训和讲座。这些活动聚焦于行业规范、职业道德、最新政策法规解读和实用技术分享。例如，协会会举办动物福利法规培训，讲解国内外动物福利标准和兽医在实践中如何遵守相关法规，确保动物在诊疗过程中的权益。

实践交流活动：协会还会组织会员之间的实践交流活动，如养殖场参观、兽医诊所观摩等。通过这些活动，兽医可以了解不同的临床实践模式和管理经验。例如，在参观现代化养殖场时，兽医可以学习先进的疫病防控体系、养殖环境控制技术和畜群健康管理策略，将这些经验应用到自己的工作中。

二、兽医继续教育的重要性

（一）跟上行业发展的步伐

知识更新换代：兽医科学是一个不断发展的领域，新的疾病不断出现，如非洲猪瘟疫情的暴发，对猪的养殖和健康造成了巨大威胁。同时，诊断技术也在快速更新，例如基因检测技术在动物传染病诊断中的应用越来越广泛，它能够更快速、准确地检测病原体。通过继续教育，兽医可以及时学习这些新知识，掌握新的诊断和治疗方法，有效应对不断变化的疾病挑战。

技术创新应用：在治疗技术方面，创新成果层出不穷。例如，干细胞治疗在动物关节疾病和某些遗传性疾病治疗中的应用逐渐成为研究热点。新型药物递送系统也在不断研发，能够提高药物的疗效，减少副作用。兽医只有通过继续教育，才能了解这些技术创新，并将其应用到临床实践中，为动物提供更好的医疗服务。

（二）提升临床实践能力

复杂病例处理：在临床实践中，兽医经常会遇到复杂的病例，如患有多种并发疾病的动物或患有罕见疾病的动物。继续教育可以提供针对这些复杂病例的诊断思路和治疗方案。例如，通过参加复杂内科疾病诊治的培训课程，兽医可以学习如何综合运用实验室检查、影像学检查和临床症状分析来诊断和治疗同时患有心脏病、肾脏病和糖尿病的动物，从而提高对复杂病例的处理能力。

技能优化与拓展：继续教育还能帮助兽医优化和拓展临床技能。例如，学习新的手术技术，如腹腔镜手术在小动物外科中的应用，可以减少手术创伤，加快动物术后恢复速度。掌握先进的麻醉技术，能够更安全、有效地对不同种类和体型的动物进行麻醉，降低手术风险。

（三）增强职业竞争力

就业与晋升机会：在竞争激烈的兽医行业，持续学习和提升技能是获得更好就业机会和晋升的关键。对于求职兽医来说，拥有丰富的继续教育经历，如参加过多个专业培训课程、获得相关证书，能够增加在大型动物医院、科研机构或高端养殖场求职的竞争力。在工作单位内部，积极参与继续教育的兽医更有可能获得晋升机会，如晋升为科室负责人或技术总监。

行业认可度提升：通过继续教育，兽医能够在行业内建立更广泛的人脉关系，与同行、专家和企业建立联系。在学术会议上发表报告、参与行业协会活动等，都可以提升兽医在行业内的知名度和认可度。这种认可度不仅有助于个人职业发展，还能促进兽医之间的经验交流和合作，共同推动兽医行业的进步。

第二节　临床病例的收集、整理与分析方法

一、病例收集

（一）病史采集

基本信息收集：包括动物的种类（如犬、猫、牛、羊等）、年龄、性别、品种。这些基本信息对于初步判断疾病的易感性和可能的发病原因非常重要。例如，某些品种的犬易患特定的遗传性疾病，如边境牧羊犬易患髋关节发育不良；幼年动物可能更容易患传染病，而老年动物则可能更多地出现与器官功能衰退相关的疾病。

主人主诉记录：详细询问动物主人关于动物发病的时间、症状的起始和发展过程、是否有诱发因素、动物的日常行为变化(如食欲、饮水、排尿、排便、运动等方面)，以及既往病史和治疗情况。例如，主人提到动物在食用了某种新食物后出现呕吐和腹泻，这可能提示食物过敏或中毒。

（二）临床检查

一般检查：观察动物的整体状态，包括精神状态(是否萎靡、兴奋等)、姿势(是否正常站立、有无跛行等)、营养状况（消瘦、肥胖等）和体温、脉搏、呼吸频率等生命体征。例如，发热可能提示感染性疾病，消瘦可能与慢性消耗性疾病有关。

系统检查：对心血管系统、呼吸系统、消化系统、泌尿生殖系统、神经系统等进行详细检查。通过听诊、触诊、叩诊、视诊等方法，检查各器官是否异

常。如听诊心脏时听到杂音，可能提示心脏瓣膜疾病；触诊腹部发现硬块，可能是肿瘤或粪石等。

实验室检查：根据临床怀疑的疾病方向，进行血液学检查(如血常规、血生化、凝血功能等)、尿液检查、粪便检查、微生物学检查(细菌培养、病毒检测等）和寄生虫检查等。例如，血常规中白细胞升高可能提示有炎症，血液生化指标异常可以反映肝脏、肾脏等器官的功能状态。

影像学检查：利用 X 射线、超声、CT、MRI 等影像学手段，对动物的内部结构进行检查。例如，X 射线可以用于检查骨折、肺部疾病等；超声对检查腹部器官(如肝脏、肾脏、子宫等）的病变非常有帮助。

二、病例整理

（一）建立病历档案

纸质档案：设计统一的病历表格，将收集到的病史、临床检查结果、实验室和影像学检查报告等信息依次记录，包括动物的基本信息、就诊日期、症状描述、检查项目及结果、初步诊断、治疗方案等内容。这样的纸质档案便于在临床工作中随时查阅和记录新的信息。

电子档案：利用电子病历系统，将临床病例的信息录入计算机。电子档案的优点在于可以方便地进行数据存储、检索和统计分析。可以根据动物种类、疾病类型、治疗效果等多个维度进行分类和查询，提高工作效率。同时，电子档案还可以通过网络实现远程访问，方便兽医之间的病例交流和会诊。

（二）数据分类与编码

疾病分类：按照国际或国内通用的动物疾病分类标准(如 ICD-10-CM 兽医编码系统)，对疾病进行分类。例如，将传染病、寄生虫病、内科疾病、外科疾病等分别归类，在每一大类下再细分具体的疾病名称，如内科疾病可分为消化系统疾病、呼吸系统疾病等，消化系统疾病又可细分为胃炎、肠炎等。

检查和治疗项目编码：对临床检查项目(如各种血液检查项目、影像学检查方法）和治疗措施(如药物治疗、手术治疗、物理治疗等）进行编码。这样可以方便地统计不同检查和治疗项目的使用频率，以及分析它们在不同疾病中的应用效果。

三、病例分析

（一）单个病例分析

诊断推理：根据收集到的临床资料，从最可能的疾病开始进行假设和推理。例如，动物出现咳嗽、发热、流涕等症状，首先考虑呼吸系统感染性疾病，如感冒、肺炎等。然后结合实验室检查结果(如血常规白细胞升高、肺部X射线图像显示阴影等）进一步支持或排除假设的疾病。如果经过检查发现动物还伴有腹泻、呕吐等胃肠道症状，可能需要重新考虑是否为全身性疾病，如某些病毒感染导致的多系统症状。

治疗效果评估：在治疗过程中，密切观察动物的症状变化，评估治疗方案的有效性。如果治疗后症状逐渐减轻，如发热消退、咳嗽减少、食欲恢复等，说明治疗方案有效；反之，如果症状没有改善甚至加重，需要分析是疾病本身的原因(如诊断错误、疾病进展迅速）还是治疗方案的问题(如药物剂量不当、药物选择错误等)，并及时调整治疗策略。

（二）多病例综合分析

疾病统计分析：对一定时期内收集的病例进行统计，分析不同疾病的发病率、患病率。例如，统计某动物医院一个月内接诊的病例，发现犬瘟热的发病率为10%，这可以帮助兽医了解当地动物疾病的流行情况，提前做好相应疾病的诊断和防控准备。

相关性分析：研究不同因素(如动物年龄、品种、性别、饲养环境等）与疾病发生、治疗效果之间的关系。例如，通过分析发现某品种的猫在特定年龄段更容易患泌尿系统结石，而且在饲养环境较差(如饮水不足、猫粮质量差）的情况下发病率更高。这些信息可以为疾病的预防和治疗提供有价值的参考，如针对易发病品种和年龄段的动物加强泌尿系统检查，改善饲养环境以降低发病率。

治疗方案优化：比较不同治疗方案在同类疾病中的治疗效果，总结经验，优化治疗方法。例如，对于犬的皮肤真菌感染，对比使用不同抗真菌药物(如伊曲康唑和特比萘芬）的治疗效果，包括治愈率、复发率、药物副作用等。根据分析结果，可以确定在当地情况下更适合的治疗药物和疗程，提高治疗质量。

第三节　参与兽医临床研究的方法与意义

一、参与兽医临床研究的方法

（一）确定研究课题

临床问题导向：从日常兽医临床实践中发现问题，这些问题可以是关于疾病诊断、治疗方法、动物福利等各个方面。例如，在治疗某种常见疾病时，发现现有治疗方案的疗效不够理想，或者某种诊断方法的准确性有待提高，就可以以此为基础确定研究课题，如“新型药物治疗犬细小病毒病的疗效评估”或“超声诊断技术在马属动物腹痛疾病中的准确性研究”。

文献综述调研：在确定课题前，需要查阅相关的兽医文献，了解该领域的研究现状和进展。通过检索专业数据库(如 Web of Science、PubMed、中国知网等)，收集已有的研究论文、综述和病例报告。这有助于避免重复研究，同时可以找到研究的切入点和空白点。例如，如果发现关于某种新型疫苗在禽类中的免疫效果研究较少，而该疫苗在其他动物中有良好的应用前景，就可以考虑开展相关的研究。

（二）研究设计

实验设计类型选择：根据研究目的和对象，选择合适的实验设计类型。常见的有观察性研究(如病例对照研究、队列研究）和实验性研究（如随机对照试验)。如果是研究某种因素与疾病发生之间的关联，可以采用病例对照研究，例如比较患有和未患某种疾病的动物在饲养环境、遗传因素等方面的差异；如果是评估一种新的治疗方法的效果，则适合采用随机对照试验，将动物随机分配到实验组和对照组，实验组采用新的治疗方法，对照组采用传统治疗方法或安慰剂，比较两组的治疗效果。

样本量计算与动物分组：确定合适的样本量是保证研究结果可靠性的关键。可以使用统计软件或根据统计学公式计算所需的样本量，考虑因素包括研究的主要指标的变异程度、预期的效应大小和检验水准等。在动物分组方面，要确保分组的随机性和均衡性，避免偏倚。例如，在研究不同饲料对猪生长性能的影响时，要将猪随机分配到不同饲料组，并且保证各组猪的年龄、体重、品种等基本特征相似。

（三）数据收集与记录

建立数据收集标准：明确需要收集的数据内容和标准。对于临床研究，数据可能包括动物的基本信息、病史、症状、检查结果、治疗过程和治疗效果等。例如，在研究某种药物治疗奶牛乳腺炎的效果时，要记录奶牛的品种、产奶量、发病时间、炎症指标(如白细胞计数、乳汁体细胞数)、药物使用剂量和疗程、治疗后炎症消退情况等数据。

数据记录方法：可以采用纸质记录表格或电子数据记录系统。纸质记录表格要设计合理，便于填写和整理；电子数据记录系统具有数据存储方便、易于检索和统计分析的优点。在记录过程中，要确保数据的准确性和完整性，及时记录数据，避免出现回忆性偏差。例如，每次检查或治疗后，立即将相关数据录入系统。

（四）数据分析与结果解释

选择合适的统计方法：根据研究设计和数据类型，选择合适的统计分析方法。对于计量资料(如体重、体温、血液生化指标等)，可以采用 t 检验、方差分析等方法；对于计数资料(如疾病的发生率、治愈率等)，可以使用卡方检验等方法。如果涉及多个因素的关系分析，还可以使用多元线性回归、Logistic 回归等方法。例如，在研究多种因素对犬心脏病发生的影响时，可以使用 Logistic 回归分析年龄、品种、体重、生活方式等因素与心脏病发生的关系。

结果解释与讨论：在分析数据得到结果后，要结合研究目的和背景知识进行解释。讨论结果的临床意义、与以往研究的异同点，以及可能的原因。例如，如果研究发现一种新的治疗方法能够显著提高动物的治愈率，但同时也有一定的副作用，就要在结果讨论中分析这种治疗方法的利弊，与现有治疗方法相比的优势和不足，以及如何进一步优化治疗方案。

二、参与兽医临床研究的意义

（一）推动兽医科学的进步

知识创新与拓展：兽医临床研究能够发现新的疾病知识，包括疾病的发病机制、病理生理过程等。例如，通过对新型动物病毒的研究，可以了解病毒的基因结构、感染途径和致病机理，为疾病的诊断和防控提供理论依据。同时，研究也可以探索新的诊断技术和治疗方法，如开发更敏感、特异的诊断试剂；或者探索新的药物和治疗手段，如基因治疗、干细胞治疗等，拓展兽医临床知识的边界。

完善兽医理论体系：临床研究的结果可以验证和完善现有的兽医理论。当新的研究发现与传统理论不一致时，会促使人们重新审视和修正理论。例如，在研究动物营养与疾病的关系时，可能会发现某些营养物质在疾病发生和发展中的新作用，这有助于完善动物营养与疾病相互关系的理论，使兽医理论更加准确地反映动物健康和疾病的实际情况。

（二）提高兽医临床实践水平

优化诊断和治疗方案：通过临床研究，可以评估不同诊断方法的准确性和可靠性，以及各种治疗方案的疗效和安全性。例如，比较不同影像学方法在诊断动物骨折中的优劣，或者研究不同药物组合治疗动物寄生虫病的效果，从而选择最适合的诊断和治疗方法应用于临床实践。研究还可以发现影响治疗效果的因素，如动物的年龄、品种、疾病严重程度等，为个性化治疗提供依据。

提升兽医专业技能：参与临床研究过程本身也是兽医提高自身专业技能的过程。在研究中，兽医需要掌握更先进的研究方法和技术，如实验设计、数据统计分析、新型仪器设备的使用等。这些技能不仅有助于完成研究项目，也可以应用于日常临床工作，提高兽医的临床工作质量和效率。例如，学会使用复杂的统计软件分析临床数据后，可以更好地对病例进行总结和评估，为治疗决策提供更科学的依据。

（三）促进动物健康和福利

疾病预防和控制：兽医临床研究对于动物疾病的预防和控制具有重要意义。研究可以发现疾病的危险因素和传播规律，从而制定有效的预防策略。例如，通过研究动物传染病的流行病学，确定传染源、传播途径和易感动物，采取相应的隔离、消毒、免疫接种等措施，预防疾病的传播和流行。对于一些遗传性疾病，可以通过基因检测和筛选等研究手段，减少疾病的发生。

改善动物福利：研究也关注动物在医疗过程中的福利问题。例如，研究动物疼痛评估方法和有效的镇痛措施，减少动物在疾病治疗过程中的痛苦。同时，研究新型的饲养管理模式和动物保健产品，提高动物的生活质量和健康水平，促进动物福利的改善。

第四节　兽医临床实践技术的创新与发展趋势

当今时代，科技的浪潮汹涌澎湃，深刻地影响着各个领域的发展，兽医临床实践亦置身于这一变革的洪流之中。创新已成为兽医行业突破传统局限、提升医疗效能的关键力量。从精准医疗技术的逐步应用，到远程兽医服务的新兴崛起，再到数字化记录与管理系统的持续完善，以及跨学科合作的日益加强等多方面的变革，正重塑着兽医临床实践的格局。这些创新不仅为动物疾病的诊断、治疗与预防带来了前所未有的机遇，也对兽医从业者提出了更高的要求与全新的挑战。深入探究兽医临床实践技术的创新表现与未来发展趋势，有助于我们认识其在保障动物健康福祉中的无限潜力与深远意义。

一、精准医疗技术的应用

基因组测序：通过对动物基因组的测序，兽医能够识别影响动物健康和疾病易感性的遗传变异，从而制定针对个体动物的个性化治疗计划。例如，针对特定基因突变的靶向治疗已用于治疗犬类淋巴瘤和猫科动物心脏病等疾病，显著提高了治疗效果；还可用于预测动物对特定药物或治疗方案的反应，防止不良反应和优化治疗。

生物传感器监测：生物传感器技术可连续监测动物的生理参数，如体温、心率、呼吸频率等，提供动物健康状况的实时数据。这些数据有助于早期检测疾病、评估治疗反应并采取预防措施，从而改善动物的预后。此外，还可以远程监测动物的活动水平和行为模式，为兽医提供有关动物健康和福祉的宝贵见解。

机器学习与数据分析：利用机器学习算法分析大量的临床数据，能够识别复杂的模式和关联，从而提高疾病诊断的准确性。例如，机器学习模型已成功用于分析医疗图像，检测早期疾病迹象并区分良性和恶性病变，还可用于开发预测模型，预测动物疾病发展的风险，实现预防性兽医护理。大数据分析技术则可从医疗记录、生物传感器等多来源数据中提取有价值的信息，监测疾病趋势、识别高风险动物，并制定基于证据的健康管理策略。

二、远程兽医服务的兴起

远程诊断与咨询：借助视频会议和在线咨询平台，兽医能够虚拟会诊动物患者，为偏远地区、行动不便的客户或紧急情况下的动物提供诊断、治疗建议和随访服务，减少不必要的旅行，降低成本，并改善动物福利。

远程监测技术：物联网设备、可穿戴设备和植入式装置等可实时监测动物的生命体征、活动和位置，并通过无线连接将数据传输到云平台进行分析和模式识别，以便早期检测疾病和监测健康状况的变化。当监测数据超过预设阈值时，系统会发出警报并通知兽医，以便及时采取干预措施。

远程治疗与手术：部分治疗手段如激光疗法、针灸和物理治疗等，可以利用远程连接技术进行施用，方便动物主人在家中护理宠物。此外，机器人手术系统的发展也使兽医在远程位置执行手术成为可能，提高了手术精度并缩短了手术时间。

三、数字化记录与管理系统的完善

电子病历系统：数字化的电子病历系统可全面记录动物的病史、诊断和治疗计划，为兽医提供准确、详细的患者信息，提高诊断和治疗的准确性。同时，该系统支持多用户访问，方便兽医、技术人员和客户远程查询和共享信息，并集成提醒、警报和报告等功能，有助于兽医主动监测动物健康，及时发现和解决问题。

动物身份识别技术：无线射频识别芯片、条形码或二维码等技术可用于跟踪动物的身份、移动和健康状况，帮助兽医管理大规模动物群，确保疫苗接种、驱虫和疾病控制计划的准确实施。此外，动物身份识别还可以链接到供应链管理系统，提供从农场到餐桌的可追溯性，确保食品安全和消费者信心。

影像数据管理平台：随着影像学在兽医临床中的广泛应用，X 射线、超声、CT 等检查日益频繁，构建专业的影像数据管理平台意义重大。该平台能够集中存储动物的各类影像资料，按照动物个体、检查时间、病症类型等进行多维度分类归档，方便兽医随时调取比对，精准观察疾病的发展进程。它还具备影像增强、标注等辅助功能，例如兽医在查看动物骨折的 X 射线图像时，可利用标注工具清晰勾勒出骨折线，注明骨折程度，辅助诊断决策。而且，通过云存储技术，实现不同地域兽医专家对疑难病例影像的远程会诊，打破空间限制，提升诊疗水平。

实验室检测数据整合系统：在动物疾病诊断过程中，实验室检测数据至关重要。此系统可对接各类专业实验室，将血液生化、微生物培养、基因检测等繁杂的检测结果统一汇总。一方面，它能依据预设的参考值范围，自动对检测数据进行分析判断，用不同颜色标识异常数据，提醒兽医重点关注；另一方面，系统按照动物种类、疾病类别等对历史检测数据进行统计分析，生成趋势图表，帮助兽医总结疾病规律。如针对某养殖场反复出现的猪呼吸道疾病，通过分析过往病例的实验室检测数据，探寻致病因子的变化趋势，提前制定防控策略，保障动物养殖效益。

四、虚拟现实和增强现实技术的辅助

兽医培训：虚拟现实(VR) 技术可创建逼真的手术和治疗场景，让兽医在虚拟环境中进行模拟操作，提高技能水平并减少实际操作风险，尤其适用于一些复杂手术或罕见病例的培训。

远程检查：利用增强现实（AR）技术，兽医可以通过视频通话和图像识别等功能，对动物进行远程检查，如评估伤口、听诊心肺音等，仿佛身临其境，为远程诊断提供更准确的依据。

疾病科普：通过虚拟现实技术打造沉浸式的动物疾病科普体验空间，将复杂抽象的疾病发病机制、传播途径等知识以3D可视化的形式呈现。例如，以第一人称视角模拟动物在感染寄生虫后的身体内部变化，让养殖户、宠物主人等受众直观感受疾病对动物机体的侵害过程，增强他们对动物疾病预防的重视程度，提升科学养护动物的意识，辅助兽医日常的健康管理宣传工作。

动物康复辅助：在动物康复治疗环节引入增强现实技术，为受伤或术后动物定制个性化康复方案。借助AR设备识别动物的肢体动作、姿态，实时反馈并指导动物进行正确的康复运动，就像为动物配备了一位专属“虚拟康复教练”。比如，当动物在进行腿部骨折后的行走复健时，AR系统能根据其步伐的大小、力度、频率等参数，及时通过视觉或声音提示纠正动作偏差，确保康复训练精准有效，帮助兽医加快动物的康复进程。

五、跨学科合作的加强

兽医与人类医学的合作：随着人兽共患病的增多和公共卫生问题的日益突出，兽医与人类医学的交流与合作愈发重要。双方共同开展研究，分享经验和技术，有助于更好地应对人兽共患病的挑战，保障人类和动物的健康。

兽医与其他学科的协同：兽医与环境科学、农业科学、动物科学等学科的合作不断深化。例如，结合环境科学知识评估动物对环境的影响，推广环保养殖技术，实现动物生产与环境保护的协调发展；与农业科学、动物科学等学科共同研究动物生产中的问题，提高农业生产的效率与可持续性。

兽医与生物技术的融合：在现代科技飞速发展的浪潮下，兽医与生物技术的紧密融合正成为推动行业进步的关键力量。一方面，借助基因工程技术，兽医能够深入探究动物疾病的遗传根源，开发出更为精准的基因诊断试剂，提前筛查潜在患病风险，从源头上防控疾病。例如，通过对特定致病基因的标记与追踪，实现对动物遗传性疾病的早期预警。另一方面，利用细胞工程手段，如干细胞治疗技术，为动物的创伤修复、器官功能恢复开辟了全新途径，有望攻克以往棘手的疑难病症。此外，与生物信息学携手，海量分析动物基因序列、蛋白质结构等数据，挖掘隐藏在其中的疾病关联信息，为兽医临床决策提供科学、智能的依据，全方位提升动物医疗保健水平。

六、基因编辑技术的探索

基因编辑技术，如 CRISPR-Cas9，在兽医学中的应用前景广阔。它有助于治疗动物的遗传性疾病和传染病，还可用于提高动物的生产性能，为动物健康和畜牧业发展带来新的机遇。新兴的碱基编辑技术，正掀起兽医学领域的创新浪潮。对于动物先天性的代谢缺陷类遗传性疾病，它可以精确修饰相关基因位点，重塑正常代谢通路，实现精准治疗。在传染病防控方面，科研人员利用该技术改造动物免疫相关基因，使其快速产生强力特异性免疫应答，有效对抗病原体侵袭。同时，针对家畜、家禽，合理编辑生长调控基因，能够加速肌肉、蛋奶等优质产品的产出，为畜牧业的高效、可持续发展开辟新路径。

参考文献

[1] House G, Burdea G, Polistico K, et al. Integrative rehabilitation of residents chronic post-stroke in skilled nursing facilities: the design and evaluation of the BrightArm Duo [J]. Disabil Rehabil Assist Technol, 2016, 11 (8): 683-694.

[2] Zhou Z, Li J, Wang H, et al. Upper limb rehabilitation system based on virtual reality for breast cancer patients: Development and usability study [J]. PLoS One, 2021, 16 (12): e0261220.

[3] Jiang Z, Zhao F. Advancements in virtual reality-based veterinary surgical training systems [J]. Computers in Biology and Medicine, 2021, 136: 104-110.

[4] Wang X, Li Y. Virtual reality applications in veterinary education and training: A review [J]. Journal of Veterinary Medical Education, 2022, 49 (3): 45-52.

[5] 杨亮，王辉，陈睿鹏，等．畜禽个体身份标识技术发展进程与展望 [J]．猪业科学，2023，40 (9)：24-27.

[6] Zhang J, Li X. Application of RFID technology in animal identification and management [J]. Journal of Animal Science and Technology, 2022, 73 (2): 159-166.

[7] Chen Y, Wang M. Advances in animal tracking and identification technologies: RFID and beyond [J]. Animal Husbandry and Veterinary Science, 2021, 53 (1): 102-109.